21 世纪高等学校经济数学教材

# 概率论与数理统计

## （第二版）

主编　车荣强

主审　何其祥



復旦大學出版社

## 内 容 提 要

本书由上海财经大学应用数学系、上海金融学院应用数学系、上海商学院基础教学部教师合作编写,系“21 世纪高等学校经济数学教材”系列之一.

全书共分 9 章:随机事件与概率,一维随机变量及其分布,多维随机变量及其分布,随机变量的数字特征,极限定理,统计量及抽样分布,参数估计,假设检验,方差分析与回归分析.本书科学、系统地介绍了概率论与数理统计的基本内容,重点介绍了概率论与数理统计的方法及其在经济管理中的应用,每章均配有习题,书末附有习题的参考答案.

本书可作为高等经济管理类院校的数学基础课程教材,同时也适合财经类高等教育自学考试、各类函授大学、夜大学使用,也可作为财经管理人员的学习参考书.

# 21世纪高等学校经济数学教材
# 编 委 会

# 第二版前言

“21世纪高等学校经济数学教材”是上海财经大学应用数学系、上海金融学院应用数学系、上海商学院基础教学部教师合作编写的高等经济管理类院校经济数学系列教材，共分3册：第一册《微积分》，第二册《线性代数》，第三册《概率论与数理统计》.

本套教材自2007年1月出版发行至今，已被多所高等院校选为经济管理类专业的数学基础课程的教材.得到同仁和读者的认可，同时也提出了不少宝贵意见和建议.在此，我们对关心和支持这套教材的广大同仁表示衷心的感谢.

通过近5年的教学实践，针对使用对象的特点，我们对第一版《概率论与数理统计》进行了修订，做了以下几个方面的改进：

1. 对第一版中的疏漏进行了补充和完善.

2. 对排版印刷方面的错误进行了更正.

3. 对部分例题和习题进行了适当调整，以利于读者学习和掌握，也更适合教学对象.

由于编者水平所限，书中仍可能会有错误与不妥之处，恳请广大同仁继续给予关心和支持，且不吝赐教，欢迎广大读者继续批评指正.

编者

2012年4月

# 第一版前言

为适应我国高等教育的飞速发展和数学在各学科中更广泛的应用，根据高等教育面向21世纪发展的要求，上海财经大学应用数学系、上海金融学院应用数学系、上海商学院基础教学部教师合作编写了“21世纪高等学校经济数学教材”——《微积分》、《线性代数》和《概率论与数理统计》.

针对使用对象的特点，结合作者多年的教学实践和教学改革的实际经验，在这套系列教材的编写过程中，我们注重了以下几方面的问题：

1. 适应我国在21世纪经济建设和发展的需要，着眼于培养“厚基础，宽口径，高素质”的财经人才，注重加强基础课程，特别是数学基础课程.

2. 作为高等经济管理类院校数学基础课程的教材，在注意保持数学学科本身结构的科学性、系统性、严谨性的同时，力求深入浅出，通俗易懂，突出有关理论、方法的应用和简单经济数学模型的介绍.

3. 注意培养学生的学习兴趣，扩大学生的视野，使学生了解概率论与数理统计创立发展的背景，提高学生对数学源流的认识，在每章后附有数学家简介，介绍在概率论与数理统计创立发展过程中作出过伟大贡献的著名数学家.

4. 注意兼顾经济管理学科各专业学生，既能较好地掌握所学知识，又能满足后继课程及学生继续深造的需要. 为此，将概率论习题分为两部分，习题(A)为基础题，习题(B)为提高题.

参加《概率论与数理统计》一书编写的有上海财经大学应用数学系何萍副教授(第一、第三章)及张晓梅副教授(第二、第四章)，上海金融学院应用数学系车荣强副教授(第五、第六、第七章)，上海商学院基础教学部姚力民老师(第八、第九章)，最后由车荣强副教授对全书进行了统稿.

在本教材编写过程中，我们得到了上海财经大学、上海金融学院、上海商学院的重视和支持，并得到了复旦大学出版社的鼎力相助，特别是范仁梅老师的认真负责，在此一并致谢.

限于学识与水平，本书的缺点与错误在所难免，恳请专家和读者批评指正.

**编者**

2007年1月

# 目 录

# 第一章 随机事件与概率

在现实世界中,现象可大体分为确定现象和随机现象两大类.概率论与数理统计是研究和揭示随机现象的统计规律性的数学学科.

随机事件与概率是概率论与数理统计中最基本的概念,本章将介绍随机事件、概率的概念和性质,给出在不同条件下随机事件的概率计算公式,并对相互独立的随机事件进行专门讨论.

## §1.1 随机试验与样本空间

先来看看概率的直观背景,体会应该怎样来建立概率论的理论体系.

概率是在随机试验的基础上讨论的,我们把对某个感兴趣对象的试验或观察过程称为试验,若事先无法预知将要出现的结果,称这样的试验为**随机试验**,通常用 $E$ 表示.通常要求随机试验在相同的条件下可以重复进行.

虽然我们不能预知什么结果会出现,但随机试验的所有可能出现的结果应该是已知的.研究任何一个随机试验,首要任务就是要弄清楚该试验的所有可能发生的结果,而这每一个可能的结果被称为随机试验 $E$ 的**样本点**或**基本事件**,记为 $\omega$.样本点全体所构成的集合称为**样本空间**,通常用 $\Omega$ 表示.$\Omega$ 可以是有限集,也可以是无限集.

应该指出,这里所说的可能出现的结果将依赖于人们所关心的问题与所使用的解决问题的方法.因此样本空间的选择不是唯一的.

**例 1** (1) 掷一枚硬币有两个可能结果:正面朝上或反面朝上.我们不妨分别用 $T$ 表示正面朝上、$H$ 表示反面朝上,那么样本空间是

$$\Omega=\{T,\ H\}.$$

(2) 掷两枚硬币的样本空间又是什么呢?

第一种情形:如果使用的是有区别的两枚硬币,那么样本空间是

$$\Omega=\{(T, T), (T, H), (H, T), (H, H)\},$$

其中第一个字母表示一枚硬币的结果,第二个字母表示另一枚硬币的结果.

第二种情形:如果不能或者不区别它们,那么样本空间是

$$\Omega=\{(T, T), (T, H), (H, H)\},$$

以上两个样本空间都正确.问题不在于硬币在物理上是否可区分,而在于是否要区分它们.

(3) 掷两颗骰子,若它们是可以区别的,应该有 36 种结果(见表 1.1),样本空间为

$$\Omega=\{(i, j) \mid i, j=1, 2, \cdots, 6\}.$$

**表 1.1**

| | | | | | | | | | | | |
|---|---|---|---|---|---|---|---|---|---|---|---|
| (1, 1) | (2, 1) | (3, 1) | (4, 1) | (5, 1) | (6, 1) | (1, 2) | (2, 2) | (3, 2) | (4, 2) | (5, 2) | (6, 2) |
| (1, 3) | (2, 3) | (3, 3) | (4, 3) | (5, 3) | (6, 3) | (1, 4) | (2, 4) | (3, 4) | (4, 4) | (5, 4) | (6, 4) |
| (1, 5) | (2, 5) | (3, 5) | (4, 5) | (5, 5) | (6, 5) | (1, 6) | (2, 6) | (3, 6) | (4, 6) | (5, 6) | (6, 6) |

若无法区别它们或者不区别它们,则仅有 21 种结果,此时的样本空间为

$$\Omega=\{(i, j) \mid i, j=1, 2, \cdots, 6; i \leqslant j\}.$$

如果只关心点数之和,那么只有 11 种可能的结果,此时的样本空间为

$$\Omega=\{2, 3, 4, \cdots, 12\}.$$

**例 2** 掷一枚硬币直到正面出现时停止,观察已经出现的反面数.这样的随机试验的样本空间是

$$\Omega=\{0, 1, 2, \cdots, n, \cdots, +\infty\},$$

其中 $n$ 表示前 $n$ 次出现反面,第 $n+1$ 次出现正面,$+\infty$ 表示永远都是反面,不能停止.这是一个具有无限多个样本点的样本空间.

同一个样本空间可以描述不同的随机试验.比如,上例中的样本空间也适用于记录某电话交换台在单位时间内接到的呼叫次数,还可以用于描述一段时间内经过一个路口的车辆数目等.

**例 3** (1) 从一批灯泡中抽取一只,测试它的使用寿命.此试验的样本空间为

$$\Omega=[0, M],$$

其中 $\Omega$ 表示使用寿命，$M$ 为一个确定的上限. 若不能确定上限，则样本空间为

$$\Omega=[0,\ +\infty).$$

(2) 观察某地区一昼夜最低气温 $x$ 和最高气温 $y$（单位：℃）. 设这个地区的温度不会低于 $T_0$ 也不会高于 $T_1$，则此随机试验的样本空间是

$$\Omega=\{(x,\ y)\mid T_0\leqslant x<y\leqslant T_1\}.$$

## §1.2　随机事件及其概率

### 一、随机事件

在研究随机试验时，人们通常关心的不仅是某个样本点在试验后是否出现，而且关心满足某些条件的样本点在试验后是否出现. 满足这个条件的样本点组成了样本空间的子集，称为**随机事件**，简称**事件**，通常用大写拉丁字母 $A$, $B$, $C$ 等表示.

如果选取了合适的样本空间，可以将事件理解为样本空间中某些样本点的集合. 于是，一个事件被看作样本空间 $\Omega$ 的一个子集. 一个事件发生（或出现）是指该子集中的样本点之一发生.

所谓一个合适的样本空间，意味着如果选择其他的样本空间，也许事件就不能表示为其子集，所以，事件必须对应样本空间. 不同的事件对应不同的子集；反之，不同的子集对应不同的事件.

在随机试验中，必定发生的事件称为**必然事件**，记为 $\Omega$；一定不发生的事件称为**不可能事件**，记为 $\varnothing$. 样本空间 $\Omega$ 与空集 $\varnothing$ 作为样本空间的子集，也视为事件. 必然事件与不可能事件可以说不是随机的，但为了讨论问题的方便，今后我们将它们作为随机事件的两个极端情形处理.

**例 1**　在 §1.1 的例 1(2) 中，若设 $A$ 表示至少出现一次正面，$B$ 表示至少出现一次反面. 当适合于该事件的样本空间为第一种情形时，有

$$A=\{(T,\ T),\ (T,\ H),\ (H,\ T)\},\ B=\{(T,\ H),\ (H,\ T),\ (H,\ H)\}.$$

当适合于该事件的样本空间为第二种情形时，有

$$A=\{(T,\ T),\ (T,\ H)\},\ B=\{(T,\ H),\ (H,\ H)\}.$$

在 §1.1 的例 1 (3) 中，若两颗骰子是可以区别的，设 $C$ 表示点数和为 7，则

$$C=\{(6,\ 1),\ (5,\ 2),\ (4,\ 3),\ (3,\ 4),\ (2,\ 5),\ (1,\ 6)\}.$$

**例 2** 在§1.1的例 3 (2) 中,设 $A$ 表示最大温差超过 10 ℃,则

$$A=\{(x, y) \mid y-x>10, T_0 \leqslant x<y \leqslant T_1\}.$$

## 二、事件间的关系与运算

概率论中的事件是赋予了具体含义的集合,因此事件间的关系与运算可以按照集合论中集合间的关系与运算来处理.

1. 事件的包含

如果事件 $A$ 的发生必然导致事件 $B$ 发生,则称事件 $B$ **包含**事件 $A$,或称事件 $A$ **包含于**事件 $B$,记为

$$B \supset A \quad \text{或} \quad A \subset B.$$

显然,对于任何事件 $A$,有

$$\varnothing \subset A \subset \Omega.$$

如果 $A \subset B$ 且 $B \subset A$,则称事件 $A$ 与事件 $B$ **相等**,记为

$$A=B.$$

2. 事件的并(和)

事件 $A$ 与事件 $B$ 中至少有一个发生所构成的事件,称为事件 $A$ 与事件 $B$ 的**并(和)**,记为

$$A \cup B \quad \text{或} \quad A+B.$$

$n$ 个事件 $A_1, A_2, \cdots, A_n$ 中至少有一个发生所构成的事件,称为事件 $A_1, A_2, \cdots, A_n$ 的并(和),记为

$$A_1 \cup A_2 \cup \cdots \cup A_n \quad \text{或} \quad A_1+A_2+\cdots+A_n,$$

也记为

$$\bigcup_{i=1}^{n} A_i \quad \text{或} \quad \sum_{i=1}^{n} A_i.$$

可列个事件 $A_1, A_2, \cdots, A_n, \cdots$ 中至少有一个发生所构成的事件,称为可列个事件 $A_1, A_2, \cdots, A_n, \cdots$ 的并(和),记为

$$\bigcup_{i=1}^{\infty} A_i \quad \text{或} \quad \sum_{i=1}^{\infty} A_i.$$

3. 事件的交(积)

事件 $A$ 与事件 $B$ 同时发生所构成的事件,称为事件 $A$ 与事件 $B$ 的**交(积)**,

记为

$$A \cap B \quad 或 \quad AB.$$

类似地,$n$ 个事件 $A_1, A_2, \cdots, A_n$ 同时发生所构成的事件,称为事件 $A_1, A_2, \cdots, A_n$ 的交(积),记为

$$A_1 \cap A_2 \cap \cdots \cap A_n \quad 或 \quad \bigcap_{i=1}^{n} A_i,$$

也记为

$$A_1 A_2 \cdots A_n \quad 或 \quad \prod_{i=1}^{n} A_i.$$

4. 事件的差

事件 $A$ 发生而 $B$ 不发生所构成的事件,称为事件 $A$ 与事件 $B$ 的**差**,记为

$$A - B,$$

它是由属于 $A$ 但不属于 $B$ 的那些样本点构成的集合.

5. 互不相容事件

如果事件 $A$ 与事件 $B$ 不能同时发生,即 $AB = \varnothing$,则称事件 $A$ 与事件 $B$ **互不相容**,或称事件 $A$ 与事件 $B$ **互斥**. 互不相容事件 $A$ 和 $B$ 没有公共的样本点.

类似地,$n$ 个事件 $A_1, A_2, \cdots, A_n$ 中任意两个事件都不可能同时发生,即

$$A_i A_j = \varnothing \quad (1 \leqslant i < j \leqslant n),$$

则称事件 $A_1, A_2, \cdots, A_n$ **两两互不相容(或两两互斥)**.

显然,在随机试验中,各个样本点构成的事件是两两互不相容的.

6. 对立事件

事件 $A$ 不发生称为 $A$ 的**对立事件**,或称为事件 $A$ 的**逆事件**,记为$\bar{A}$. 它是由样本空间中所有不属于 $A$ 的样本点构成的集合.

显然,互为对立的事件一定互斥,互斥事件不一定对立.

事件的运算与集合的运算一样,满足下列运算律.

(1) 交换律:$A \cup B = B \cup A$;

$AB = BA$.

(2) 结合律:$(A \cup B) \cup C = A \cup (B \cup C)$;

$(AB)C = A(BC)$.

(3) 分配律:$(A \cup B)C = AC \cup BC$;

$(AB) \cup C = (A \cup C)(B \cup C)$.

(4) 对偶律:$\overline{A \cup B} = \overline{A}\overline{B}$;

$\overline{AB} = \overline{A} \cup \overline{B}$.

对偶律的推广形式为

$$\overline{\bigcup_{i=1}^{n} A_i} = \bigcap_{i=1}^{n} \overline{A}_i \quad \text{或} \quad \overline{\sum_{i=1}^{n} A_i} = \prod_{i=1}^{n} \overline{A}_i;$$

$$\overline{\bigcap_{i=1}^{n} A_i} = \bigcup_{i=1}^{n} \overline{A}_i \quad \text{或} \quad \overline{\prod_{i=1}^{n} A_i} = \sum_{i=1}^{n} \overline{A}_i.$$

**例 3** 设 $A, B, C$ 为 3 个事件,试用文字叙述下列事件:

(1) $A \cup B \cup C$;

(2) $(A \cap \overline{B} \cap \overline{C}) \cup (\overline{A} \cap B \cap \overline{C}) \cup (\overline{A} \cap \overline{B} \cap C)$;

(3) $\overline{A} \cap \overline{B} \cap \overline{C}$.

解 (1) $A \cup B \cup C$ 表示“事件 $A, B, C$ 中至少有一个发生”.

(2) $(A \cap \overline{B} \cap \overline{C}) \cup (\overline{A} \cap B \cap \overline{C}) \cup (\overline{A} \cap \overline{B} \cap C)$ 表示“事件 $A, B, C$ 中恰好有一个发生”.

(3) $\overline{A} \cap \overline{B} \cap \overline{C}$ 表示“事件 $A, B, C$ 都不发生”.

**例 4** 一批产品中有合格品和废品,从中有放回地任取 3 次,每次取一件. 设 $A_i$ 表示第 $i$ 次取得废品的事件 $(i = 1, 2, 3)$,试用 $A_i$ 表示下列各个事件:

(1) 前两次中至少有一次取得废品;

(2) 只有第一次取得废品;

(3) 3 次都取得废品;

(4) 至少有一次取得合格品;

(5) 只有两次取得废品.

解 (1) 前两次中至少有一次取得废品可表示为 $A_1 \cup A_2$.

(2) 只有第一次取得废品可表示为 $A_1 \cap \overline{A}_2 \cap \overline{A}_3$.

(3) 3 次都取得废品可表示为 $A_1 \cap A_2 \cap A_3$.

(4) 至少有一次取得合格品可表示为 $\overline{A}_1 \cup \overline{A}_2 \cup \overline{A}_3$,由于至少有一次取得合格品的对立事件是 3 次都取得废品,所以也可表示为 $\overline{A_1A_2A_3}$.

(5) 只有两次取得废品可表示为 $A_1A_2\overline{A}_3 \cup A_1\overline{A}_2A_3 \cup \overline{A}_1A_2A_3$.

## 三、频率与概率

先看一个简单的例子.

**例 5** 掷一枚均匀的硬币，我们无法预期朝上的会是正面还是反面，但经验告诉我们，重复掷这枚硬币很多次，会有将近一半的结果是出现正面. 该事实在历史上已被许多人通过实验证实，见表 1.2.

**表 1.2**

| 实 验 者 | 实验次数 | 出现正面次数 | 出现正面频率 |
|---|---|---|---|
| 蒲丰(Buffon) | 4 040 | 2 048 | 0.506 9 |
| 德·摩根(De Morgan) | 4 092 | 2 048 | 0.500 5 |
| 弗莱尔(Feller) | 10 000 | 4 979 | 0.497 9 |
| 皮尔逊(Pearson) | 12 000 | 6 019 | 0.501 6 |
| 皮尔逊(Pearson) | 24 000 | 12 012 | 0.500 5 |
| 罗曼诺夫斯基(Lomanrovsky) | 80 640 | 39 699 | 0.492 3 |

这种在相同条件下大量重复某一随机试验时，各种可能的结果出现的频率稳定在某个常数附近的性质，称为**频率稳定性**. 频率稳定性说明一个事件发生的可能性大小是一种客观属性.

设 $k$ 为 $n$ 次试验中事件 $A$ 发生的次数，则 $A$ 发生的频率为$\frac{k}{n}$. 频率稳定性告诉我们，多次重复同一随机试验，随着 $n$ 的增加，频率$\frac{k}{n}$将稳定于某一固定的常数 $p$，$p$ 的大小度量了随机事件 $A$ 发生的可能性大小，称它为事件 $A$ 发生的**概率**，记为 $P(A)=p$. 这样定义的概率，称为**概率的统计定义**.

频率的稳定性是很有用的. 例如，在英语中某些字母出现的频率远远高于另外一些字母，而且各个字母被使用的频率相当稳定(见表 1.3). 可以看出，元音字母 A, E, I, O, U 被使用次数占总字母数的 37.8%. 电脑键盘就是根据字母使用频率设定的. 其他各种文字也都有着类似的规律. 这也是战争中用来破译密码的最简单的常用方法.

**表 1.3**

| | | | | | |
|---|---|---|---|---|---|
| E | 13.0% | H | 3.5% | W | 1.6% |
| T | 9.3% | L | 3.5% | V | 1.3% |
| N | 7.8% | C | 3.0% | B | 0.9% |
| R | 7.7% | F | 2.8% | X | 0.5% |
| O | 7.4% | P | 2.7% | K | 0.3% |
| I | 7.4% | U | 2.7% | Q | 0.3% |
| A | 7.3% | M | 2.5% | J | 0.2% |
| S | 6.3% | Y | 1.9% | Z | 0.1% |
| D | 4.4% | G | 1.6% | | |

必须强调,上述频率稳定性是通过观察试验结果得出的,而不是数学的证明.

概率的统计定义只是一种描述,它指出了事件发生的可能性大小是客观存在的,但并不能由此计算概率.很多情况下我们根本无法进行试验,也不可能为了确定一个概率,对每个事件做成千上万次试验.尽管如此,理解频率稳定性的思想仍然是非常重要的.

## §1.3 古典概型

若一个随机试验满足:

(1) 试验的全部可能结果只有有限个,即样本空间只包含有限个样本点,譬如 $n$ 个,则

$$\Omega=\{\omega_1, \omega_2, \cdots, \omega_n\};$$

(2) 试验中每个样本点发生的可能性相同,即

$$P(\omega_1)=P(\omega_2)=\cdots=P(\omega_n),$$

称这种试验为**古典概型**或**等可能概型**.

**定义 1.1** 设 $\Omega$ 是古典概型的样本空间,则事件 $A$ 的概率为

$$P(A)=\frac{A\text{ 包含的样本点数}}{\Omega\text{ 中样本点总数}}. \tag{1.1}$$

称这一定义为**概率的古典定义**.

在计算古典概型的概率时,事件 $A$ 包含的样本点数和样本空间 $\Omega$ 中样本点总数的计算,多采用加法原理、乘法原理以及排列组合的方法.另外,等概率的假设通常应该明确.在有些问题中,我们经常省略等概率假设的明确叙述,作为隐含在语义中的自然假设.比如,掷一颗骰子,那么隐含着假设 1, 2, 3, 4, 5, 6 点出现的可能性是一样的;从一个盒子里取球时总是假设取到盒子中任何一个球的可能性都是一样的,等等.

**例 1** 掷 3 枚硬币,求:

(1) 出现都是正面的概率;

(2) 恰好出现一个正面的概率;

(3) 至少出现两个正面的概率.

解 设 $A$ 为出现都是正面的事件,$B$ 为恰好出现一个正面的事件,$C$ 为至

少出现两个正面的事件. 用 $T$ 表示正面，用 $H$ 表示反面，则样本空间为

$$\Omega=\{TTT, TTH, THT, HTT, THH, HTH, HHT, HHH\};$$

而

$$A=\{TTT\},$$
$$B=\{THH, HTH, HHT\},$$
$$C=\{TTT, TTH, THT, HTT\}.$$

于是所求概率分别为

(1) $P(A)=\dfrac{1}{8}$;

(2) $P(B)=\dfrac{3}{8}$;

(3) $P(C)=\dfrac{4}{8}=\dfrac{1}{2}$.

**例 2**　掷两枚骰子，求出现相同点数的概率.

解　设事件 $A$ 表示出现相同点数. 由 §1.1 中的例 1(3)知，样本空间有 36 个样本点. 而 $A$ 有 6 个样本点，于是

$$P(A)=\frac{6}{36}=\frac{1}{6}.$$

**例 3**　一口袋中有 $a$ 只黑球和 $b$ 只白球，它们除颜色不同外没有其他差异，现在无放回随机地从口袋中摸出 $n$ 个球，求恰好有 $k$ 个黑球的概率.

解　设 $A$ 表示取出的 $n$ 个球中恰好有 $k$ 个黑球的事件.

总取法有 $\mathrm{C}_{a+b}^{n}$ 种. 对事件 $A$，可先从 $a$ 只黑球中摸出 $k$ 只，其取法有 $\mathrm{C}_{a}^{k}$ 种；再从 $b$ 只白球中摸出 $n-k$ 只，对应取法有 $\mathrm{C}_{b}^{n-k}$ 种. 根据乘法原理，恰有 $k$ 个黑球的取法共有 $\mathrm{C}_{a}^{k}\mathrm{C}_{b}^{n-k}$ 种. 于是所求概率为

$$P(A)=\frac{\mathrm{C}_{a}^{k}\mathrm{C}_{b}^{n-k}}{\mathrm{C}_{a+b}^{n}}.$$

**例 4**　将 $n$ 个不同的球随机放入 $N(N\geqslant n)$ 个从 1 至 $N$ 编号的盒子，求：

(1) 某指定的 $n$ 个盒子中各有一球的概率；

(2) 任意 $n$ 个盒子中各有一球的概率.

解　将 $n$ 个球随机放入 $N$ 个盒子，其中隐含每个球放入每个盒子的等可能假设，这是一个古典概型.

(1) 设 $A$ 表示指定的 $n$ 个盒子中各有一球的事件.

由于每一个球都可以放入 $N$ 个盒子中的任一个中去,所以共有 $N^n$ 种不同的放法,而在指定的 $n$ 个盒子中各有一球,有 $n!$ 种放法,于是

$$P(A)=\frac{n!}{N^n}.$$

(2) 设 $B$ 表示任意 $n$ 个盒子中各有一球的事件.

由于 $n$ 个盒子可以任选,共有 $C_N^n$ 种选法.对于每一种选定的 $n$ 个盒子中各有一球,有 $n!$ 种放法.根据乘法原理,$B$ 所包含的样本点数为 $C_N^n n!$,所以

$$P(B)=\frac{C_N^n n!}{N^n}.$$

本例有一个有趣的特例,就是如下的生日问题.

**例 5** (生日问题) 假设某人参加的一次派对上有 40 个人,有一人向该人下赌注 10 美元,赌这次派对上能找到两个相同生日的人,他会选择参赌吗?

解 为了便于数学处理,我们忽略只在闰年才有的 2 月 29 日.那么,我们可将人看作球,把一年 365 天作为盒子,此时 $n=40$, $N=365$. 根据例 4(2),每个人的生日都不同的概率为

$$p=\frac{C_{365}^{40}\cdot 40!}{365^{40}}=0.109.$$

这就是说,生日都不同的可能性只有 10.9%,所以他会赢得赌注的可能性很小,有 89.1%的可能失去赌注.

表 1.4 所示为一定人数时,至少有两人生日相同的概率.

**表 1.4**

| $n$ | 20 | 23 | 30 | 40 | 50 | 64 | 100 |
|---|---|---|---|---|---|---|---|
| $p$ | 0.411 | 0.507 | 0.706 | 0.891 | 0.970 | 0.997 | 0.999 999 7 |

## §1.4 概率的基本性质

虽然我们已经有了一种朴素的模型和语言来描述概率,但作为定义,概率必须有一些满足的性质.下面给出概率严格的公理化定义.

**定义 1.2**　给定一个样本空间 $\Omega$,对任意事件 $A \subset \Omega$, 定义一个实数 $P(A)$ 与之对应. 如果函数 $P(\cdot)$满足:

(1) (非负性) $0 \leqslant P(A) \leqslant 1$;

(2) (规范性) $P(\Omega) = 1$;

(3) (可列可加性)若事件 $A_1, A_2, \cdots, A_n, \cdots$两两互斥,有

$$P\left(\sum_{i=1}^{\infty} A_i\right) = \sum_{i=1}^{\infty} P(A_i);$$

则称 $P(A)$是事件 $A$ 发生的**概率**.

注意:函数 $P(\cdot)$与微积分中的函数不同. 函数 $P(\cdot)$的自变量是一个集合,$P(\cdot)$是一个集合函数.

由概率的定义,我们可以推得概率的一些性质.

**性质 1.1**　$P(\varnothing) = 0$.

证明　令 $A_i = \varnothing\ (i = 1, 2, \cdots)$, 则 $A_1, A_2, \cdots, A_n, \cdots$两两互斥且 $\sum\limits_{i=1}^{\infty} A_i = \varnothing$. 由概率的可列可加性得

$$P(\varnothing) = P\left(\sum_{i=1}^{\infty} A_i\right) = \sum_{i=1}^{\infty} P(A_i) = \sum_{i=1}^{\infty} P(\varnothing).$$

由 $P(\varnothing) \geqslant 0$, 可知 $P(\varnothing) = 0$. ▎

**性质 1.2**(有限可加性)　设事件 $A_1, A_2, \cdots, A_n$ 两两互斥,则

$$P\left(\sum_{i=1}^{n} A_i\right) = \sum_{i=1}^{n} P(A_i). \tag{1.2}$$

证明　只要设 $A_{n+1} = A_{n+2} = \cdots = \varnothing$, 由概率的可列可加性得

$$P\left(\sum_{i=1}^{n} A_i\right) = P\left(\sum_{i=1}^{\infty} A_i\right) = \sum_{i=1}^{\infty} P(A_i) = \sum_{i=1}^{n} P(A_i).$$ ▎

**例 1**　掷两枚骰子,试问点数之和为 7 或 11 的概率是多少?

解　设 $A$ 表示点数的和为 7, $B$ 表示点数的和为 11.

由表 1.1 知, $A = \{(1, 6), (2, 5), (3, 4), (4, 3), (5, 2), (6, 1)\}$, $B = \{(5, 6), (6, 5)\}$, 可得

$$P(A) = \frac{6}{36} = \frac{1}{6},\ P(B) = \frac{2}{36} = \frac{1}{18}.$$

而 $A$ 与 $B$ 是互不相容事件,由有限可加性,得所求概率为

$$P(A \cup B) = P(A) + P(B) = \frac{8}{36} = \frac{2}{9}.$$

**例 2** 一批产品共 100 件,其中 5 件为不合格品,现从中随机取出 10 件,求最多有 2 件不合格品的概率.

解 设事件 $A_i$ 表示有 $i$ 件不合格品 $(i = 0, 1, 2)$, 则

$$P(A_i) = \frac{C_5^i C_{95}^{10-i}}{C_{100}^{10}} \ (i = 0, 1, 2).$$

由于 $A_0$, $A_1$, $A_2$ 两两互斥,因此由有限可加性得所求概率为

$$\begin{aligned} P(A_0 \cup A_1 \cup A_2) &= P(A_0) + P(A_1) + P(A_2) \\ &= \frac{C_5^0 C_{95}^{10} + C_5^1 C_{95}^9 + C_5^2 C_{95}^8}{C_{100}^{10}}. \\ &= 0.993\,4. \end{aligned}$$

**性质 1.3**(逆事件的概率) 对任意事件 $A$,有

$$P(\bar{A}) = 1 - P(A). \tag{1.3}$$

证明 因为 $\bar{A} \cup A = \Omega$, $\bar{A}A = \varnothing$, 由规范性及有限可加性,得

$$1 = P(\Omega) = P(\bar{A} \cup A) = P(\bar{A}) + P(A).$$

于是

$$P(\bar{A}) = 1 - P(A).$$ ▌

**例 3** 掷两枚硬币,求至少出现一个正面的概率.

解 设事件 $A$ 表示至少出现一个正面,则 $\bar{A}$ 表示没有一个正面(两个反面). 由 $P(\bar{A}) = \frac{1}{4}$, 可得

$$P(A) = 1 - P(\bar{A}) = 1 - \frac{1}{4} = \frac{3}{4}.$$

利用性质 1.3 还可以解决经典的梅累(Mere)问题:掷 4 次骰子至少得到一个 6 的概率与掷两个骰子 24 次至少得到一次双 6 的概率哪个大? 可采用求出没有一个 6 及没有一个双 6 的概率,然后再利用性质 1.3 计算这个概率. 前者的概率为 51.8%,大于后者的概率 49.1%. 正是该问题导致帕斯卡(Pascal)的研

究和他与费马(Fermat)的著名通信的问题之一.

**例 4** 将 $m$ 个红球与 $n$ $(n \geqslant m)$ 个白球任意排成一列,求至少有两个红球相邻的概率.

解 设 $A$ 表示至少有两个红球相邻的事件,则 $\bar{A}$ 为没有两个红球相邻的事件.

$m$ 个红球与 $n$ 个白球任意排成一列,共有 $(m+n)!$ 种排法. 没有两个红球相邻的排法可以理解为先将 $n$ 个白球任意排成一列,共有 $n!$ 种排法,再将 $m$ 个红球逐个地排在这 $n$ 个白球的最前、最后及任意两个白球之间,共有 $n+1$ 个位置且每个位置上最多只能排一个红球,所以红球共有 $C_{n+1}^{m} \cdot m!$ 种排法,故

$$P(A) = 1 - P(\bar{A}) = 1 - \frac{n! \cdot C_{n+1}^{m} \cdot m!}{(m+n)!}$$

$$= 1 - \frac{n!(n+1)!}{(m+n)!(n-m+1)!}.$$

**性质 1.4** 如果 $A \subset B$, 则

(1) (可减性) $P(B-A) = P(B) - P(A)$; (1.4)

(2) (单调性) $P(B) \geqslant P(A)$.

证明 由 $A \subset B$ 知 $(B-A) \cup A = B$, 且 $(B-A) \cap A = \varnothing$, 由有限可加性得

$$P(B) = P(B-A) + P(A).$$

于是

$$P(B-A) = P(B) - P(A).$$

由概率的非负性 $P(B-A) \geqslant 0$, 得

$$P(B) \geqslant P(A).$$ ▎

**性质 1.5**(加法公式) 对任意两个随机事件 $A$ 与 $B$, 有

$$P(A \cup B) = P(A) + P(B) - P(AB). \tag{1.5}$$

证明 因为 $A \cup B = A \cup (B-AB)$, 且 $A(B-AB) = \varnothing$, $AB \subset B$, 所以

$$P(A \cup B) = P(A) + P(B-AB) = P(A) + P(B) - P(AB).$$ ▎

3 个事件的加法公式为

$$P(A \cup B \cup C) = P(A) + P(B) + P(C) - P(AB) - P(AC) - P(BC) + P(ABC).$$

一般地,对任意 $n$ 个事件 $A_1, A_2, \cdots, A_n$,有

$$P\left(\bigcup_{i=1}^{n} A_i\right) = \sum_{i=1}^{n} P(A_i) - \sum_{1 \leqslant i < j \leqslant n} P(A_i A_j) + \sum_{1 \leqslant i < j < k \leqslant n} P(A_i A_j A_k) - \cdots + (-1)^{n-1} P(A_1 A_2 \cdots A_n).$$

上述加法公式的推广可用数学归纳法证明(从略).

**例 5** 设事件 $A$ 与事件 $B$ 发生的概率分别为 $P(A) = \frac{1}{3}$, $P(B) = \frac{1}{2}$. 试在下列 3 种情况下分别求 $P(B\bar{A})$:

(1) 事件 $A$ 与 $B$ 互斥;

(2) $A \subset B$;

(3) $P(AB) = \frac{1}{8}$.

解 (1) 由 $AB = \varnothing$, 得 $B\bar{A} = B$, 所以

$$P(B\bar{A}) = P(B) = \frac{1}{2}.$$

(2) 因为 $A \subset B$, 所以 $B\bar{A} = B - A$, 由可减性得

$$P(B\bar{A}) = P(B) - P(A) = \frac{1}{2} - \frac{1}{3} = \frac{1}{6}.$$

(3) 由 $B\bar{A} = B - AB$, 据可减性与加法公式, 有

$$P(B\bar{A}) = P(B) - P(AB) = \frac{1}{2} - \frac{1}{8} = \frac{3}{8}.$$

## §1.5 条件概率与事件的独立性

对任何概率问题,都是针对一个样本空间,并且是在非负性、规范性及可列可加性的前提下进行讨论. 但是,除了这些总前提,有时还会出现一个附加前提,这时要计算的概率会有所不同. 比如,掷一颗均匀骰子,已知出点数为奇数,求点数大于 1 的概率. 这种概率就是所谓的条件概率.

## 一、条件概率

**定义 1.3**　设 $A$ 与 $B$ 是两个事件，且 $P(B)>0$，称

$$P(A\mid B)=\frac{P(AB)}{P(B)} \tag{1.6}$$

为在事件 $B$ 发生的条件下事件 $A$ 发生的**条件概率**.

**例 1**　设某种动物从出生算起，活到 20 岁以上的概率为 0.8，活到 25 岁以上的概率为 0.4. 现有 20 岁的这种动物，问它能活到 25 岁以上的概率是多少？

解　设事件 $A$ 表示能活到 20 岁以上，$B$ 表示能活到 25 岁以上，由条件知 $P(A)=0.8$，$P(B)=0.4$. 由于 $B\subset A$，故 $AB=B$，所求的概率为

$$P(B\mid A)=\frac{P(AB)}{P(A)}=\frac{P(B)}{P(A)}=\frac{0.4}{0.8}=0.5.$$

**例 2**　某批产品共 100 件，其中 10 件是不合格品，不合格品中有 6 件次品、4 件废品. 现从 100 件产品中任取一件，已知取到的是不合格品，求它是废品的概率.

解　当取到为不合格品时，样本空间不是 100 件产品，而是 10 件不合格品. 所以，样本空间包含 10 个样本点. 发现它是废品的样本为 4 个. 于是由公式(1.1)得所求概率为

$$P=\frac{4}{10}=0.4.$$

前面提到的掷一颗均匀骰子，已知点数为奇数，求点数大于 1 的概率. 也可以类似地计算出其概率为$\frac{2}{3}$.

条件概率 $P(A|B)$的直观意义是考虑样本空间变为 $B$ 时，$A$ 发生的可能性大小. 一般概率可视为条件概率的特例 $P(A)=P(A\mid\Omega)$.

在古典概型的情况下，求条件概率有两种方法：直接利用定义 1.3 计算；将 $B$ 视为样本空间，再按无条件概率的公式(1.1)计算.

条件概率满足概率的基本性质及其他所有性质. 比如：

$$P(\varnothing\mid B)=0;$$

$$P(A\mid B)=1-P(\bar{A}\mid B);$$

$$P(A_1\cup A_2\mid B)=P(A_1\mid B)+P(A_2\mid B)-P(A_1A_2\mid B).$$

## 二、乘法定理

由条件概率的定义,我们有如下定理.

**定理 1.1**(乘法定理) 设 $P(A)>0$ 或 $P(B)>0$, 则有

$$P(AB)=P(B\mid A)P(A), \tag{1.7}$$

或

$$P(AB)=P(A\mid B)P(B). \tag{1.8}$$

**例 3** 一袋中有 $a$ 个白球和 $b$ 个红球,现依次不放回地从袋中取两球,试求两次均取到白球的概率.

解 设 $A_i$ 为第 $i$ 次取到白球($i=1, 2$),则所求概率为 $P(A_1A_2)$. 由于

$$P(A_1)=\frac{a}{a+b},\ P(A_2\mid A_1)=\frac{a-1}{a+b-1},$$

因此

$$P(A_1A_2)=P(A_2\mid A_1)P(A_1)=\frac{a-1}{a+b-1}\cdot\frac{a}{a+b}.$$

定理 1.1 可推广到有限个事件的场合. 对任意 $n$ 个事件 $A_1, A_2, \cdots, A_n$,如果满足 $P(A_1A_2\cdots A_{n-1})>0$, 则

$$P(A_1A_2\cdots A_n)=P(A_1)P(A_2\mid A_1)P(A_3\mid A_2A_1)\cdots P(A_n\mid A_{n-1}\cdots A_2A_1).$$

乘法定理可以帮助我们很方便地计算一些事件的概率.

**例 4** 包装的玻璃器皿第一次扔下被打破的概率为 0.4;若未破,则第二次扔下被打破的概率为 0.6;若又未破,则第三次扔下被打破的概率为 0.9. 现将这种包装的器皿连续扔 3 次,求被打破的概率.

解法一 设事件 $A$ 表示器皿被打破,$A_i$ 表示第 $i$ 次扔下器皿被打破($i=1, 2, 3$),则 $A=A_1\cup A_2\cup A_3$, 于是

$$\begin{aligned}P(A)&=P(A_1\cup A_2\cup A_3)\\&=1-P(\overline{A_1\cup A_2\cup A_3})\\&=1-P(\bar{A}_1\bar{A}_2\bar{A}_3)\\&=1-P(\bar{A}_1)P(\bar{A}_2\mid\bar{A}_1)P(\bar{A}_3\mid\bar{A}_1\bar{A}_2).\end{aligned}$$

依题意,有

$$P(A_1)=0.4,$$
$$P(A_2\mid\bar{A}_1)=0.6,$$
$$P(A_3\mid\bar{A}_1\bar{A}_2)=0.9,$$

所以

$$P(A_1\cup A_2\cup A_3)=1-0.6\times 0.4\times 0.1=0.976.$$

解法二　因为 $A=A_1\cup\bar{A}_1A_2\cup\bar{A}_1\bar{A}_2A_3$，且 $A_1$，$\bar{A}_1A_2$，$\bar{A}_1\bar{A}_2A_3$ 互不相容，所以有

$$\begin{aligned}P(A)&=P(A_1)+P(\bar{A}_1A_2)+P(\bar{A}_1\bar{A}_2A_3)\\&=P(A_1)+P(A_2\mid\bar{A}_1)P(\bar{A}_1)+P(A_3\mid\bar{A}_1\bar{A}_2)P(\bar{A}_2\mid\bar{A}_1)P(\bar{A}_1)\\&=0.4+0.6\times 0.6+0.9\times 0.4\times 0.6=0.976.\end{aligned}$$

条件概率不仅体现在乘法公式上，下面将要讨论的全概率公式和贝叶斯(Bayes)公式均属条件概率的应用.

## 三、全概率公式

对于较复杂事件的概率问题，通常可将复杂事件分解成若干个互不相容的简单事件的和. 先看一个例子.

**例 5**　设袋中装有 10 张考签，其中两张是难签，甲、乙两人依次抽取一张，求每人抽到难签的概率.

解　设 $A$ 为甲抽到难签，$B$ 为乙抽到难签. 显然

$$P(A)=\frac{2}{10}=\frac{1}{5}.$$

因为 $B$ 只有在事件 $A$ 或事件 $\bar{A}$ 发生时才会发生，即 $B=BA\cup B\bar{A}$，由有限可加性及乘法定理，有

$$\begin{aligned}P(B)&=P(BA)+P(B\bar{A})\\&=P(A)P(B\mid A)+P(\bar{A})P(B\mid\bar{A})\\&=\frac{2}{10}\cdot\frac{1}{9}+\frac{8}{10}\cdot\frac{2}{9}=\frac{1}{5}.\end{aligned}$$

这说明抽到难签的概率与抽取的次序无关. 从求 $P(B)$ 的过程看，关键是利用互不相容的事件 $A$ 与 $\bar{A}$，把 $B$ 分解为 $BA$ 与 $B\bar{A}$ 的和，然后利用有限可加性及乘法定理求得其概率.

**定义 1.4** 设 $n$ 个事件 $A_1, A_2, \cdots, A_n$ 满足:

(1) $A_iA_j = \varnothing$, $P(A_i) > 0$ $(i \neq j, i, j = 1, 2, \cdots, n)$;

(2) $\bigcup\limits_{i=1}^{n} A_i = \Omega$;

则称 $A_1, A_2, \cdots, A_n$ 为 $\Omega$ 的一个分割.

**定理 1.2** 设 $A_1, A_2, \cdots, A_n$ 为 $\Omega$ 的一个分割,则对任一事件 $B$,有

$$P(B) = \sum_{i=1}^{n} P(B \mid A_i)P(A_i). \tag{1.9}$$

称(1.9)式为**全概率公式**.

证明 因为 $A_1, A_2, \cdots, A_n$ 为 $\Omega$ 的一个分割,所以

$$B = B\Omega = B(A_1 \cup A_2 \cup \cdots \cup A_n) = BA_1 \cup BA_2 \cup \cdots \cup BA_n,$$

且 $BA_1, BA_2, \cdots, BA_n$ 两两互斥. 由概率的有限可加性及乘法定理得

$$P(B) = \sum_{i=1}^{n} P(BA_i) = \sum_{i=1}^{n} P(B \mid A_i)P(A_i). \quad \blacksquare$$

**例 6** 一批产品来自 3 个工厂,其中有 60%来自甲厂,30%来自乙厂,余下 10%来自丙厂. 甲厂产品合格率为 95%,乙厂产品合格率为 80%,丙厂产品合格率为 65%. 求这批产品的合格率.

解 设 $A_1, A_2, A_3$ 分别表示产品来自甲、乙、丙厂的事件,$B$ 表示产品合格事件,依题意有

$$P(A_1) = 0.60, P(A_2) = 0.30, P(A_3) = 0.10,$$
$$P(B \mid A_1) = 0.95, P(B \mid A_2) = 0.80, P(B \mid A_3) = 0.65.$$

由全概率公式,可得这批产品的合格率是

$$\begin{aligned} P(B) &= P(B \mid A_1)P(A_1) + P(B \mid A_2)P(A_2) + P(B \mid A_3)P(A_3) \\ &= 0.95 \times 0.60 + 0.80 \times 0.30 + 0.65 \times 0.10 \\ &= 0.875. \end{aligned}$$

在本例中,如果抽到一件产品是合格品,那么这个合格品由哪个厂生产的可能性最大呢? 下面介绍的贝叶斯公式可以帮助我们找到答案. 该公式是在全概率公式的基础上建立的.

## 四、贝叶斯公式

**定理 1.3**　设 $A_1, A_2, \cdots, A_n$ 为 $\Omega$ 的一个分割，$B$ 为任一事件且满足 $P(B)>0$，则

$$P(A_i \mid B)=\frac{P(B \mid A_i)P(A_i)}{\sum_{i=1}^{n} P(B \mid A_i)P(A_i)},\ i=1,2,\cdots,n. \tag{1.10}$$

证明　由条件概率及乘法定理，得

$$P(A_i \mid B)=\frac{P(BA_i)}{P(B)}=\frac{P(B \mid A_i)P(A_i)}{P(B)}.$$

再由全概率公式即得证.　▌

我们称(1.10)式为**贝叶斯公式**. 全概率公式是由因溯果，而贝叶斯公式是由果溯因.

**例 7**　以本节例 6 为题，当抽到一个合格品时，问该合格品由哪个厂生产的可能性最大?

解　由贝叶斯公式得

$$P(A_1 \mid B)=\frac{P(B \mid A_1)P(A_1)}{P(B)}=\frac{0.95\times 0.60}{0.875}\approx 0.65,$$

$$P(A_2 \mid B)=\frac{P(B \mid A_2)P(A_2)}{P(B)}=\frac{0.80\times 0.30}{0.875}\approx 0.27,$$

$$P(A_3 \mid B)=1-0.65-0.27=0.08.$$

由此可知，该合格品来自甲厂的可能性最大.

**例 8**　据调查，某地区居民的肝癌发病率为 0.000 4，若以 $A$ 表示该地区居民患肝癌的事件. 用甲胎蛋白法检查肝癌，若呈阴性表明不患肝癌，若呈阳性表明患肝癌. 但由于技术和操作不完善以及种种特殊原因，使肝癌患者未必检出阳性，非肝癌患者也可能呈阳性反应. 用 $B$ 表示呈阳性，据多次试验统计，这两种错误发生的概率分别为 $P(\bar{B} \mid A)=0.01$，$P(B \mid \bar{A})=0.05$. 现设某人已检出阳性，问他确实患肝癌的概率是多少?

解　已知 $P(A)=0.0004$，$P(B \mid \bar{A})=0.05$，$P(\bar{B} \mid A)=0.01$，可计算

$$P(B \mid A)=1-P(\bar{B} \mid A)=1-0.01=0.99.$$

由贝叶斯公式得

$$P(A \mid B)=\frac{P(B \mid A)P(A)}{P(B \mid A)P(A)+P(B \mid \bar{A})P(\bar{A})}$$

$$= \frac{0.99 \times 0.0004}{0.99 \times 0.0004 + 0.05 \times 0.9996}$$
$$= 0.00786.$$

这表明,在已经检验出呈阳性的人群中真正患肝癌的人不到1%.这个结果可能很让人吃惊.在实际中,医生常用另一些简单易行的辅助方法先进行初查,排除大量明显不是肝癌患者的人,只对令医生怀疑患有肝癌者才建议进行甲胎蛋白法检验.这样,在被怀疑对象中,肝癌的发病率显著提高.比如, $P(B) = 0.4$, 此时,再用贝叶斯公式进行计算得

$$P(B \mid A) = \frac{0.99 \times 0.4}{0.99 \times 0.4 + 0.05 \times 0.6} = 0.9296.$$

这样就大大提高了甲胎蛋白法的准确率.

## 五、事件的独立性

1. 两个事件的独立性

**定义 1.5** 设有事件 $A$ 和 $B$,如果

$$P(AB) = P(A) \cdot P(B),$$

则称事件 $A$ 与事件 $B$ **相互独立**,简称 $A$, $B$ **独立**.

上面定义是事件独立性的理论依据.在实际应用中,我们常常不是根据定义来判断,而是根据这两个事件的发生是否相互影响来判断的.例如,掷两枚硬币或两颗骰子,它们的结果是互不相干的,从而可以认为是相互独立的.又如,对同一个物体进行多次测量,每次测量的误差可认为是相互独立的.

**定理 1.4** 设 $A$ 和 $B$ 为两个事件,且 $P(A) > 0$, 则 $A$ 与 $B$ 相互独立的充要条件是

$$P(B \mid A) = P(B).$$

**定理 1.5** 若事件 $A$ 与事件 $B$ 相互独立,则下列各对事件也相互独立:

$$\bar{A} \text{ 与 } B,\ A \text{ 与 } \bar{B},\ \bar{A} \text{ 与 } \bar{B}.$$

**证明** 因为 $\bar{A}B = A \cup B - A$, 且 $A$、$B$ 独立.利用概率的可减性和加法公式得

$$\begin{aligned} P(\bar{A}B) &= P(A \cup B - A) = P(A \cup B) - P(A) \\ &= P(A) + P(B) - P(AB) - P(A) \\ &= P(B) - P(A)P(B) \end{aligned}$$

$$= P(\bar{A})P(B).$$

因此 $\bar{A}$ 与 $B$ 相互独立.

由此可推出 $\bar{A}$ 与 $\bar{B}$ 相互独立. 再由 $\bar{\bar{A}} = A$, 又推出 $A$ 与 $\bar{B}$ 相互独立. ▌

定理告诉我们,4 对事件 $A$, $B$; $A$, $\bar{B}$; $\bar{A}$, $B$; $\bar{A}$, $\bar{B}$ 中只要有一对事件相互独立, 则其他 3 对事件也相互独立.

**例 9** 袋中有 7 个黑球,3 个白球,从中任取两次,每次抽取 1 球. 设 $A_i$ 表示第 $i$ 次取到黑球($i = 1, 2$), 试在有放回抽取和无放回抽取两种情况下分别讨论 $A_1$ 与 $A_2$ 的独立性.

解　(1) 有放回的情况. 因为

$$P(A_2 \mid A_1) = \frac{7}{10},$$

而

$$\begin{aligned} P(A_2) &= P(A_1)P(A_2 \mid A_1) + P(\bar{A}_1)P(A_2 \mid \bar{A}_1) \\ &= \frac{7}{10} \cdot \frac{7}{10} + \frac{3}{10} \cdot \frac{7}{10} = \frac{7}{10}, \end{aligned}$$

所以,$A_1$ 与 $A_2$ 相互独立. 即在有放回抽取时,每次抽到黑球是相互独立的.

(2) 无放回的情况. 因为

$$P(A_2 \mid A_1) = \frac{6}{9},$$

而

$$\begin{aligned} P(A_2) &= P(A_1)P(A_2 \mid A_1) + P(\bar{A}_1)P(A_2 \mid \bar{A}_1) \\ &= \frac{7}{10} \cdot \frac{6}{9} + \frac{3}{10} \cdot \frac{7}{9} = \frac{7}{10}, \end{aligned}$$

所以,$A_1$ 与 $A_2$ 不相互独立. 即在无放回抽取时,每次抽到黑球不相互独立.

**例 10** 设有甲,乙两名射手,他们每次射击命中目标的概率分别是 0.8 和 0.7. 现两人同时向一个目标射击一次,试求:

(1) 目标被击中的概率;

(2) 若已知目标被击中,那么它是甲击中的概率是多少?

解　设事件 $A$ 表示甲击中目标,$B$ 表示乙击中目标,$C$ 表示目标被击中,由题意 $P(A) = 0.8$, $P(B) = 0.7$, 且 $A$ 与 $B$ 相互独立. 于是:

(1) 由于 $C = A \cup B$, 则有

$$P(C) = P(A \cup B) = P(A) + P(B) - P(AB)$$

$$= P(A)+P(B)-P(A)P(B)$$
$$= 0.8+0.7-0.8\times 0.7$$
$$= 0.94;$$

或者,由于 $\bar{A}$ 与 $\bar{B}$ 相互独立,有

$$P(C)=1-P(\bar{C})=1-P(\bar{A}\bar{B})$$
$$=1-P(\bar{A})P(\bar{B})$$
$$=1-0.06=0.94.$$

(2) 因为 $A\subset C=A\cup B$, 则所求概率为

$$P(A\mid C)=\frac{P(AC)}{P(C)}=\frac{P(A)}{P(C)}=\frac{0.8}{0.94}=\frac{40}{47}.$$

应当注意,事件相互独立与互不相容是两个不同的概念.

2. 多个事件的独立性

先研究 3 个事件的相互独立性.

**定义 1.6** 设 $A$, $B$, $C$ 是 3 个事件,如果满足:

$$P(AB)=P(A)P(B),$$
$$P(AC)=P(A)P(C),$$
$$P(BC)=P(B)P(C),$$
$$P(ABC)=P(A)P(B)P(C),$$

则称事件 $A$, $B$, $C$ **相互独立**.

注意,由 $A$, $B$, $C$ 相互独立,可以推出 $A$, $B$, $C$ 两两相互独立,但由两两独立不能推出 $A$, $B$, $C$ 相互独立.

关于 $n$ 个事件的独立性有如下定义.

**定义 1.7** 设有 $n$ 个事件 $A_1$, $A_2$, $\cdots$, $A_n$,若

$$P(A_iA_j)=P(A_i)P(A_j)\ (1\leqslant i<j\leqslant n),$$
$$P(A_iA_jA_k)=P(A_i)P(A_j)P(A_k)\ (1\leqslant i<j<k\leqslant n),$$
$$\cdots\cdots$$
$$P(A_1A_2\cdots A_n)=P(A_1)P(A_2)\cdots P(A_n),$$

则称 $A_1$, $A_2$, $\cdots$, $A_n$ **相互独立**.

注意,上述定义中含有 $2^n-C_n^0-C_n^1=2^n-n-1$ 个关系式,缺一不可.

由上述定义可得如下定理.

**定理 1.6**　如果 $n(n \geqslant 2)$ 个事件相互独立，则其中任意 $k(2 \leqslant k < n)$ 个事件也相互独立.

对于两个以上事件的相互独立性，可根据定理 1.5，由数学归纳法容易证得以下结论.

**定理 1.7**　若 $n(n \geqslant 2)$ 个事件 $A_1, A_2, \cdots, A_n$ 相互独立，则将其中任意多个事件换成它们的对立事件，所得的 $n$ 个事件仍相互独立.

**例 11**　某航空公司上午 10 时左右从北京飞往上海、广州、沈阳各有一个航班，这 3 个航班满座的概率分别为 0.9，0.8，0.6. 假设航班是否满座互不影响，求：

(1) 3 个航班都满座的概率；

(2) 至少有一个航班满座的概率；

(3) 仅有一个航班满座的概率.

解　设 $A, B, C$ 分别表示飞往上海、广州、沈阳的航班满座的事件，由题意 $P(A) = 0.9$, $P(B) = 0.8$, $P(C) = 0.6$，且 $A, B, C$ 相互独立. 于是：

(1) 3 个航班都满座的概率为

$$\begin{aligned} P(ABC) &= P(A)P(B)P(C) \\ &= 0.9 \times 0.8 \times 0.6 \\ &= 0.432. \end{aligned}$$

(2) 至少有一个航班满座的概率为

$$\begin{aligned} P(A \cup B \cup C) &= 1 - P(\overline{A \cup B \cup C}) \\ &= 1 - P(\bar{A}\bar{B}\bar{C}) \\ &= 1 - P(\bar{A})P(\bar{B})P(\bar{C}) \\ &= 1 - (1-0.9)(1-0.8)(1-0.6) \\ &= 1 - 0.008 = 0.992. \end{aligned}$$

(3) 仅有一个航班满座的概率为

$$\begin{aligned} P(A\bar{B}\bar{C} \cup \bar{A}B\bar{C} \cup \bar{A}\bar{B}C) &= P(A\bar{B}\bar{C}) + P(\bar{A}B\bar{C}) + (\bar{A}\bar{B}C) \\ &= 0.9 \times 0.2 \times 0.4 + 0.1 \times 0.8 \times 0.4 + 0.1 \times 0.2 \times 0.6 \\ &= 0.072 + 0.032 + 0.012 \\ &= 0.116. \end{aligned}$$

可见，独立性的假设可以简化概率运算.

**例 12**　若干人独立地向一个游动目标射击，每人击中目标的概率均为

0.6,问至少需要多少人,才能以 99%以上的概率击中目标?

解　设至少应有 $n$ 个人才能以 99%以上的概率击中目标. 令 $A_i$ 表示第 $i$ 个人击中目标($i=1, 2, \cdots, n$),$A$ 表示目标被击中,则 $A=A_1 \cup A_2 \cup \cdots \cup A_n$,且 $A_1, A_2, \cdots, A_n$ 相互独立. 于是 $\bar{A}_1, \bar{A}_2, \cdots, \bar{A}_n$ 也相互独立. 因此

$$\begin{aligned} P(A) &= 1-P(\overline{A_1 \cup A_2 \cup \cdots \cup A_n}) \\ &= 1-P(\bar{A}_1\bar{A}_2\cdots\bar{A}_n) \\ &= 1-P(\bar{A}_1)P(\bar{A}_2)\cdots P(\bar{A}_n) \\ &= 1-0.4^n. \end{aligned}$$

于是问题归结为求最小的 $n$,使得 $1-0.4^n>0.99$. 解此不等式得

$$n>\frac{\ln 0.01}{\ln 0.4}\approx 5.026.$$

所以,至少需要 6 人才能以 99%以上的概率击中目标.

## §1.6 贝努里概型

在实际中,我们经常会遇到这样一类试验,比如,从一批产品中任意抽取一件,只关心“合格”与“不合格”;掷一枚硬币,只有“正面朝上”与“反面朝上”;对一个目标进行射击,只有“击中目标”与“未击中目标”两个对立的结果,这类例子还有很多. 有的试验尽管它的可能结果不止两个,但是如果我们只关心其中某一个事件 $A$ 是否发生,这类试验也可以归结为只有两个对立的结果,即只出现 $A$ 与 $\bar{A}$ 的试验.

我们知道,事件是试验的一些结果,很自然地,由事件的独立性可以推广到试验的独立性.

**定义 1.8**　设 $E_1, E_2, \cdots, E_n$ 为 $n$ 次试验,如果 $E_i$ 的任一结果($i=1, 2, \cdots, n$)都是相互独立的事件,则称试验 $E_1, E_2, \cdots, E_n$ **相互独立**. 当这 $n$ 个试验相同时,则称其为 **$n$ 重独立重复试验**.

例如,掷 $n$ 枚硬币,掷 $n$ 颗骰子,检查 $n$ 件产品的质量等,都是 $n$ 重独立重复试验.

**定义 1.9**　只有两个结果的试验称为贝努里(Bernoulli)试验. 由 $n$ 次相同并且独立的贝努里试验组成的随机试验称为 **$n$ 重贝努里试验**,亦称**贝努里概型**.

在一次贝努里试验中,假设事件 $A$ 发生的概率为 $p$,则

$$P(A) = p,\ P(\bar{A}) = 1 - p,$$

其中 $0 < p < 1$. 不同的 $p$ 可以用来描述不同的贝努里试验. 比如,研究产品的质量,假设 $p = 0.1$, 这时将不合格品的出现视为事件 $A$ 的发生;也可以假设 $p = 0.9$, 这时我们的注意力将转移到合格品的出现上,把合格品的出现视为事件 $A$ 的发生. 这两种假设都是可行的,只要明确事件 $A$ 的含义是什么就可以了.

掷 3 枚硬币(或将一枚硬币反复掷 3 次),检查 10 件产品(检验产品是否合格),打 10 次靶(检验是否中靶),诞生 100 个婴儿(统计他们的性别),检查 1 000 个人的眼睛 (检查是否患有色盲)等,都是多重贝努里试验.

$n$ 重贝努里试验的结果可由长为 $n$ 的 $A$ 与 $\bar{A}$ 的排列表示. 比如,在 6 重贝努里试验中, $AA\bar{A}\bar{A}\bar{A}\bar{A}$ 表示前两次 $A$ 发生,后 4 次均为 $\bar{A}$ 发生. 根据独立性可以算出该事件的概率为

$$\begin{aligned} P(AA\bar{A}\bar{A}\bar{A}\bar{A}) &= p \cdot p \cdot (1-p) \cdot (1-p) \cdot (1-p) \cdot (1-p) \\ &= p^2(1-p)^4. \end{aligned}$$

在 $n$ 重贝努里试验中,人们最关心的是事件 $A$ 或事件 $\bar{A}$ 发生的次数(或 $n$ 个结果中出现 $A$ 或 $\bar{A}$ 的个数),理由很简单,因为 $A$ 或 $\bar{A}$ 的个数包含的是最重要的信息,而 $A$ 与 $\bar{A}$ 的排列次序在实际中往往是不感兴趣的信息. 用 $P_n(k)$ 表示 $n$ 重贝努里试验中 $A$ 恰好出现 $k(0 \leqslant k \leqslant n)$ 次的概率,我们有下面的定理.

**定理 1.8**　对于贝努里概型,事件 $A$ 在 $n$ 次独立试验中恰好发生 $k$ 次的概率为

$$P_n(k) = C_n^k p^k q^{n-k} \quad (k = 0, 1, 2, \cdots, n), \tag{1.11}$$

其中, $p = P(A)$, $q = 1 - p$ 且 $\sum\limits_{k=0}^{n} P_n(k) = 1$.

证明　由贝努里概型可知,事件 $A$ 在某 $k$ 次试验中发生,而其余 $n-k$ 次试验中不发生的概率为

$$p^k q^{n-k}.$$

因为只考虑事件 $A$ 在 $n$ 次试验中恰好发生 $k$ 次而不论具体在哪几次发生,所以共有 $C_n^k$ 种不同的发生排列次序,且每种次序所对应的事件互不相容. 由概率的有限可加性,有

$$P_n(k) = C_n^k p^k q^{n-k} \quad (k = 0, 1, 2, \cdots, n),$$

且有

$$\sum_{k=0}^{n} P_n(k) = \sum_{k=0}^{n} C_n^k p^k q^{n-k} = (p+q)^n = 1.$$ ▌

**例 1** 某人打靶 6 次,命中率为 0.9,求:

(1) 至少命中 4 次的概率;

(2) 至多命中 2 次的概率;

(3) 至少命中 1 次的概率.

解　这是贝努里概型,且 $p = 0.9$,则

(1) 所求概率为

$$\begin{aligned} & P_6(4) + P_6(5) + P_6(6) \\ = & C_6^4 0.9^4 0.1^2 + C_6^5 0.9^5 0.1^1 + C_6^6 0.9^6 \\ \approx & 0.9841. \end{aligned}$$

(2) 所求概率为

$$\begin{aligned} & P_6(0) + P_6(1) + P_6(2) \\ = & C_6^0 0.1^6 + C_6^1 0.9^1 0.1^5 + C_6^2 0.9^2 0.1^4 \\ \approx & 0.0013. \end{aligned}$$

(3) 所求概率为

$$\begin{aligned} & P_6(1) + P_6(2) + P_6(3) + P_6(4) + P_6(5) + P_6(6) \\ = & 1 - P_6(0) = 1 - C_6^0 0.1^6 \approx 0.9999. \end{aligned}$$

**例 2** 袋中装有 100 个球,其中 60 个红球,40 个白球. 作有放回抽取,连续取 5 次,每次取一个球,求取到红球个数不超过 3 个的概率.

解　设事件 $A$ 为取到红球,则

$$p = P(A) = \frac{60}{100} = 0.6,$$
$$q = 1 - p = 0.4.$$

于是

$$\begin{aligned} P_5(k \leqslant 3) &= P_5(0) + P_5(1) + P_5(2) + P_5(3) \\ &= 1 - P_5(4) - P_5(5) \\ &= 1 - C_5^4 0.6^4 0.4 - C_5^5 0.6^5 \\ &\approx 0.7667. \end{aligned}$$

## 数学家简介

### 费　马

业余数学家之王——皮埃尔·德·费马(Pierre de Fermat, 1601—1665)1601年生于法国南部图鲁斯附近的波蒙,父亲是个商人,费马从小就受到良好的家庭教育.他在大学攻读法律,毕业后当了律师.从30岁起,他才开始迷恋上数学,业余研究数学,直至逝世的34年里,他的精神世界始终被数学牢牢地统治着.费马结交了不少数学高手和哲学家,如梅森、罗伯瓦、迈多治、笛卡儿等,他们每周一次在梅森寓所聚会,讨论科学、研究数学.此外,费马还经常和友人通信交流数学研究工作的信息,但对发表著作非常淡漠.费马在世时,没有完整的著作问世.当他去世后,他的儿子萨缪尔·费马在数学家们帮助之下,将费马的笔记、批注及书信加以整理汇成《数学论集》在图鲁斯出版.

高等数学发展的起点是解析几何与微积分,费马为此作出了实质性的贡献.从费马与罗伯瓦、帕斯卡的通信中可以看出,在笛卡儿《几何学》发表前至少8年,他就已相当清晰地掌握了解析几何一些基本原理.费马在《平面和立体轨迹引论中》得出一些重要结论,还在一定程度上掌握了利用移轴和转轴的化简方法的技法;在解析几何的圆锥曲线的研究上已经初步系统化.因此说费马和笛卡儿分享创立解析几何的荣誉是当之无愧的.

费马也是微积分的先驱者,微积分的发明人牛顿曾坦率地说:"我从费马的切线作法中得到了这种方法的启示,我推广了它,把它直接并且反过来应用于抽象方程上."费马是从研究透镜的设计和光学理论出发,致力于探求曲线的切线的.他在"求最大值和最小值的方法"手稿中就提出了求切线的方法.可是当时的费马没有清晰的极限概念,没有得出导数即切线的结论,因此与微积分失之交臂,只能作为微积分的杰出的先驱者而写入史册.

费马还开创了近代数论的研究.对数的性质的研究从古希腊数学家欧几里得、丢番图等人就已经开始了,但是他们的研究缺乏系统化.费马注意到了这个问题,并且指出对数的性质的研究应当有独自的园地——(整)数论.同时,费马认为在数论中素数的研究非常重要,因为数论中的大量问题都与素数有关.在这方面的研究成果是费马在数学许多领域中最为突出的,其中最为著名的是"费马小定理"、"费马大定理".值得一提的是,300多年来"费马大定理"一直困扰着数学界,直到1993年才被普林斯顿大学的数学教授安德鲁·怀尔斯完全证明.在"完全数"的研究上,费马也有着两个重要的结论,虽然这两个结论未能解决寻找完全数的方法,但是在解决问题的途径上前进了一大步.

1653年,法国骑士梅累曾向帕斯卡提出"赌点问题",1654年帕斯卡向费马转告了这个问题,费马经研究后得到和帕斯卡同样的结果.由于费马、帕斯卡及惠更斯等人的深入研究,使16世纪卡丹诺等已开始探讨的赌博问题引起数学家们的广泛研究,使之进一步数学理论化,形成古典概率论.可以说是费马点燃了古典概率论的火种.

毋庸置疑,费马尽管是业余数学家,但他在微积分、解析几何、概率论、数论等数学领域中,都做出了开创性的贡献.他在数学史上的作用与地位是不可低估的.

## 习 题 一

### (A)

1. 写出下列随机试验的样本空间:

(1) 连续掷3颗骰子,观察出现点数;

(2) 袋中有$n$个红球和$m$个白球,现从袋中任取1个球,观察其颜色;

(3) 在交叉路口,计数每小时通过的机动车辆数;

(4) 在单位圆内任取两点,观察这两点之间的距离;

(5) 在长为$l$的线段上任取一点,该点将线段分成两段,观察两条线段的长度.

2. 设某试验的样本空间$\Omega=\{1, 2, \cdots, 10\}$,事件$A=\{3, 4, 5\}$,$B=\{4, 5, 6\}$,$C=\{6, 7, 8\}$,试用样本点表示下列事件:

(1) $A\bar{B}$;

(2) $\bar{A}\cup B$;

(3) $\overline{A\overline{BC}}$;

(4) $\overline{A(B\cup C)}$.

3. 试用文氏(Venn)图说明下列等式的正确性:

(1) $A\cup B=A\cup\bar{A}B$;

(2) $(A\cup B)C=AC\cup BC$;

(3) $AB\cup C=(A\cup C)(B\cup C)$.

4. 某人向一个目标连射3枪,设$A_i$表示第$i$枪击中目标($i=1, 2, 3$).试用事件$A_1$, $A_2$, $A_3$表示下列事件:

(1) 只有第一枪击中目标;

(2) 只有一枪击中目标;

(3) 至少有一枪击中目标;

(4) 最多有一枪击中目标;

(5) 第一和第三枪中至少有一枪击中目标.

5. 有 5 人在第一层进入 12 层楼的电梯. 假如每人以相同的概率走出从第二层开始的任一层,求这 5 人在不同层走出电梯的概率.

6. 袋中有 10 个编号为 1～10 的乒乓球. 现从袋中任取 3 个球,试求:

(1) 取出的球中最大号码是 5 的概率;

(2) 取出的球中最小号码是 5 的概率;

(3) 取出的球中最大号码小于 5 的概率.

7. 号码锁上有 6 个拨号盘,每个拨号盘上有 0 到 9 共 10 个数字,当这 6 个拨号盘上的数字组成某一个六位数(第一位数字可以为 0)时,才能打开该锁. 若不知道锁的号码,试求一次试开就能开锁的概率.

8. 从 52 张扑克牌中任取 4 张,求下列事件的概率:

(1) 全是红色;

(2) 两张红色,两张黑色;

(3) 两张黑桃;

(4) 同花.

9. 电话号码由 8 位 0 至 9 的数字组成(第一位数字不能为 0),试求恰好是一个由不同数字组成的电话号码的概率.

10. 从 0 到 9 这 10 个数字中不重复地任取 4 个,能排成一个四位偶数的概率是多少?

11. 设 $P(A)=0.6$, $P(B)=0.5$, $P(AB)=0.2$, 试求:

(1) $P(\bar{A}B)$;

(2) $P(\overline{AB})$;

(3) $P(\bar{A}\cup B)$;

(4) $P(\bar{A}\cup\bar{B})$.

12. 设 $P(A)=0.2$, $P(B)=0.3$, $P(C)=0.5$, $P(AC)=0.1$, $P(BC)=0.2$, 且 $AB=\varnothing$. 求事件 $A$, $B$, $C$ 至少有一个发生的概率.

13. 已知 $AB=\varnothing$, 且 $P(A)=P(B)=P(C)=\frac{1}{4}$, $P(AC)=P(BC)=\frac{1}{16}$, 试求 $P(\bar{A}\bar{B}\bar{C})$.

14. 有甲、乙两批种子,发芽率分别是 0.7 和 0.8. 现分别从这两批种子中随机地各取一粒，求下列事件的概率：

(1) 两粒种子都发芽；

(2) 至少有一粒种子发芽；

(3) 恰有一粒种子发芽.

15. 设有 $N$ 件产品，其中有 $M(M \leqslant N)$ 件不合格品. 现从中任取 $n(n \leqslant N)$ 件产品，试求取出的这 $n$ 件产品中：

(1) 至少有一件不合格品的概率；

(2) 至多有两件不合格品的概率.

16. 某人有一笔资金，他投入基金的概率是 58%，购买股票的概率是 28%，两项同时都投资的概率是 19%. 问：

(1) 已知他已经投入基金，那么再购买股票的概率是多少？

(2) 已知他已经购买股票，再投入基金的概率又是多少？

17. 袋中有同型号的小球，其中 $a$ 个黑色，$b$ 个红色. 每次从中任取一球观察其色后放回，并再放入同型号且同颜色小球 $c$ 个，问第一和第三次取到红球，第二次取到黑球的概率是多少？

18. 某商店为甲、乙、丙 3 个厂销售同类型号的家电产品. 这 3 个厂产品的比例为 1∶2∶1，且它们的次品率分别为 0.1，0.15，0.2. 某顾客从市场上任意选购一件，试求：

(1) 顾客买到正品的概率；

(2) 若已知顾客买到的是正品，则它是甲厂生产的概率是多少？

19. 将两个信息分别编码为 0 和 1 后传送出去，接收站接收时，0 被误收为 1 的概率是 2%，而 1 被误收为 0 的概率为 1%. 信息 0 与 1 传送的频繁程度之比为 2∶1. 若接收站收到信息为 0，问原发出信息也是 0 的概率是多少？

20. 两个袋子中装有相同规格的球，第一个袋子中有 10 个黑球和 40 个白球，第二个袋子中有 18 个黑球和 12 个白球. 现从任一个袋子中不放回地取出两个球，试求：

(1) 先取出的是黑球的概率；

(2) 在第一次取出黑球的条件下，第二次仍取出黑球的概率.

21. 袋中装有 4 个球，其中有红、白、黑球各一个，还有一个涂有红、白、黑 3 种颜色的三色球. 现从中任取一个球，设事件 $A$，$B$，$C$ 分别表示取得球的颜色有红、白、黑色. 试证明事件 $A$，$B$，$C$ 两两独立但不相互独立.

22. 已知 $P(A)=0.2$，$P(B)=0.5$，试分别在 $A$ 与 $B$ 互斥和 $A$ 与 $B$ 相互独立的情况下，计算 $P(\overline{A \cup B})$.

23. 某车间有 5 台某种型号的机床，每台机床由于种种原因（比如装卸工件，更换刀具等）时常需要停车. 设各台机床停车或开车是相互独立的. 若每台机床在任一时刻处于停车状态的概率为$\frac{1}{3}$，试求在任一时刻：

(1) 恰有一台机床处于停机状态的概率；

(2) 至少有一台机床处于停机状态的概率；

(3) 最多有一台机床处于停机状态的概率.

**(B)**

1. 写出下列试验的样本空间：

(1) 同时掷 3 颗骰子，观察并记录它们的点数之和；

(2) 将两个球随意地放入 3 个盒子中，观察盒子中有球无球的情况；

(3) 对某工厂生产的产品进行检查，直到出现两个正品为止，记录被检产品的个数.

2. 在分别标有数字 1 到 8 的 8 张卡片中任意抽取一张. 设事件 $A$ 表示取得一张标号不大于 4 的卡片，$B$ 表示取得一张标号为偶数的卡片，$C$ 表示取得一张标号为奇数的卡片. 试用样本点表示如下事件：

(1) $A\cup B$；

(2) $AB$；

(3) $\bar{B}$；

(4) $A-B$；

(5) $B-A$；

(6) $BC$；

(7) $\overline{B\cup C}$；

(8) $(A\cup B)C$.

3. 试证明下列结论：

(1) $AB\cup(A-B)\cup\bar{A}=\Omega$；

(2) $(A\cup B)(A\cup\bar{B})(\bar{A}\cup B)=AB$.

4. 设每个人在一年 365 天中任一天出生是等可能的，试求 500 个人中至少有一人生于元旦的概率.

5. 在 5 双不同的鞋子中任取 4 只，这 4 只鞋子中至少有两只配对的概率是多少？

6. 一个袋子中装有 11 只球，分别标号为 1, 2, …, 11. 现从中任取 6 只，求它们的号码之和为奇数的概率.

7. 试证明下列结论:

(1) 设 $P(A\bar{B}) = P(A) - P(AB)$,若 $A$ 与 $B$ 互斥,则 $P(A\bar{B}) = P(A)$;

(2) 设 $C$ 表示 $A$ 与 $B$ 恰好有一个发生,则

$$P(C) = P(A) + P(B) - 2P(AB).$$

8. 掷 3 颗骰子,若已知出现的点数都不相同,试求没有 1 点的概率.

9. 甲袋中有 $a$ 个红球和 $b$ 个白球,乙袋中有 $c$ 个红球和 $d$ 个白球,试求:

(1) 将两袋球合为一袋再从中任取一个球,取到的是红球的概率;

(2) 在两袋中任取一袋再从该袋任取一个球,取到的是红球的概率;

(3) 从甲袋任取一个球放入乙袋,再从乙袋任取一个球.在已知它是红球的条件下,从甲袋取出的球是红球的概率.

10. 某单位运进甲类箱子 $n$ 只,乙类箱子 $m$ 只,其中每只甲类箱中有 $a_1$ 件优质品,$b_1$ 件合格品,每只乙类箱中有 $a_2$ 件优质品,$b_2$ 件合格品.求:

(1) 取得一件产品,是优质品的概率;

(2) 已知取得一件优质品,它是来自甲类箱子的概率.

11. 若事件 $A$, $B$, $C$ 相互独立,试证:$A \cup B$, $AB$ 及 $A - B$ 分别都与 $C$ 独立.

12. 设事件 $A$, $B$, $C$ 两两独立,$ABC = \varnothing$ 且 $P(A) = P(B) = P(C) < \frac{1}{2}$,$P(A \cup B \cup C) = \frac{9}{16}$,求 $P(A)$.

13. 设每次试验中事件 $A$ 发生的概率均为 $p(0 < p < 1)$. 现进行 4 次独立试验,若已知事件 $A$ 至少发生一次的概率为$\frac{65}{81}$,试求 $p$ 的值.

14. 某机构有一个 9 人组成的顾问小组,已知每个顾问贡献正确意见的百分比是 0.7. 现该机构对某项决议的可行性征求各位顾问的意见,并按多数人意见作出决策,求作出正确决策的概率是多少?

15. 甲、乙两人各掷一颗均匀的骰子 $n$ 次,统计分别出现偶数点的次数. 求两人掷得的偶数点次数相同的概率.

# 第二章 一维随机变量及其分布

为了更深入地研究随机现象,我们引入随机变量.随机变量概念的建立是概率论发展史上的重大突破,使我们能够以微积分为工具,将个别随机事件的研究扩大为随机变量所表征的随机现象的研究,从而使概率论的发展进入了一个新阶段.

本章将主要介绍离散型随机变量和连续型随机变量及其分布.

## §2.1 一维随机变量

在随机试验中,有很多试验结果直接表现为数量.例如,掷一颗骰子,其出现的点数;在 $n$ 次打靶试验中,击中目标的次数;某一段时间内车间正在工作的车床数目等等.但是有些试验的结果并不表现为数量.例如,生产的产品是优质品、次品还是废品?初看起来,这个随机试验与数值无关,但是可以设法使它与数值联系起来:若生产出的产品是"优质品"用"2"表示,是"次品"用"1"表示,是"废品"用"0"表示.类似地,某工人一天"完成定额"用"1"表示,"没有完成定额"用"0"表示等.这样一来,试验的结果都可以用数量来描述.

由此,我们引入随机变量的定义.

**定义 2.1** 设 $\Omega$ 是随机试验的样本空间,若对于试验的每一个可能结果 $\omega \in \Omega$,都有唯一的实数 $X(\omega)$ 与之对应,于是就得到定义于 $\Omega$ 上的实值单值函数 $X(\omega)$,称 $X(\omega)$ 为**一维随机变量**,简记为 $X$.

随机变量通常用字母 $X, Y, Z$ 或 $\xi, \eta$ 等表示.

**例 1** 掷一枚均匀的硬币,观察出现正反面的情况.若记 $\omega_1 = \{正面\}$,$\omega_2 = \{反面\}$,则样本空间 $\Omega = \{\omega_1, \omega_2\}$.若规定

$$X = \begin{cases} 1, & \omega = \omega_1, \\ 0, & \omega = \omega_2, \end{cases}$$

则 $X$ 是一个随机变量,它的取值为 0 或 1.

**例 2** 观察某电话交换台在一段时间$(0, T]$内接到的呼叫次数.若记 $\omega_i =$ {电话交换台在该段时间内接到 $i$ 次呼叫}$(i = 0, 1, 2, \cdots)$,则样本空间 $\Omega = \{\omega_0, \omega_1, \cdots, \omega_n, \cdots\}$,于是 $X(\omega_i) = i\ (i = 0, 1, 2, \cdots)$ 是一个随机变量,它的取值是非负整数.

**例 3** 测量某机床加工的零件长度与零件规定长度的偏差 $\omega$(单位:毫米).由于通常可以知道其偏差的范围,故可以假定偏差的绝对值小于某一固定的正数 $\varepsilon$.若是这样,则样本空间 $\Omega = \{\omega \mid -\varepsilon \leqslant \omega \leqslant \varepsilon\}$,那么 $X(\omega) = \omega$ 是一个随机变量,它的取值为$[-\varepsilon, \varepsilon]$.

随机变量的引入,使随机试验中出现的各种事件可通过随机变量的取值来表达.例如,在例 2 中,呼叫次数不超过 3 次的事件,可用 $0 \leqslant X \leqslant 3$ 表示.又如,用 $T$ 表示测试灯泡的寿命,则灯泡寿命小于 200 小时的事件可表示为 $T < 200$,而灯泡寿命在 $150 \sim 200$ 小时之间的事件,可表达为 $150 \leqslant T \leqslant 200$.

当引入随机变量后,对随机现象统计规律性的研究,就由对事件及事件概率的研究转化为对随机变量及其取值规律的研究;进一步地,有可能利用数学分析的方法对随机试验的结果进行深入广泛的研究和讨论.

显然,随机变量是建立在随机事件基础上的一个概念.既然事件发生的可能性对应于一定的概率,那么随机变量也以一定的概率取各种可能值,这显示了随机变量与普通函数有着本质的差异.

按随机变量取值情况可以分为两类:

(1) 离散型随机变量:随机变量所有可能取的值为有限个或可列无穷多个;

(2) 非离散型随机变量:随机变量所有可能取的值可以是整个数轴或至少有一部分取值是某些区间.

非离散型随机变量范围很广,情况比较复杂,其中最重要的,也是在实际中常遇到的是连续型随机变量.本书中只讨论离散型和连续型两种随机变量.

## §2.2 离散型随机变量

### 一、离散型随机变量及其分布律

**定义 2.2** 如果随机变量 $X$ 的全部可能取值为有限个或可列无穷多个,则

称 $X$ 为**离散型随机变量**.

例如，在§2.1的例1中，随机变量 $X$ 只可能取0和1两个值，所以 $X$ 是离散型随机变量；在§2.1的例2中，随机变量 $X$ 只可能取0，1，2，…，所以 $X$ 也是离散型随机变量.

对于一个离散型随机变量，要想全面掌握它的统计规律，只知道它可能取的值是不够的，还要了解它取各个可能值的概率是多少.

**定义2.3**　设离散型随机变量 $X$ 的所有可能取值为 $x_k(k=1, 2, \cdots)$，$X$ 取各个可能值的概率为

$$P\{X=x_k\}=p_k,\ k=1, 2, \cdots, \tag{2.1}$$

则称(2.1)式为**离散型随机变量 $X$ 的分布律**.

分布律也可以直观地用如表2.1所示的表格形式来表示.

**表2.1**

| $X$ | $x_1$ | $x_2$ | $\cdots$ | $x_k$ | $\cdots$ |
|---|---|---|---|---|---|
| $P$ | $p_1$ | $p_2$ | $\cdots$ | $p_k$ | $\cdots$ |

由概率的定义，易知分布律具有如下性质：

(1) $p_k \geqslant 0,\ k=1, 2, \cdots;$　　(2.2)

(2) $\sum\limits_{k=1}^{\infty} p_k=1.$　　(2.3)

任何具有上述两条性质的 $p_k$ 都可作为某一离散型随机变量的分布律.

知道了离散型随机变量的分布律，也就不难计算随机变量落在任一区间内的概率，因此，分布律全面地描述了离散型随机变量的统计规律.

**例1**　某系统有两台相互独立地运转的机器. 设第一台与第二台机器发生故障的概率分别为0.1，0.2，以 $X$ 表示系统中发生故障的机器数，求 $X$ 的分布律.

解　设 $A_i$ 表示事件"第 $i$ 台机器发生故障"$(i=1, 2)$. $X$ 所有可能取值为0，1，2，则

$$P\{X=0\}=P(\bar{A}_1\bar{A}_2)=0.9\times0.8=0.72,$$
$$P\{X=1\}=P(A_1\bar{A}_2)+P(\bar{A}_1A_2)=0.1\times0.8+0.9\times0.2=0.26,$$
$$P\{X=2\}=P(A_1A_2)=0.1\times0.2=0.02.$$

故所求的分布律如表2.2所示.

表 2.2

| $X$ | 0 | 1 | 2 |
|---|---|---|---|
| $P$ | 0.72 | 0.26 | 0.02 |

**例 2** 袋中有一个白球和两个黑球,每次从中任取一个球,观察后放回,直到取得白球为止.设 $X$ 表示取球次数,求 $X$ 的分布律.

解 $X$ 的所有可能取值为 1, 2, …设 $A_i$ 表示事件"第 $i$ 次取到白球" ($i=1, 2, \cdots$),因为采用有放回取球,所以 $A_1, \cdots, A_k$ 相互独立.于是

$$\begin{aligned} P\{X=k\} &= P(\bar{A}_1\bar{A}_2\cdots\bar{A}_{k-1}A_k) \\ &= P(\bar{A}_1)\cdots P(\bar{A}_{k-1})P(A_k) \\ &= \left(\frac{2}{3}\right)^{k-1}\cdot\frac{1}{3}. \end{aligned}$$

故所求的分布律为

$$P\{X=k\}=\frac{1}{3}\cdot\left(\frac{2}{3}\right)^{k-1}, k=1, 2, \cdots.$$

## 二、常用的离散型随机变量的分布

1. 0-1 分布

**定义 2.4** 若随机变量 $X$ 只可能取 0 和 1 两个值,它的分布律是

$$P\{X=k\}=p^k(1-p)^{1-k}, k=0, 1\ (0<p<1), \tag{2.4}$$

或写成表 2.3 的形式,则称 $X$ 服从 **0-1 分布**,简记为 $X\sim B(1, p)$.

表 2.3

| $X$ | 0 | 1 |
|---|---|---|
| $P$ | $1-p$ | $p$ |

对于任何一个只有两种可能结果的随机试验 $E$,如果用 $\Omega=\{\omega_1, \omega_2\}$ 表示其样本空间,则可以在 $\Omega$ 上定义一个服从 0-1 分布的随机变量:

$$X=\begin{cases}1, & \omega=\omega_1, \\ 0, & \omega=\omega_2\end{cases}$$

来描述随机试验的结果.例如,检查产品是否"合格"、观察一颗骰子的点数是否"大于 3"、系统是否"正常"等试验,都可以用 0-1 分布的随机变量来描述.

**例 3** 如果一次掷球投中篮圈的概率为 0.3,求一次掷球投中次数 $X$ 的分布律.

解　$X$ 的所有可能取值为 0, 1,且

$$P\{X=0\}=0.7,\ P\{X=1\}=0.3.$$

于是 $X$ 服从 0-1 分布,即 $X \sim B(1,\ 0.3)$.

2. 二项分布

**定义 2.5** 若随机变量 $X$ 的所有可能取值为 0, 1, …, $n$,且它的分布律为

$$P\{X=k\}=C_n^k p^k q^{n-k},\ k=0,\ 1,\ \cdots,\ n, \tag{2.5}$$

其中 $q=1-p$, $0<p<1$,则称随机变量 $X$ 服从参数为 $n$, $p$ 的**二项分布**,记为 $X \sim B(n,\ p)$.

容易验证二项分布满足:

(1) $p_k \geqslant 0,\ k=0,\ 1,\ \cdots,\ n$;

(2) $\sum\limits_{k=0}^{n} p_k=\sum\limits_{k=0}^{n} C_n^k p^k q^{n-k}=(p+q)^n=1$.

二项分布是离散型分布中最重要的分布之一,它可以描述 $n$ 重贝努里试验中事件 $A$ 可能出现的次数.若以 $X$ 表示 $n$ 次独立重复试验中事件 $A$ 出现的次数,则 $X \sim B(n,\ p)$,其中 $p=P(A)$.

显然,二项分布在 $n=1$ 时退化为 0-1 分布.

**例 4** 某炮击中目标的概率为 0.2,现在共发射了 14 发炮弹.若至少有两发炮弹击中目标才能摧毁它,试求摧毁目标的概率.

解　这是 $n=14$ 的贝努里概型.设 $X$ 表示 14 发炮弹中击中目标的炮弹数,则 $X \sim B(14,\ 0.2)$,所以

$$P\{X=k\}=C_{14}^k(0.2)^k(0.8)^{14-k},\ k=0,\ 1,\ \cdots,\ 14.$$

因为"摧毁目标"等价于事件 $\{X \geqslant 2\}$,所以摧毁目标的概率为

$$\begin{aligned}P\{X \geqslant 2\}&=\sum_{k=2}^{14} P\{X=k\}=1-P\{X=0\}-P\{X=1\}\\&=1-(0.8)^{14}-C_{14}^1(0.2)^1(0.8)^{13}\\&\approx 0.8021.\end{aligned}$$

**例 5** 某车间有 20 台同型号的机床,每台机床开动的概率为 0.8,若假定各机床是否开动彼此独立,每台机床开动时所消耗的电能为 15 个单位,求这

个车间消耗电能不少于 270 个单位的概率.

解　这是 $n=20$ 的贝努里概型. 设 $X$ 表示 20 台机床中开动的机床数，则 $X\sim B(20,\ 0.8)$，所以

$$P\{X=k\}=C_{20}^{k}(0.8)^{k}(0.2)^{20-k},\ k=0,\ 1,\ \cdots,\ 20.$$

因为"车间消耗电能不少于 270 个单位"等价于事件 $\{X\geqslant 18\}$，所以所求概率为

$$\begin{aligned}P\{X\geqslant 18\}&=\sum_{k=18}^{20}P\{X=k\}\\&=\sum_{k=18}^{20}C_{20}^{k}(0.8)^{k}(0.2)^{20-k}\\&\approx 0.206.\end{aligned}$$

3. 普阿松(Poisson)分布

**定义 2.6**　若随机变量 $X$ 的所有可能取值为 0，1，2，…且它的分布律为

$$P\{X=k\}=\frac{\lambda^{k}}{k!}e^{-\lambda},\ k=0,\ 1,\ \cdots, \tag{2.6}$$

其中 $\lambda>0$，则称随机变量 $X$ 服从参数为 $\lambda$ 的**普阿松分布**，简记为 $X\sim P(\lambda)$.

容易验证 $p_k$ 满足：

(1) $p_k\geqslant 0,\ k=0,\ 1,\ \cdots$;

(2) $\sum\limits_{k=0}^{\infty}p_k=\sum\limits_{k=0}^{\infty}\frac{\lambda^{k}}{k!}e^{-\lambda}=e^{-\lambda}\sum\limits_{k=0}^{\infty}\frac{\lambda^{k}}{k!}=e^{-\lambda}\cdot e^{\lambda}=1.$

普阿松分布的应用很广泛，许多实际问题中的随机变量都可以被认为是服从普阿松分布. 例如，某时间段内电话交换台接到的呼叫次数；一天内到商店去的顾客数；医院每天来就诊的病人数；纺纱机上线的断头数；某地区一段时间间隔内发生的交通事故的次数等，都服从或近似地服从某一参数的普阿松分布.

若随机变量 $X\sim P(\lambda)$，$X$ 取各可能值的概率可以通过查普阿松分布表(参见附表 4-1)得到.

**例 6**　某城市每天发生火灾的次数 $X$ 服从参数为 $\lambda=0.8$ 的普阿松分布，求该城市一天内至少发生 3 次火灾的概率.

解　由题意，$X\sim P(0.8)$，则所求概率

$$\begin{aligned}P\{X\geqslant 3\}&=\sum_{k=3}^{\infty}P\{X=k\}\\&=1-P\{X=0\}-P\{X=1\}-P\{X=2\}\end{aligned}$$

$$= 1 - 0.4493 - 0.3595 - 0.1438$$

$$\approx 0.0474.$$

**例 7** 某商店的历史销售记录表明，某种商品每月的销售量服从参数为 $\lambda = 10$ 的普阿松分布. 为了以 95%以上的概率保证该商品不脱销，问商店在月底至少应进该商品多少件？

解　设 $X$ 表示商店每月销售某种商品的件数，则 $X \sim P(10)$，于是

$$P\{X = k\} = \frac{10^k}{k!}e^{-10}, k = 0, 1, \cdots.$$

假设月底的进货为 $n$ 件，按题意要求有

$$P\{X \leqslant n\} \geqslant 0.95,$$

那么

$$\sum_{k=0}^{n} \frac{10^k}{k!}e^{-10} \geqslant 0.95.$$

由查表和计算得

$$\sum_{k=0}^{14} \frac{10^k}{k!}e^{-10} = 0.9166 < 0.95,$$

$$\sum_{k=0}^{15} \frac{10^k}{k!}e^{-10} = 0.9513 > 0.95.$$

所以，符合题意的最小 $n$ 为 15. 于是，这家商店只要在月底进货该种商品 15 件，就可以 95%的概率保证这种商品在下个月内不会脱销.

在二项分布中，要计算 $C_n^k p^k q^{n-k}$，当 $n$ 较大时计算量是很大的. 这时我们可用如下定理简化计算.

**定理 2.1**　设 $X \sim B(n, p)$，记 $\lambda = np$. 当 $n$ 充分大，$p$ 充分小，且 $np$ 大小适中时，有

$$C_n^k p^k q^{n-k} \approx \frac{\lambda^k}{k!}e^{-\lambda}. \tag{2.7}$$

在实际计算中，$n \geqslant 100$，$p \leqslant 0.1$，$np \leqslant 10$ 时，用普阿松分布近似二项分布的效果很好.

**例 8** 某公司生产的一种产品 300 件，根据历史生产记录知该种产品的废品率为 0.01. 问这 300 件产品中废品数大于 5 的概率是多少？

解　设 $X$ 表示检验出的废品数，则 $X \sim B(300, 0.01)$. 对 $n = 300$，$p =$

0.01，有 $\lambda = np = 3$，应用公式(2.7)，得到

$$P\{X > 5\} = \sum_{k=6}^{300} C_{300}^{k}(0.01)^{k}(0.99)^{300-k}$$
$$\approx \sum_{k=6}^{300} \frac{3^k}{k!}e^{-3} = 1 - \sum_{k=0}^{5} \frac{3^k}{k!}e^{-3}.$$

查表知，$P\{X > 5\} \approx 0.08$.

## §2.3 随机变量的分布函数

对离散型随机变量，我们可以用分布律列举其全部可能取值及相应的概率，但对非离散型随机变量，由于它可能取的值不可数，因此这种列举方法就失效了. 例如，以随机变量 $X$ 表示灯泡的寿命，则 $X$ 的取值充满某个区间，而且它取某个特定值的概率是零，因此我们所关心的不再是它取某个特定值的概率，而是随机变量的取值落在某个区间内的概率 $P\{x_1 < X \leqslant x_2\}$. 但由于

$$P\{x_1 < X \leqslant x_2\} = P\{X \leqslant x_2\} - P\{X \leqslant x_1\},$$

因此只需知道形如 $\{X \leqslant x\}$ 的事件的概率就可以了. 据此，我们引入随机变量的分布函数的概念.

**定义 2.7** 设 $X$ 是一个随机变量，$x$ 是任意实数，称函数

$$F(x) = P\{X \leqslant x\} \tag{2.8}$$

为 $X$ 的**分布函数**.

当我们已知一个随机变量 $X$ 的分布函数 $F(x)$ 时，就能知道 $X$ 落在任一区间上的概率：

$$P\{X \leqslant a\} = F(a),$$
$$P\{a < X \leqslant b\} = F(b) - F(a), \tag{2.9}$$
$$P\{X > b\} = 1 - F(b). \tag{2.10}$$

进一步，有

$$P\{X < a\} = F(a) - P\{X = a\},$$
$$P\{a < X < b\} = F(b) - F(a) - P\{X = b\},$$
$$P\{a \leqslant X < b\} = F(b) - F(a) - P\{X = b\} + P\{X = a\},$$

$$P\{a \leqslant X \leqslant b\} = F(b) - F(a) + P\{X = a\},$$
$$P\{X \geqslant b\} = 1 - F(b) + P\{X = b\}.$$

可见,分布函数完整地描述了随机变量的全部统计规律性.

分布函数 $F(x)$ 具有以下基本性质.

**性质 2.1**　$0 \leqslant F(x) \leqslant 1$, 对任意实数 $x$.

**性质 2.2**　$F(-\infty) = \lim\limits_{x \to -\infty} F(x) = 0$, $F(+\infty) = \lim\limits_{x \to +\infty} F(x) = 1$.

**性质 2.3**　若 $x_1 < x_2$, 则 $F(x_1) \leqslant F(x_2)$, 即 $F(x)$ 是 $x$ 的不减函数.

**性质 2.4**　$F(x+0) = F(x)$, 即 $F(x)$ 是右连续的.

前 3 个性质由概率的性质可直接得到,性质 2.4 的证明从略.

**例 1**　设随机变量 $X$ 的分布律如表 2.4 所示. 求 $X$ 的分布函数 $F(x)$, 并画出其图形.

**表 2.4**

| $X$ | $-1$ | $0$ | $1$ |
|---|---|---|---|
| $P$ | $\frac{1}{4}$ | $\frac{1}{2}$ | $\frac{1}{4}$ |

解　$X$ 的可能取值为 $-1$, $0$, $1$, 将整个数轴分成 4 部分. 因为 $F(x)$ 的定义域是全体实数,所以我们分下列 4 种情况讨论 $F(x)$ 的取值.

(1) 当 $x < -1$ 时, 因为 $X$ 不取小于 $-1$ 的值,所以 $\{X \leqslant x\}$ 是一个不可能事件,故

$$F(x) = P\{X \leqslant x\} = 0.$$

(2) 当 $-1 \leqslant x < 0$ 时, $\{X \leqslant x\} = \{X = -1\}$, 所以

$$F(x) = P\{X \leqslant x\} = P\{X = -1\} = \frac{1}{4}.$$

(3) 当 $0 \leqslant x < 1$ 时, $\{X \leqslant x\} = \{X = -1\} \cup \{X = 1\}$, 所以

$$F(x) = P\{X \leqslant x\} = P\{X = -1\} + P\{X = 0\} = \frac{1}{4} + \frac{1}{2} = \frac{3}{4}.$$

(4) 当 $x \geqslant 1$ 时, $\{X \leqslant x\}$ 是必然事件,所以

$$F(x) = P\{X \leqslant x\} = 1.$$

于是, $F(x)$ 的表达式为

$$F(x)=\begin{cases}0, & x<-1,\\ 1/4, & -1\leqslant x<0,\\ 3/4, & 0\leqslant x<1,\\ 1, & x\geqslant 1.\end{cases}$$

$F(x)$的图形如图 2.1 所示.

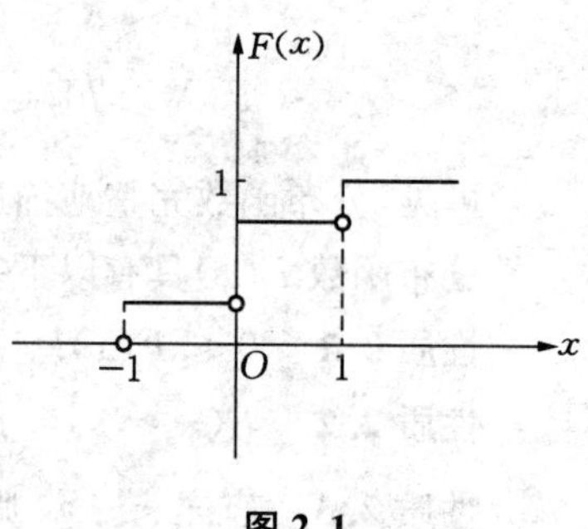


图 2.1

**例 2** 设随机变量 $X$ 的分布函数为

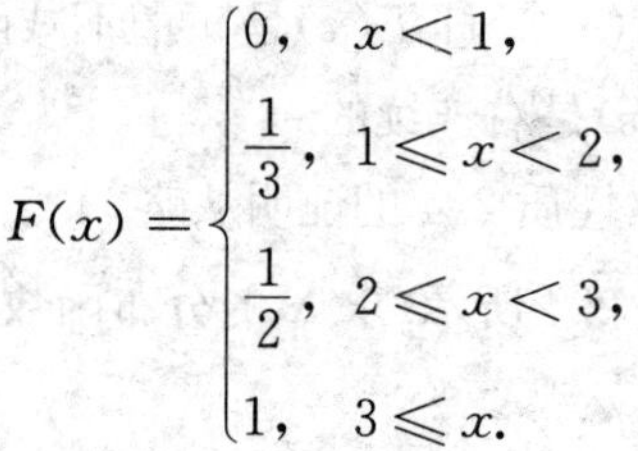

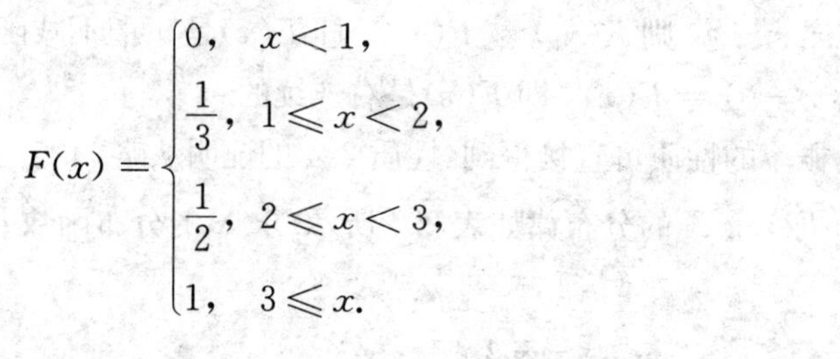

$$F(x)=\begin{cases}0, & x<1,\\ \dfrac{1}{3}, & 1\leqslant x<2,\\ \dfrac{1}{2}, & 2\leqslant x<3,\\ 1, & 3\leqslant x.\end{cases}$$

求：

(1) $P\{X\leqslant 1.7\}$；

(2) $P\{0.3<X\leqslant 2.4\}$；

(3) $P\{X>2.5\}$；

(4) $X$ 的分布律.

解 (1) $P\{X\leqslant 1.7\}=F(1.7)=\dfrac{1}{3}$.

(2) $P\{0.3<X\leqslant 2.4\}=F(2.4)-F(0.3)=\dfrac{1}{2}$.

(3) $P\{X>2.5\}=1-P\{X\leqslant 2.5\}=1-F(2.5)=\dfrac{1}{2}$.

(4) $X$ 的分布律如表 2.5 所示.

表 2.5

| $X$ | 1 | 2 | 3 |
|---|---|---|---|
| $P$ | $\frac{1}{3}$ | $\frac{1}{6}$ | $\frac{1}{2}$ |

一般地,设离散型随机变量 $X$ 的分布律为

$$P\{X=x_i\}=p_i \quad i=1,2,\cdots,n,$$

设 $x_1<x_2<\cdots<x_n$,则 $X$ 的分布函数为

$$F(x)=\begin{cases}0, & x<x_1,\\ p_1, & x_1\leqslant x<x_2,\\ p_1+p_2, & x_2\leqslant x<x_3,\\ \cdots\cdots & \cdots\cdots\\ p_1+p_2+\cdots+p_{n-1}, & x_{n-1}\leqslant x<x_n,\\ 1, & x\geqslant x_n.\end{cases}\tag{2.11}$$

反之,若已知 $F(x)$,显然它为分段函数,则 $X$ 的所有可能取值为 $F(x)$的分段点 $x_1, x_2, \cdots, x_n$,且

$$P\{X=x_1\}=p_1=F(x_1),\tag{2.12}$$

$$P\{X=x_i\}=F(x_i)-F(x_{i-1})\quad (i=2, 3, \cdots, n).\tag{2.13}$$

# §2.4　连续型随机变量

## 一、连续型随机变量及其密度函数

先考察一个例子.

**例 1**　在区间[4, 10]上任意掷一个质点,用 $X$ 表示这个质点与原点的距离,则 $X$ 是一个随机变量.如果这个质点落在[4, 10]上任一子区间内的概率与这个区间的长度成正比,求 $X$ 的分布函数.

解　$X$ 可以取[4, 10]上的一切实数,该区间将整个数轴分成了 3 部分,我们分下列 3 种情况讨论 $F(x)$的值.

(1) 当 $x<4$ 时,$\{X\leqslant x\}$ 是不可能事件,所以

$$F(x)=P\{X\leqslant x\}=0.$$

(2) 当 $4\leqslant x<10$ 时,$\{X\leqslant x\}=\{X<4\}\cup\{4\leqslant X\leqslant x\}$,所以

$$F(x)=P\{X\leqslant x\}=P\{X<4\}+P\{4\leqslant X\leqslant x\}=k(x-4).$$

令 $x\to 10^-$,由 $P\{4\leqslant X<10\}=1$,可得 $k=\dfrac{1}{6}$,从而

$$F(x)=\frac{1}{6}(x-4).$$

(3) 当 $x\geqslant 10$ 时,$\{X\leqslant x\}$ 是必然事件,所以

$$F(x)=P\{X\leqslant x\}=1.$$

于是,$F(x)$的表达式为

$$F(x)=\begin{cases}0, & x<4,\\ \dfrac{1}{6}(x-4), & 4\leqslant x<10,\\ 1, & x\geqslant 10.\end{cases}$$

$F(x)$的图形如图 2.2 所示.

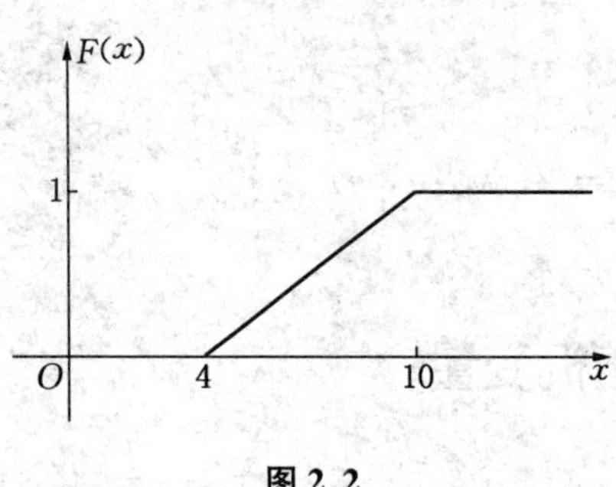


图 2.2

可以看到,分布函数 $F(x)$是定义在$(-\infty, +\infty)$上的非降的连续函数,在整个数轴上没有一个跳跃点.若记

$$p(x)=\begin{cases}\dfrac{1}{6}, & 4<x<10,\\ 0, & 其他.\end{cases}$$

而前面求出的分布函数 $F(x)$恰好就是非负函数 $p(x)$在$(-\infty, +\infty)$上的广义积分,即

$$F(x)=\int_{-\infty}^{x}p(t)\mathrm{d}t.$$

若一个随机变量的分布函数可以表示成上述形式,我们称之为连续型随机变量.下面我们给出一般的定义.

**定义 2.8** 对于随机变量 $X$ 的分布函数 $F(x)$,如果存在非负可积函数 $p(x)$,使得对任意实数 $x$,有

$$F(x)=\int_{-\infty}^{x}p(t)\mathrm{d}t, \tag{2.14}$$

则称 $X$ 为**连续型随机变量**,称 $p(x)$为 $X$ 的**概率密度函数**,简称**密度函数**.

密度函数 $p(x)$具有以下性质.

**性质 2.5** $p(x)\geqslant 0$.

**性质 2.6** $$\int_{-\infty}^{+\infty}p(x)\mathrm{d}x=1. \tag{2.15}$$

密度函数 $p(x)$一定具有以上两个性质;反之,满足上述两个性质的函数 $p(x)$,一定是某一连续型随机变量的密度函数.

**性质 2.7** 对于任意实数 $x_1$, $x_2$($x_1<x_2$),有

$$P\{x_1 < X \leqslant x_2\} = \int_{x_1}^{x_2} p(x)\mathrm{d}x. \tag{2.16}$$

**证明** $P\{x_1 < X \leqslant x_2\} = F(x_2) - F(x_1)$

$$= \int_{-\infty}^{x_2} p(x)\mathrm{d}x - \int_{-\infty}^{x_1} p(x)\mathrm{d}x$$

$$= \int_{x_1}^{x_2} p(x)\mathrm{d}x.$$ ▌

性质 2.7 的几何意义是：$X$ 落入任一区间 $(x_1, x_2]$ 的概率等于在 $(x_1, x_2]$ 上由密度函数曲线 $y = p(x)$ 形成的曲边梯形的面积(见图 2.3).

由以上诸性质可以看出，使用概率密度函数描述连续型随机变量的概率分布规律，比使用分布函数要方便得多、直观得多. 尽管借助分布函数，可以统一描述任何类型的随机变量取值的概率规律，但是，对于离散型随机变量，我们更多地使用分布律，而对于连续型随机变量，总喜欢使用密度函数.

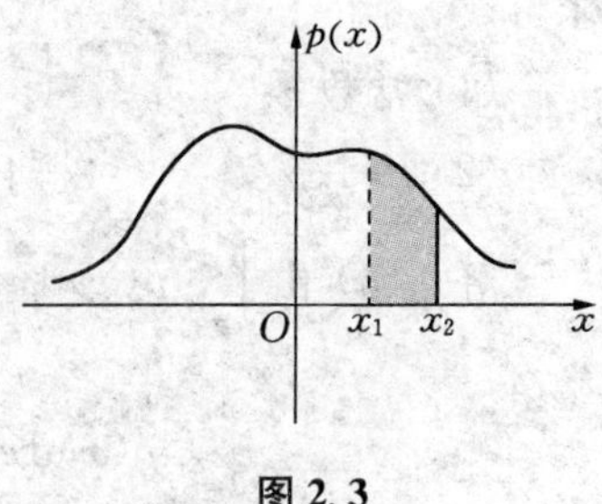

图 2.3

**性质 2.8** 设 $F(x)$ 为连续型随机变量 $X$ 的分布函数，则 $F(x)$ 处处连续.

**证明** 设 $x$ 为任意实数，则

$$\lim_{\Delta x \to 0} \Delta F = \lim_{\Delta x \to 0}[F(x + \Delta x) - F(x)]$$

$$= \lim_{\Delta x \to 0} \int_{x}^{x+\Delta x} p(t)\mathrm{d}t$$

$$= 0.$$

由 $x$ 的任意性知，$F(x)$ 在 $(-\infty, +\infty)$ 上连续. ▌

**性质 2.9** 若 $X$ 是连续型随机变量，则对任意实数 $a$，有 $P\{X = a\} = 0$.

**证明** 对任意 $h > 0$，有

$$0 \leqslant P\{X = a\} \leqslant P\{a - h < X \leqslant a\} = \int_{a-h}^{a} p(x)\mathrm{d}x \to 0 \quad (h \to 0^+),$$

即 $P\{X = a\} = 0$. ▌

根据性质 2.9，对连续型随机变量 $X$，有

$$P\{a < X \leqslant b\} = P\{a < X < b\} = P\{a \leqslant X < b\} = P\{a \leqslant X \leqslant b\}. \tag{2.17}$$

需要注意的是,尽管 $P\{X=a\}=0$,但 $\{X=a\}$ 不一定是不可能事件. 同样地,一个事件的概率为 1,并不一定是必然事件.

**性质 2.10** 若 $p(x)$ 在点 $x$ 处连续,则有

$$F'(x)=p(x). \tag{2.18}$$

证明 由定义和变上限积分的导数公式即得. ▍

**例 2** 已知连续型随机变量 $X$ 的密度函数为

$$p(x)=\begin{cases}kx+1, & 0\leqslant x\leqslant 2,\\ 0, & \text{其他}.\end{cases}$$

求:

(1) 常数 $k$;

(2) $P\{1.5<X<2.5\}$.

解 (1) 由 $\int_{-\infty}^{+\infty}p(x)\mathrm{d}x=1$,得

$$\int_{-\infty}^{+\infty}p(x)\mathrm{d}x=\int_{0}^{2}(kx+1)\mathrm{d}x=2k+2=1.$$

解得

$$k=-\frac{1}{2}.$$

(2) $$P\{1.5<X<2.5\}=\int_{1.5}^{2.5}p(x)\mathrm{d}x=\int_{1.5}^{2}\left(-\frac{1}{2}x+1\right)\mathrm{d}x$$
$$=\left(-\frac{1}{4}x^2+x\right)\bigg|_{1.5}^{2}=0.0625.$$

**例 3** 设连续型随机变量 $X$ 的密度函数为

$$p(x)=\begin{cases}Ax, & 0\leqslant x\leqslant 1,\\ A(2-x), & 1<x\leqslant 2,\\ 0, & \text{其他}.\end{cases}$$

试求:

(1) 常数 $A$;

(2) $X$ 的分布函数 $F(x)$.

解 (1) 由 $\int_{-\infty}^{+\infty}p(x)\mathrm{d}x=1$,得

$$\int_{-\infty}^{+\infty} p(x)\mathrm{d}x = \int_0^1 Ax\,\mathrm{d}x + \int_1^2 A(2-x)\mathrm{d}x$$

$$= \frac{A}{2}x^2\Big|_0^1 - \frac{A}{2}(2-x)^2\Big|_1^2$$

$$= \frac{A}{2} + \frac{A}{2} = A = 1,$$

则 $A = 1$.

(2) 当 $x < 0$ 时,得

$$F(x) = \int_{-\infty}^{x} p(t)\mathrm{d}t = \int_{-\infty}^{x} 0\mathrm{d}t = 0;$$

当 $0 \leqslant x < 1$ 时,得

$$F(x) = \int_{-\infty}^{x} p(t)\mathrm{d}t = \int_{-\infty}^{0} 0\mathrm{d}t + \int_0^x t\mathrm{d}t = \frac{x^2}{2};$$

当 $1 \leqslant x < 2$ 时,得

$$F(x) = \int_{-\infty}^{x} p(t)\mathrm{d}t = \int_{-\infty}^{0} 0\mathrm{d}t + \int_0^1 t\mathrm{d}t + \int_1^x (2-t)\mathrm{d}t = 2x - \frac{x^2}{2} - 1;$$

当 $x \geqslant 2$ 时,得

$$F(x) = \int_{-\infty}^{x} p(t)\mathrm{d}t = \int_{-\infty}^{0} 0\mathrm{d}t + \int_0^1 t\mathrm{d}t + \int_1^2 (2-t)\mathrm{d}t + \int_2^x 0\mathrm{d}t = 1.$$

所以,分布函数为

$$F(x) = \begin{cases} 0, & x < 0, \\ \dfrac{x^2}{2}, & 0 \leqslant x < 2, \\ 2x - \dfrac{x^2}{2} - 1, & 1 \leqslant x < 2, \\ 1, & x \geqslant 2. \end{cases}$$

**例 4**　设连续型随机变量 $X$ 的分布函数为

$$F(x) = \begin{cases} 0, & x < 1, \\ A\ln x, & 1 \leqslant x < \mathrm{e}, \\ 1, & x \geqslant \mathrm{e}. \end{cases}$$

求:

(1) 常数 $A$;

(2) 密度函数 $p(x)$.

解 (1) 由连续型随机变量的分布函数 $F(x)$处处连续,得 $F(e-0)=F(e+0)$,即 $\lim\limits_{x\to e^-} A\ln x = A = \lim\limits_{x\to e^+} 1 = 1$,则 $A=1$.

(2) $p(x)=F'(x)=\begin{cases}\dfrac{1}{x}, & 1\leqslant x<e,\\ 0, & 其他.\end{cases}$

注意:因为 $P\{X=a\}=0$,所以 $p(x)$的表达式并不唯一.例 4 中的密度函数也可以表示为另外 3 种形式:

$$p(x)=\begin{cases}\dfrac{1}{x}, & 1<x\leqslant e,\\ 0, & 其他;\end{cases}$$

或

$$p(x)=\begin{cases}\dfrac{1}{x}, & 1<x<e,\\ 0, & 其他;\end{cases}$$

或

$$p(x)=\begin{cases}\dfrac{1}{x}, & 1\leqslant x<e,\\ 0, & 其他.\end{cases}$$

## 二、常用的连续型随机变量的分布

1. 均匀分布

**定义 2.9** 若连续型随机变量 $X$ 的密度函数为

$$p(x)=\begin{cases}\dfrac{1}{b-a}, & a<x<b,\\ 0, & 其他,\end{cases}\tag{2.19}$$

其中 $a<b$,则称 $X$ 服从区间$[a,b]$上的**均匀分布**,记为 $X\sim U[a,b]$.

容易验证均匀分布的密度函数 $p(x)$满足:

(1) $p(x)\geqslant 0,\ x\in(-\infty,+\infty)$;

(2) $\int_{-\infty}^{+\infty}p(x)\mathrm{d}x=\int_a^b\dfrac{1}{b-a}\mathrm{d}x=1$.

均匀分布的分布函数为

$$F(x)=\begin{cases}0, & x<a,\\ \dfrac{x-a}{b-a}, & a\leqslant x<b,\\ 1, & x\geqslant b.\end{cases}$$

均匀分布的密度函数 $p(x)$ 的图形如图 2.4 所示.

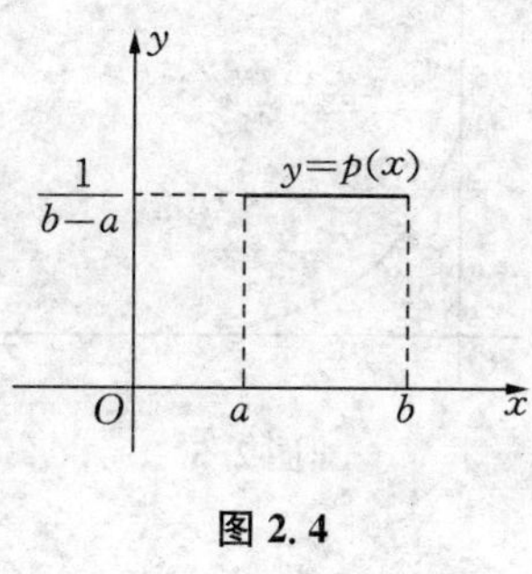


图 2.4

若 $X \sim U[a, b]$, $[x_1, x_2]$ 为 $[a, b]$ 中的任一子区间,则

$$\begin{aligned} P\{x_1 \leqslant X \leqslant x_2\} &= F(x_2) - F(x_1) \\ &= \frac{x_2 - a}{b - a} - \frac{x_1 - a}{b - a} \\ &= \frac{1}{b-a}(x_2 - x_1). \end{aligned}$$

这说明 $X$ 落在子区间 $[x_1, x_2]$ 上的概率只与子区间的长度有关,与子区间的位置无关.当任何子区间长度一样时,$X$ 落在这些子区间上的概率就完全相等.这就是均匀分布的含意,即“等可能性”.

均匀分布在实际问题中较为常见,例如,在 $[a, b]$ 区间上任取一个实数 $X$,于是 $X \sim U[a, b]$;轮船在一天 24 小时内任意时刻到达港口,于是到达的时刻 $X \sim U[0, 24]$;某车站每 10 分钟通过一辆汽车,乘客候车时间 $X \sim U[0, 10]$.

**例 5** 设某公交车站从上午 7 点起,每 15 分钟来一班车.某乘客在 7 点到 7 点 30 分之间随机到达该站,试求他的候车时间不超过 5 分钟的概率.

解　设该乘客于 7 点过 $X$ 分到达车站,则 $X \sim U[0, 30]$. 事件“候车时间不超过 5 分钟”可表示为 $\{10 \leqslant X \leqslant 15\}$ 或 $\{25 \leqslant X \leqslant 30\}$,故所求事件的概率为

$$P\{10 \leqslant X \leqslant 15\} + P\{25 \leqslant X \leqslant 30\} = \int_{10}^{15} \frac{1}{30}\mathrm{d}x + \int_{25}^{30} \frac{1}{30}\mathrm{d}x = \frac{1}{3}.$$

2. 指数分布

**定义 2.10**　若连续型随机变量 $X$ 的密度函数为

$$p(x) = \begin{cases} \lambda \mathrm{e}^{-\lambda x}, & x > 0, \\ 0, & x \leqslant 0, \end{cases} \tag{2.20}$$

其中 $\lambda > 0$ 为常数,则称 $X$ 服从参数为 $\lambda$ 的**指数分布**,记为 $X \sim E(\lambda)$.

容易验证指数分布的密度函数 $p(x)$ 满足:

(1) $p(x) \geqslant 0$, $x \in (-\infty, +\infty)$;

(2) $\int_{-\infty}^{+\infty} p(x)\mathrm{d}x = \int_0^{+\infty} \lambda \mathrm{e}^{-\lambda x}\mathrm{d}x = 1$.

指数分布的分布函数为

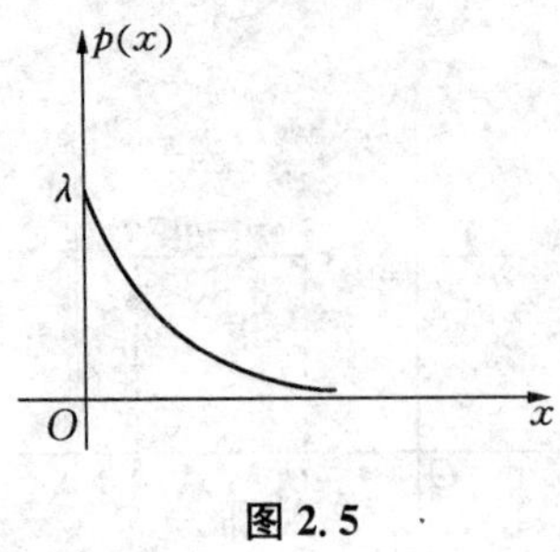

图 2.5

$$F(x)=\begin{cases}1-\mathrm{e}^{-\lambda x}, & x>0,\\ 0, & x\leqslant 0.\end{cases}$$

指数分布的密度函数 $p(x)$的图形如图 2.5 所示.

指数分布有很广泛的应用,许多电子产品或元件的寿命都服从指数分布.

**性质 2.11** 设 $X\sim E(\lambda)$,则对于任意 $s>0$, $t>0$,有

$$P\{X>s+t \mid X>s\}=P\{X>t\}. \tag{2.21}$$

证明 因为 $X\sim E(\lambda)$,则对 $x>0$, $P\{X>x\}=\int_{x}^{+\infty}\lambda\mathrm{e}^{-\lambda t}\mathrm{d}t=\mathrm{e}^{-\lambda x}$,于是

$$\begin{aligned}P\{X>s+t \mid X>s\}&=\frac{P\{\{X>s+t\}\cap P\{X>s\}\}}{P\{X>s\}}\\&=\frac{P\{X>s+t\}}{P\{X>s\}}=\frac{\mathrm{e}^{-\lambda(s+t)}}{\mathrm{e}^{-\lambda s}}\\&=\mathrm{e}^{-\lambda t}=P\{X>t\}.\end{aligned}$$

▌

性质 2.11 表明,若令 $X$(小时)表示某一电子元件的寿命,则一个已经使用了 $s$ 小时未损坏的电子元件,能够再继续使用 $t$ 小时的概率,与一个新电子元件能够使用 $t$ 小时以上的概率相同. 我们称性质 2.11 为指数分布的“无记忆性”.

**例 6** 已知某种电子元件的寿命 $X$(单位:小时)服从参数为 $\lambda=\frac{1}{1\,000}$ 的指数分布,求 3 个这样的元件使用 1 000 小时至少有一个已损坏的概率.

解 因为 $X\sim E\left(\frac{1}{1\,000}\right)$,所以 $X$ 的密度函数为

$$p(x)=\begin{cases}\frac{1}{1\,000}\mathrm{e}^{-\frac{x}{1\,000}}, & x>0,\\ 0, & x\leqslant 0.\end{cases}$$

于是一个元件寿命超过 1 000 小时的概率为

$$P\{X>1\,000\}=\int_{1\,000}^{+\infty}p(x)\mathrm{d}x=\mathrm{e}^{-1}.$$

设 $Y$ 表示 3 个这样的元件在使用 1 000 小时时已损坏的个数,则 $Y\sim B(3,\ 1-\mathrm{e}^{-1})$,于是,所求概率为

$$P\{Y\geqslant 1\}=1-P\{Y=0\}=1-(\mathrm{e}^{-1})^{3}=1-\mathrm{e}^{-3}.$$

3. 正态分布

**定义 2.11**　若连续型随机变量 $X$ 的密度函数为

$$p(x)=\frac{1}{\sqrt{2\pi}\sigma}\mathrm{e}^{-\frac{(x-\mu)^2}{2\sigma^2}}\quad(-\infty<x<+\infty),\tag{2.22}$$

其中 $\mu$, $\sigma$ 为常数, $\sigma>0$, 则称 $X$ 服从参数为 $\mu$, $\sigma^2$ 的**正态分布**,记为 $X\sim N(\mu,\sigma^2)$.

利用普阿松积分

$$\int_{-\infty}^{+\infty}\mathrm{e}^{-x^2}\,\mathrm{d}x=\sqrt{\pi}.$$

可以验证

$$\int_{-\infty}^{+\infty}p(x)\,\mathrm{d}x=\int_{-\infty}^{+\infty}\frac{1}{\sqrt{2\pi}\sigma}\mathrm{e}^{-\frac{(x-\mu)^2}{2\sigma^2}}\,\mathrm{d}x=1.$$

正态分布的分布函数为

$$F(x)=\frac{1}{\sqrt{2\pi}\sigma}\int_{-\infty}^{x}\mathrm{e}^{-\frac{(t-\mu)^2}{2\sigma^2}}\,\mathrm{d}t\quad(-\infty<x<+\infty).\tag{2.23}$$

正态分布的密度函数 $p(x)$与分布函数 $F(x)$的图形如图 2.6 所示.

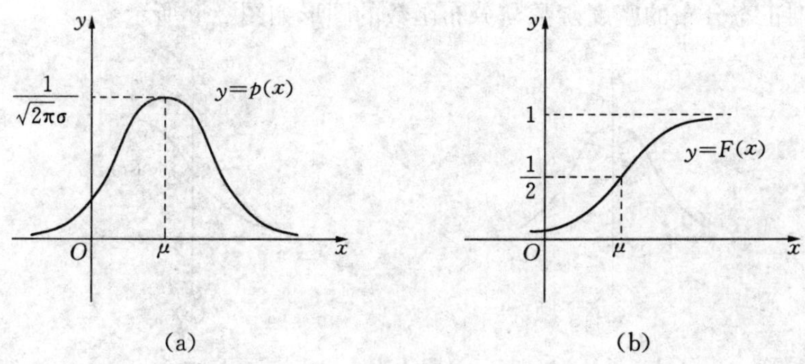


**图 2.6**

由图 2.6 可以看出,密度函数 $p(x)$曲线具有如下性质:

(1) 曲线关于直线 $x=\mu$ 对称,在 $x=\mu\pm\sigma$ 处有拐点;

(2) 当 $x=\mu$ 时, $p(x)$达到最大值 $\frac{1}{\sqrt{2\pi}\sigma}$;

(3) 曲线以 $x$ 轴为其水平渐近线;

(4) $\mu$ 是位置参数. 当 $\mu$ 变化时,曲线的位置沿 $x$ 轴平移,曲线的形状不发

生改变(如图 2.7 所示);

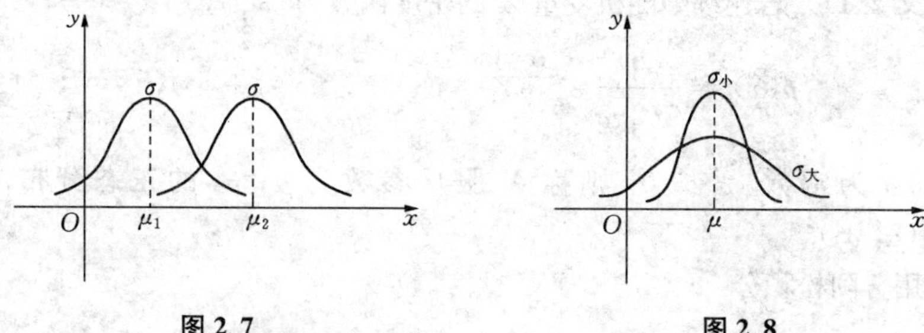


**图 2.7**　　　　**图 2.8**

(5) $\sigma$ 是形状参数. $\sigma$ 越小,曲线的峰顶越高,曲线越陡峭; $\sigma$ 越大,曲线的峰顶越低,曲线越平坦(如图 2.8 所示).

特别地,当 $\mu=0$, $\sigma=1$ 时,称 $X$ 服从**标准正态分布**,记为 $X\sim N(0, 1)$,这时用 $\varphi(x)$, $\Phi(x)$ 分别表示其密度函数和分布函数,即

$$\varphi(x)=\frac{1}{\sqrt{2\pi}}\mathrm{e}^{-\frac{x^2}{2}}, \tag{2.24}$$

$$\Phi(x)=\frac{1}{\sqrt{2\pi}}\int_{-\infty}^{x}\mathrm{e}^{-\frac{t^2}{2}}\,\mathrm{d}t. \tag{2.25}$$

标准正态分布的密度函数与分布函数的图形如图 2.9 所示.

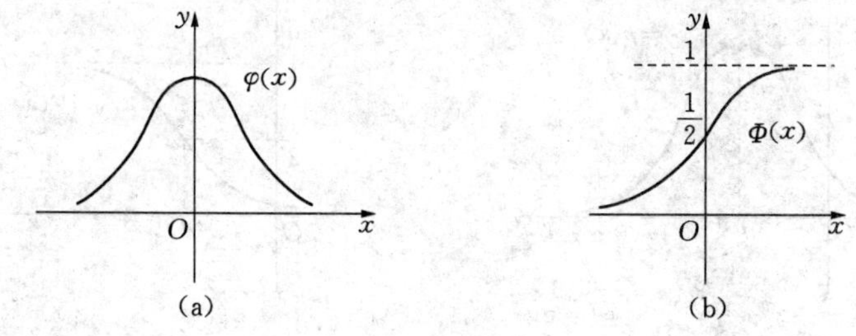


**图 2.9**

一般正态分布与标准正态分布之间的关系有如下定理.

**定理 2.2**　如果 $X\sim N(0, 1)$, $Y\sim N(\mu, \sigma^2)$,且它们的密度函数分别为 $\varphi(x)$ 和 $p(x)$,分布函数分别为 $\Phi(x)$ 和 $F(x)$,则

(1) $p(x)=\frac{1}{\sigma}\varphi\left(\frac{x-\mu}{\sigma}\right)$; (2.26)

(2) $F(x)=\Phi\left(\frac{x-\mu}{\sigma}\right)$. (2.27)

证明　(1) $p(x)=\frac{1}{\sqrt{2\pi}\sigma}\mathrm{e}^{-\frac{(x-\mu)^2}{2\sigma^2}}=\frac{1}{\sigma}\frac{1}{\sqrt{2\pi}}\mathrm{e}^{-\frac{\left(\frac{x-\mu}{\sigma}\right)^2}{2}}=\frac{1}{\sigma}\varphi\left(\frac{x-\mu}{\sigma}\right).$

(2) $F(x)=P\{Y\leqslant x\}=\int_{-\infty}^{x}p(t)\mathrm{d}t$

$$=\int_{-\infty}^{x}\frac{1}{\sigma}\varphi\left(\frac{t-\mu}{\sigma}\right)\mathrm{d}t\overset{y=\frac{t-\mu}{\sigma}}{=}\int_{-\infty}^{\frac{x-\mu}{\sigma}}\frac{1}{\sigma}\varphi(y)\sigma\mathrm{d}y$$

$$=\int_{-\infty}^{\frac{x-\mu}{\sigma}}\varphi(y)\mathrm{d}y=\Phi\left(\frac{x-\mu}{\sigma}\right).$$ ▍

**定理 2.3**　如果 $X\sim N(\mu,\sigma^2)$，而 $Y=\frac{X-\mu}{\sigma}$，则 $Y\sim N(0,1)$.

证明　若能证明 $Y$ 的密度函数为 $\varphi(y)$ 或分布函数为 $\Phi(y)$，即证明了 $Y\sim N(0,1)$.

$$\begin{aligned}F_Y(y)&=P\{Y\leqslant y\}=P\left\{\frac{X-\mu}{\sigma}\leqslant y\right\}\\&=P\{X\leqslant\sigma y+\mu\}\\&=F_X(\sigma y+\mu)\\&=\Phi\left(\frac{\sigma y+\mu-\mu}{\sigma}\right)\\&=\Phi(y).\end{aligned}$$

所以，$Y$ 的分布函数为 $\Phi(y)$，即 $Y\sim N(0,1)$. ▍

如果 $X\sim N(\mu,\sigma^2)$，对任意实数 $x_1$，$x_2(x_1<x_2)$，由(2.27) 式得

$$\begin{aligned}P\{x_1<X\leqslant x_2\}&=F(x_2)-F(x_1)\\&=\Phi\left(\frac{x_2-\mu}{\sigma}\right)-\Phi\left(\frac{x_1-\mu}{\sigma}\right).\end{aligned}$$

由定理 2.3 得

$$\begin{aligned}P\{x_1<X\leqslant x_2\}&=P\left\{\frac{x_1-\mu}{\sigma}<\frac{X-\mu}{\sigma}\leqslant\frac{x_2-\mu}{\sigma}\right\}\\&=\Phi\left(\frac{x_2-\mu}{\sigma}\right)-\Phi\left(\frac{x_1-\mu}{\sigma}\right).\end{aligned}$$

这就是说，计算 $X$ 落入任一区间内的概率都归结于计算 $\Phi(x)$ 的值，而 $\Phi(x)$ 可通过查标准正态分布表(参见附表 4-2)得到. 定理 2.2 与定理 2.3 给出了两种将一般正态分布转化成标准正态分布的方法.

对标准正态分布的分布函数 $\Phi(x)$ 的值,在 $x \geqslant 0$ 的范围内是有表可查的,对于 $x < 0$ 的 $\Phi(x)$ 的值,可以由以下性质解决.

**性质 2.12** 设 $X \sim N(0,\ 1)$,则 $\Phi(-x) = 1 - \Phi(x)$.

**证明**

$$\begin{aligned}\Phi(-x) &= \int_{-\infty}^{-x} \varphi(t)\mathrm{d}t = 1 - \int_{-x}^{+\infty} \varphi(t)\mathrm{d}t \\ &\overset{y=-t}{=} 1 - \int_{x}^{-\infty} \varphi(-y)\mathrm{d}(-y) \\ &= 1 - \int_{-\infty}^{x} \varphi(y)\mathrm{d}y \\ &= 1 - \Phi(x).\end{aligned}$$

▍

于是,对任意的实数 $x$ 有

$$\Phi(x) = \begin{cases} \Phi(x), & x > 0, \\ \dfrac{1}{2}, & x = 0, \\ 1 - \Phi(-x), & x < 0. \end{cases} \tag{2.28}$$

$$P\{|X| \leqslant x\} = 2\Phi(x) - 1. \tag{2.29}$$

**性质 2.13** 设 $X \sim N(\mu,\ \sigma^2)$,则

(1) $P\{|X - \mu| < \sigma\} = 0.682\,6$;

(2) $P\{|X - \mu| < 2\sigma\} = 0.954\,6$;

(3) $P\{|X - \mu| < 3\sigma\} = 0.997\,3$.

**证明** 只证明(1),同理可证明(2)和(3).

$$\begin{aligned}P\{|X - \mu| < \sigma\} &= P\{\mu - \sigma < X < \mu + \sigma\} \\ &= \Phi\left(\frac{\mu + \sigma - \mu}{\sigma}\right) - \Phi\left(\frac{\mu - \sigma - \mu}{\sigma}\right) \\ &= \Phi(1) - \Phi(-1) \\ &= 2\Phi(1) - 1 \\ &= 0.682\,6.\end{aligned}$$

▍

由此看出,在一次试验中,正态分布 $X$ 的取值大部分都落在区间 $(\mu - \sigma,\ \mu + \sigma)$ 内,基本上都落在区间 $(\mu - 2\sigma,\ \mu + 2\sigma)$ 内,几乎全部落在区间 $(\mu - 3\sigma,\ \mu + 3\sigma)$ 内.

从理论上讲,服从正态分布的随机变量 $X$ 的可能取值范围是 $(-\infty,\ +\infty)$,但实际上,$X$ 取区间 $(\mu - 3\sigma,\ \mu + 3\sigma)$ 之外值的可能性微乎其微,一般可忽略不计.因此,实际上常常认为正态分布 $X$ 的可能取值范围是有限区间 $(\mu - 3\sigma,$

$\mu+3\sigma)$，这就是所谓的正态分布的“$3\sigma$ 原则”.

正态分布是最重要的分布，在实际中，许多随机变量都近似服从正态分布.例如，人的身高、体重等近似服从正态分布；产品的直径、长度、宽度、高度等都近似服从正态分布；测量产生的误差、考试成绩等都近似服从正态分布. 正态分布不仅在实际应用中有重要意义，而且在理论上也有很重要的意义，这将在第五章中予以说明.

**例 7** 已知 $X\sim N(8,4^2)$，求：

$$P\{X\leqslant 16\},\ P\{X\leqslant 0\}\ \text{及}\ P\{|X-16|<4\}.$$

解 由(2.27)式、(2.28)式及查表得

$$P\{X\leqslant 16\}=F(16)=\Phi\left(\frac{16-8}{4}\right)=\Phi(2)=0.9773;$$

$$P\{X\leqslant 0\}=F(0)=\Phi\left(\frac{0-8}{4}\right)=\Phi(-2)=1-\Phi(2)=0.0227;$$

$$\begin{aligned}P\{|X-16|<4\}&=P\{12<X<20\}=F(20)-F(12)\\&=\Phi\left(\frac{20-8}{4}\right)-\Phi\left(\frac{12-8}{4}\right)=\Phi(3)-\Phi(1)\\&=0.9987-0.8413=0.1574.\end{aligned}$$

**例 8** 设 $X\sim N(\mu,\sigma^2)$，$P\{X\leqslant -5\}=0.045$，$P\{X\leqslant 3\}=0.618$，求 $\mu$ 及 $\sigma$.

解 因为 $P\{X\leqslant -5\}=\Phi\left(\frac{-5-\mu}{\sigma}\right)=0.045$，所以 $1-\Phi\left(\frac{5+\mu}{\sigma}\right)=0.045$，即

$$\Phi\left(\frac{5+\mu}{\sigma}\right)=0.955.$$

又 $P\{X\leqslant 3\}=\Phi\left(\frac{3-\mu}{\sigma}\right)=0.618$，即

$$\Phi\left(\frac{3-\mu}{\sigma}\right)=0.618.$$

查表可得

$$\begin{cases}\dfrac{5+\mu}{\sigma}=1.7,\\[2ex]\dfrac{3-\mu}{\sigma}=0.3.\end{cases}$$

解此方程组,得到 $\mu = 1.8$, $\sigma = 4$.

**例 9** 假设某地区成年男性的身高(单位:厘米) $X \sim N(170, 7.69^2)$,求该地区成年男性的身高超过 175 厘米的概率.

解　根据假设 $X \sim N(170, 7.69^2)$,则

$$\begin{aligned} P\{X > 175\} &= 1 - P\{X \leqslant 175\} \\ &= 1 - P\left\{\frac{X-170}{7.69} \leqslant \frac{175-170}{7.69}\right\} \\ &= 1 - P\left\{\frac{X-170}{7.69} \leqslant 0.65\right\} \\ &= 1 - \Phi(0.65) \\ &= 1 - 0.742\,2 \\ &= 0.257\,8. \end{aligned}$$

即该地区成年男性身高超过 175 厘米的概率为 0.257 8.

## §2.5　随机变量函数的分布

在实际问题中,往往难于直接得到随机变量的分布,却容易知道与之有关系的另一个随机变量的分布.例如,某商品的需求量是一个随机变量,而该商品的销售收入就是需求量的函数.所以我们不仅需要研究随机变量,还要对某些随机变量的函数进行研究,由已知随机变量的分布求出与之有关的另一个随机变量的分布.

下面,我们分两种情况来讨论.

### 一、离散型随机变量函数的分布

**例 1** 设随机变量 $X$ 的分布律如表 2.6 所示.求:

**表 2.6**

| $X$ | $-1$ | $0$ | $1$ | $2$ |
|---|---|---|---|---|
| $P$ | 0.2 | 0.3 | 0.1 | 0.4 |

(1) $Y = 2X + 1$ 的分布律;

(2) $Z = (X-1)^2$ 的分布律.

解　(1) $Y$ 的所有可能取值为 $-1, 1, 3, 5$,因为

$$P\{Y=-1\}=P\{X=-1\}=0.2,$$
$$P\{Y=1\}=P\{X=0\}=0.3,$$
$$P\{Y=3\}=P\{X=1\}=0.1,$$
$$P\{Y=5\}=P\{X=2\}=0.4,$$

所以 $Y$ 有如表 2.7 所示的分布律.

**表 2.7**

| $Y$ | $-1$ | 1 | 3 | 5 |
|---|---|---|---|---|
| $P$ | 0.2 | 0.3 | 0.1 | 0.4 |

(2) $Z$ 的所有可能取值为 0, 1, 4,由于

$$P\{Z=0\}=P\{X=1\}=0.1$$
$$P\{Z=1\}=P\{X=0\}+P\{X=2\}=0.3+0.4=0.7$$
$$P\{Z=4\}=P\{X=-1\}=0.2$$

因此 $Z$ 有如表 2.8 所示的分布律.

**表 2.8**

| $Z$ | 0 | 1 | 4 |
|---|---|---|---|
| $P$ | 0.1 | 0.7 | 0.2 |

一般地,若 $X$ 有如表 2.9 所示的分布律,$Y$ 的可能取值 $y_i=g(x_i)$, $i=1, 2, \cdots, n, \cdots$ 那么

**表 2.9**

| $X$ | $x_1$ | $x_2$ | … | $x_n$ | … |
|---|---|---|---|---|---|
| $P$ | $p_1$ | $p_2$ | … | $p_n$ | … |

(1) 当 $y_i=g(x_i)$的值互不相等时,则 $Y=g(X)$ 的分布律如表 2.10 所示.

**表 2.10**

| $Y$ | $g(x_1)$ | $g(x_2)$ | … | $g(x_n)$ | … |
|---|---|---|---|---|---|
| $P$ | $p_1$ | $p_2$ | … | $p_n$ | … |

(2) 当 $g(x_i)$的值有相等时,则应将对应的概率相加,即得 $Y=g(X)$ 的分布律.

## 二、连续型随机变量函数的分布

若 $X$ 为连续型随机变量,其密度函数为 $p_X(x)$,又 $Y=g(X)$ 也是一个连续型随机变量.求 $Y$ 的密度函数 $p_Y(y)$,通常有分布函数法和公式法两种方法.

1. 分布函数法

先求 $Y$ 的分布函数 $F_Y(y)$.

$$F_Y(y)=P\{Y\leqslant y\}=P\{g(X)\leqslant y\}=P\{X\in G_y\},$$

其中 $G_y=\{x\mid g(x)\leqslant y\}$,而 $P\{X\in G_y\}$ 常常可由 $X$ 的分布函数 $F_X(x)$ 表达或用其密度函数 $p_X(x)$的积分表达

$$F_Y(y)=P\{X\in G_y\}=\int_{G_y}p_X(x)\mathrm{d}x.$$

然后对 $F_Y(y)$求导,可得 $Y$ 的密度函数 $p_Y(y)$.

**例 2** 设随机变量 $X$ 的密度函数为

$$p_X(x)=\begin{cases}|x|, & -1<x<1,\\ 0, & \text{其他}.\end{cases}$$

求随机变量 $Y=2X+1$ 的密度函数.

解 先求 $Y$ 的分布函数 $F_Y(y)$.

$$\begin{aligned}F_Y(y)&=P\{Y\leqslant y\}=P\{2X+1\leqslant y\}\\&=P\left\{X\leqslant\frac{y-1}{2}\right\}=F_X\left(\frac{y-1}{2}\right).\end{aligned}$$

再对 $F_Y(y)$求导,得

$$p_Y(y)=p_X\left(\frac{y-1}{2}\right)\cdot\frac{1}{2}.$$

注意到 $-1<x<1$ 时,即 $-1<y<3$ 时,$p_X\left(\frac{y-1}{2}\right)\neq 0$,此时,得

$$p_X\left(\frac{y-1}{2}\right)=\left|\frac{y-1}{2}\right|,$$

则 $Y$ 的密度函数为

$$p_Y(y)=\begin{cases}\frac{1}{4}\,|y-1|, & -1<y<3,\\ 0, & \text{其他}.\end{cases}$$

**例 3** 设 $X \sim U[0, 2]$，试求 $Y = X^2$ 的密度函数.

解　由题意，$X$ 的密度函数为

$$p_X(x) = \begin{cases} \frac{1}{2}, & 0 \leqslant x \leqslant 2, \\ 0, & \text{其他}. \end{cases}$$

由于 $Y = X^2$，当 $0 \leqslant X \leqslant 2$ 时，有 $0 \leqslant Y \leqslant 4$，于是

当 $y < 0$ 时，有

$$F_Y(y) = 0;$$

当 $0 \leqslant y < 4$ 时，有

$$\begin{aligned} F_Y(y) &= P\{Y \leqslant y\} = P\{X^2 \leqslant y\} \\ &= P\{-\sqrt{y} \leqslant X \leqslant \sqrt{y}\} = \int_{-\sqrt{y}}^{\sqrt{y}} p_X(x)\mathrm{d}x \\ &= \int_{-\sqrt{y}}^{0} 0\mathrm{d}x + \int_{0}^{\sqrt{y}} \frac{1}{2}\mathrm{d}x \\ &= \frac{\sqrt{y}}{2}; \end{aligned}$$

当 $y \geqslant 4$ 时，有

$$F_Y(y) = 1.$$

对 $F_Y(y)$ 求导，得 $Y$ 的密度函数为

$$p_Y(y) = \begin{cases} \frac{1}{4\sqrt{y}}, & 0 < y \leqslant 4, \\ 0, & \text{其他}. \end{cases}$$

2. 公式法

**定理 2.4**　设随机变量 $X$ 的密度函数为 $p_X(x)$，$x \in (-\infty, +\infty)$，函数 $y = g(x)$ 严格单调，其反函数 $h(y)$ 有连续导函数，则随机变量 $Y = g(X)$ 的密度函数为

$$p_Y(y) = \begin{cases} p_X[h(y)] \cdot |h'(y)|, & a < y < b, \\ 0, & \text{其他}, \end{cases} \tag{2.30}$$

其中，$a = \min(g(-\infty), g(+\infty))$，$b = \max(g(-\infty), g(+\infty))$.

证明　不妨设 $g(x)$ 在 $(-\infty, +\infty)$ 严格单调递增，这时它的反函数 $h(y)$ 存在，且在 $(a, b)$ 上也是严格单调递增. 于是

当 $y \leqslant a$ 时，有

$$F_Y(y)=0;$$

当 $a<y<b$ 时，有

$$\begin{aligned}F_Y(y)&=P\{Y\leqslant y\}=P\{g(X)\leqslant y\}\\&=P\{X\leqslant h(y)\}=\int_{-\infty}^{h(y)}p_X(x)\mathrm{d}x;\end{aligned}$$

当 $y\geqslant b$ 时，有

$$F_Y(y)=1.$$

求导，得 $X$ 的密度函数为

$$p_Y(y)=F'_Y(y)=\begin{cases}p_X[h(y)]\cdot h'(y), & a<y<b,\\ 0, & \text{其他}.\end{cases}$$

同理，可证当 $g(x)$ 严格单调递减时，$Y$ 的密度函数为

$$p_Y(y)=\begin{cases}p_X[h(y)][-h'(y)], & a<y<b,\\ 0, & \text{其他}.\end{cases}$$

综合上述证明，定理得证. ▌

显然，当 $g(x)$ 严格单调递增时，$a=g(-\infty)$，$b=g(+\infty)$；当 $g(x)$ 严格单调递减时，$a=g(+\infty)$，$b=g(-\infty)$.

如果随机变量 $X$ 的密度函数在一个有限区间 $(\alpha,\beta)$ 之外取值为零，我们只需考察 $g(x)$ 在区间 $(\alpha,\beta)$ 上的严格单调性，且当 $g(x)$ 严格单调递增时，$a=g(\alpha)$，$b=g(\beta)$；当 $g(x)$ 严格单调递减时，$a=g(\beta)$，$b=g(\alpha)$.

**例 4** 设随机变量 $X$ 的密度函数为

$$p_X(x)=\begin{cases}\mathrm{e}^{-x}, & x\geqslant 0,\\ 0, & x<0.\end{cases}$$

求随机变量 $Y=\mathrm{e}^X$ 的密度函数 $p_Y(y)$.

解 当 $x\geqslant 0$ 时，$y=g(x)=\mathrm{e}^x$ 的导数恒大于 0，此时 $g(x)$ 严格单调递增. $a=g(0)=1$，$b=g(+\infty)=+\infty$，反函数 $x=h(y)=\ln y$，则 $|h'(y)|=\dfrac{1}{|y|}$，由(2.30)式得

$$p_Y(y)=\begin{cases}\mathrm{e}^{-\ln y}\cdot\dfrac{1}{|y|}, & 1\leqslant y<+\infty,\\ 0, & \text{其他},\end{cases}$$

即

$$p_Y(y)=\begin{cases}\dfrac{1}{y^2},\ y\geqslant 1,\\ 0,\quad y<1.\end{cases}$$

**例 5**　已知 $X\sim N(\mu,\sigma^2)$，求 $Y=aX+b$（$a$，$b$ 为常数，$a\neq 0$）的密度函数.

解　当 $-\infty<x<+\infty$ 时，$y=g(x)=ax+b$ 的导数恒大于 0 或恒小于 0，则 $g(x)$ 为严格单调函数，且 $-\infty<g(x)<+\infty$，反函数 $x=h(y)=\dfrac{y-b}{a}$，则 $|h'(y)|=\dfrac{1}{|a|}$，于是

$$\begin{aligned}p_Y(y)&=\frac{1}{\sqrt{2\pi}\sigma}e^{-\frac{\left(\frac{y-b}{a}-\mu\right)^2}{2\sigma^2}}\cdot\frac{1}{|a|}\\&=\frac{1}{\sqrt{2\pi}\,|a|\,\sigma}e^{-\frac{[y-(a\mu+b)]^2}{2a^2\sigma^2}}\quad(-\infty<y<+\infty),\end{aligned}$$

即 $Y\sim N(a\mu+b,\ a^2\sigma^2)$.

这是正态分布的一个重要性质，即服从正态分布的随机变量的线性函数仍服从正态分布.

## 数学家简介

### 帕　斯　卡

布莱士·帕斯卡(Blaise Pascal，1623—1662)1623 年 6 月 19 日生于法国多姆山省克莱蒙费朗城，1662 年 8 月 19 日逝世，终年 39 岁. 法国物理学家、数学家、哲学家和散文家. 是 17 世纪最卓越的数理科学家之一，他对于近代初期的理论科学和实验科学两方面都做出了巨大的历史贡献.

帕斯卡没有受过正规的学校教育. 他 4 岁时母亲病故，由受过高等教育、担任政府官员的父亲和两个姐姐负责对他进行教育和培养. 他父亲是一位受人尊敬的数学家，在其精心的教育下，帕斯卡很小时就精通欧几里得几何，他自己独立地发现了欧几里得的前 32 条定理，而且顺序也完全正确. 他在 12 岁独自发现了"三角形的内角和等于 180 度"后，开始师从父亲学习数学. 在他 16 岁那年，父亲带他参加巴黎数学家和物理学家小组(法国巴黎科学院的前身)的学术活动，

让他开开眼界,17 岁时帕斯卡写成了数学水平很高的“圆锥截线论”一文,这是他研究德扎尔格关于综合射影几何的经典工作的结果.

1631 年帕斯卡随家移居巴黎,1641 年又随家移居鲁昂.1642 年到 1644 年间帮助父亲做税务计算工作时,帕斯卡发明了加法器,这是世界上最早的计算器,现陈列于法国博物馆中.1647 年帕斯卡重返巴黎居住,到 1648 年,他发表了有关真空问题的论文.1648 年帕斯卡设想并进行了对同一地区不同高度大气压强进行测量的实验,发现了随着高度降低,大气压强增大的规律.在这几年中,帕斯卡在实验中不断取得新发现,并且有多项重大发明. 1649 年到 1651 年,帕斯卡同他的合作者皮埃尔详细测量同一地点的大气压变化情况,成为利用气压计进行天气预报的先驱.1651 年帕斯卡开始总结他的实验成果,到 1654 年写成了《液体平衡及空气重量的论文集》,1663 年正式出版.此后帕斯卡转入了神学研究,1655 年他进入神学中心彼特垒阿尔.他从怀疑论出发,认为感性和理性知识都不可靠,从而得出信仰高于一切的结论.

帕斯卡和数学家费马通信,一起解决上流社会的赌徒兼业余哲学家送来的一个问题,赌徒弄不清楚赌掷 3 个骰子出现某种组合时为什么老是输钱.在他们解决这个问题的过程中,奠定了近代概率论的基础.在帕斯卡短暂的一生中作出了许多贡献,而以在数学及物理学中的贡献最大.1646 年他为了检验意大利物理学家伽利略和托里拆利的理论,制作了水银气压计,在能俯视巴黎的克莱蒙费朗的山顶上反复地进行大气压的实验,为流体动力学和流体静力学的研究铺平了道路.实验中他为了改进托里拆利的气压计,他在帕斯卡定律的基础上发明了注射器,并创造了水压机.他关于真空问题的研究和著作,更加提高了他的声望.他从小就体质虚弱,又因过度劳累而使疾病缠身.然而正是他在病休的 1651—1654 年间,仍紧张地进行科学工作,写成了关于液体平衡、空气的重量和密度及算术三角形等多篇论文,后一篇论文成为概率论的基础.在 1655—1659 年间他还写了许多宗教著作.晚年,有人建议他把关于旋轮线的研究结果发表出来,于是他又沉浸于科学兴趣之中.但从 1659 年 2 月起,病情加重,使他不能正常工作,而安于虔诚的宗教生活.最后,他在剧烈的病痛中逝世.

帕斯卡所著的《思想录》和《致外省人信札》,对法国散文的发展也产生了重要的影响.他的思想理论集中地表现在《思想录》一书中.此书于笛卡儿的理性主义思潮之外,另辟蹊径:一方面继承与发扬了理性主义传统,以理性来批判一切;另一方面,它又在一切真理都必然以矛盾的形式而呈现这一主导思想之下,指出理性本身的内在矛盾及其界限.可以说,帕斯卡的思想构成了古代与近代之间的一个重要的中间环节.他提供了近代思想史上最值得探索的课题之一.

## 贝　叶　斯

托马斯·贝叶斯(Thomas Bayes, 1702—1763)1702 年出生于伦敦. 1742 年成为英国皇家学会会员. 1763 年 4 月 7 日逝世. 英国数学家.

贝叶斯在数学方面主要研究概率论. 他首先将归纳推理法用于概率论基础理论,并创立了贝叶斯统计理论,对于统计决策函数、统计推断、统计的估算等做出了贡献.

1763 年,贝叶斯发表了这方面的论著. 提供了对前提条件做出新评价的方法,既是对作为前提的出现概率的重新认识,又给出了后验概率的著名的贝叶斯公式. 经过多年的发展与完善,贝叶斯公式以及由此发展起来的一整套理论与方法,已形成了概率统计中一个冠以"贝叶斯"名字的学派,对于现代概率论和数理统计都有很重要的作用.

贝叶斯的另一著作《机会的学说概论》发表于 1758 年. 贝叶斯所采用的许多术语被沿用至今.

## 习　题　二

### (A)

1. 设 $X$ 的可能取值为 $-1, 0, 1$,且取这 3 个值的概率之比为 $1:2:3$,求 $X$ 的分布律.

2. 设离散型随机变量 $X$ 的分布律为 $P\{X=k\}=\dfrac{a}{2^k}\ (k=1, 2, 3)$,求常数 $a$.

3. 设随机变量 $X$ 的分布律为 $P\{X=k\}=a\dfrac{\lambda^k}{k!}\ (k=0, 1, 2, \cdots)$,其中 $\lambda>0$ 为常数,试确定常数 $a$.

4. 20 件同类型的产品中有 2 件次品,其余为正品. 今从这 20 件产品中随机抽取 4 次,每次取一件,抽取后不放回. 以 $X$ 表示 4 次共取出次品的个数,求 $X$ 的分布律.

5. 自动生产线在调整之后出现废品的概率为 $p$,当在生产过程中出现废品时立即重新进行调整,求在两次调整之间生产的合格品数 $X$ 的分布律.

6. 从学校乘车到火车站的途中有 3 个交通岗,假设在各个交通岗遇到红灯的事件是相互独立的,并且概率都是 $\dfrac{2}{5}$,设 $X$ 为途中遇到红灯的次数,求随机变量 $X$ 的分布律.

7. 设有10台独立运转的机器,在1小时内每台机器停车的概率都是0.15,试求机器停车的台数不超过2的概率.

8. 甲地需要与乙地的10个电话用户联系,每一个用户在1小时内平均占线12分钟,并且任何两个用户的呼唤是相互独立的,为了在任意时刻使得对所有电话用户服务的概率为0.99,应当有多少电话线路?

9. 设某城市在一周内发生交通事故的次数服从参数为0.3的普阿松分布,试问:

(1) 在一周内恰好发生2次交通事故的概率是多少?

(2) 在一周内至少发生1次交通事故的概率是多少?

10. 设$X$服从普阿松分布,且已知$P\{X=1\}=P\{X=2\}$,求$P\{X=4\}$.

11. 有一繁忙的汽车站,每天有大量汽车进出,设每辆汽车在一天的某段时间内出事故的概率为0.000 1,在某天的该段时间内有1 000辆汽车进出,问出事故的次数不小于2的概率是多少?

12. 已知随机变量$X$只能取$-1, 0, 1, 2$这4个值,相应概率依次为$\frac{1}{2c}$, $\frac{3}{4c}$, $\frac{5}{8c}$, $\frac{2}{16c}$,试求:

(1) 常数$c$;

(2) $P\{X<1 \mid X\neq 0\}$;

(3) 分布函数$F(x)$.

13. 已知随机变量$X$的分布函数为

$$F(x)=\begin{cases}0, & x<-1,\\ 0.1, & -1\leqslant x<1,\\ 0.4, & 1\leqslant x<3,\\ 1, & x\geqslant 3.\end{cases}$$

求$X$的分布律.

14. 设随机变量$X$的密度函数为

$$p(x)=\begin{cases}a\cos x, & |x|\leqslant \frac{\pi}{2},\\ 0, & |x|>\frac{\pi}{2}.\end{cases}$$

试求:

(1) 常数$a$;

(2) $P\left\{0 < X < \frac{\pi}{4}\right\}$;

(3) $X$ 的分布函数.

15. 设随机变量 $X$ 的密度函数为 $p(x) = c\mathrm{e}^{-|x|}$，试求：

(1) 常数 $c$；

(2) $P\{0 < x < 1\}$；

(3) $X$ 的分布函数 $F(x)$.

16. 设随机变量 $X$ 的密度函数为

$$p(x) = \begin{cases} ax + b, & 0 < x < 1, \\ 0, & \text{其他}, \end{cases}$$

且 $P\left\{X < \frac{1}{3}\right\} = P\left\{X > \frac{1}{3}\right\}$. 求常数 $a$ 和 $b$.

17. 设连续型随机变量 $X$ 的分布函数为

$$F(x) = \begin{cases} a + b\mathrm{e}^{-\frac{x^2}{2}}, & x \geqslant 0, \\ 0, & x < 0. \end{cases}$$

试求：

(1) 常数 $a$ 和 $b$；

(2) 密度函数 $p(x)$；

(3) $P\{\sqrt{\ln 4} < X < \sqrt{\ln 16}\}$.

18. 设随机变量 $X \sim U[-2, 4]$，求方程 $x^2 + 2Xx + 2X + 3 = 0$ 有实根的概率.

19. 设顾客在某银行窗口等待服务的时间 $X$(单位:分钟)服从指数分布，其密度函数为

$$p(x) = \begin{cases} \frac{1}{5}\mathrm{e}^{-\frac{x}{5}}, & x \geqslant 0, \\ 0, & x < 0. \end{cases}$$

某顾客在窗口等待服务，若超过 10 分钟他就离开银行，他一个月要到银行 5 次，以 $Y$ 表示一个月中他未等到服务而离开窗口的次数. 试求：

(1) $Y$ 的分布律；

(2) $P\{Y \geqslant 1\}$.

20. 设随机变量 $X \sim E(2)$，且 $P\{X \geqslant c\} = \frac{1}{2}$，求常数 $c$.

21. 设随机变量 $X \sim N(0, 4^2)$,试求:

(1) $P\{X \leqslant 0\}$;

(2) $P\{X > 10\}$;

(3) $P\{|X-10| < 4\}$.

22. 设随机变量 $X \sim N(2, \sigma^2)$,且 $P\{2 < X < 4\} = 0.3$,求 $P\{X<0\}$.

23. 公共汽车门的高度是按成年男性与车门碰头的机会不超过 0.01 设计的,设成年男性的身高 $X$(单位:厘米)服从 $N(170, 6^2)$,问车门的最低高度应为多少?

24. 设随机变量 $X \sim N(108, 3^2)$,求:

(1) 常数 $a$,使 $P\{X < a\} = 0.90$;

(2) 常数 $a$,使 $P\{|X-a| > a\} = 0.01$.

25. 设随机变量 $X \sim N(\mu, 4^2)$, $Y \sim N(\mu, 5^2)$,若记 $p_1 = P\{X \leqslant \mu - 4\}$, $p_2 = P\{Y \geqslant \mu + 5\}$,试比较 $p_1$ 与 $p_2$ 的大小.

26. 设随机变量 $X$ 的分布律如表 2.11 所示. 试求:

(1) $3X+1$ 的分布律;

(2) $|X|$ 的分布律.

**表 2.11**

| $X$ | $-2$ | $-1$ | $0$ | $1$ | $2$ | $3$ |
|---|---|---|---|---|---|---|
| $P$ | $\frac{1}{12}$ | $\frac{4}{9}$ | $\frac{1}{9}$ | $\frac{1}{6}$ | $\frac{1}{9}$ | $\frac{1}{12}$ |

27. 已知随机变量 $X$ 的分布律如表 2.12 所示. 试求:

(1) $\cos X$ 的分布律;

(2) $\sin X$ 的分布律.

**表 2.12**

| $X$ | $0$ | $\frac{\pi}{2}$ | $\pi$ |
|---|---|---|---|
| $P$ | $\frac{1}{4}$ | $\frac{1}{2}$ | $\frac{1}{4}$ |

28. 设随机变量 $X$ 的密度函数为 $p(x) = \dfrac{1}{\pi(1+x^2)}$,求 $Y = 1 - \sqrt[3]{X}$ 的密度函数.

29. 设随机变量 $X \sim U[0, 1]$,求 $Y = -\ln X$ 的密度函数.

30. 设随机变量 $X \sim N(0, 1)$,求 $Y = |X|$ 的密度函数.

31. 设 $X$ 服从参数为 2 的指数分布，试证明：$Y = 1 - e^{-2X}$ 服从区间$[0, 1]$上的均匀分布.

32. 已知随机变量 $X$ 的密度函数为 $p_X(x) = \frac{1}{4\sqrt{\pi}} e^{-\frac{1}{16}(x^2-4x+4)}$，求 $Y = 2X+4$ 的密度函数.

**(B)**

1. 生产某种产品的废品率为 0.1，抽取 20 件产品，初步检查已发现有 2 件废品，问这 20 件产品中废品不少于 3 件的概率.

2. 设随机变量 $X \sim B(2, p)$，已知 $P\{X \geqslant 1\} = \frac{5}{9}$，求成功率为 $p$ 的 4 重贝努里试验中，至少有一次成功的概率.

3. 一架轰炸机共带 3 颗炸弹去轰炸敌方的铁路. 如果炸弹落在铁路两侧 40 米以内，就可以使铁路交通遭到破坏，已知在一定投弹准确度下，炸弹落地点与铁路距离 $X$ 的密度函数为

$$p(x) = \begin{cases} \frac{100+x}{10\,000}, & -100 \leqslant x \leqslant 0, \\ \frac{100-x}{10\,000}, & 0 < x \leqslant 100, \\ 0, & |x| > 100. \end{cases}$$

如果 3 颗炸弹全部使用，求敌方铁路交通被破坏的概率.

4. 设随机变量 $X$ 的分布函数及密度函数分别为 $F(x)$ 及 $p(x)$. 若 $p(x)$ 为偶函数，$a > 0$，试证明：$F(a) + F(-a) = 1$.

5. 假设某企业生产的每台仪器，以概率 0.7 可以直接出厂；以概率 0.3 需要进一步调试. 经调试后以概率 0.8 可以出厂，以概率 0.2 定为不合格产品不能出厂. 现该厂新生产了 $n$ $(n \geqslant 2)$ 台仪器(假设各台仪器的生产过程相互独立). 求：

(1) 每台仪器能出厂的概率；

(2) 其中恰好有两台不能出厂的概率.

6. 有甲乙两种颜色和味道都极为相近的名酒各 4 杯，如果从中挑选 4 杯，能将甲种酒全挑出来，算是试验成功一次. 求：

(1) 某人随机去挑，则他试验成功一次的概率；

(2) 某人声称其通过品尝能区分两种酒，他连续试验 10 次，成功 3 次，试推断他是猜对的还是确有区分的能力(设各次试验是相互独立的).

7. 已知 $Y=\ln X$, $Y\sim N(\mu,\sigma^2)$, 证明: $P\{e^{a\sigma+\mu}<X<e^{b\sigma+\mu}\}$ 对一切 $\mu$, $\sigma^2$ 是相同的.

8. 设 $X\sim N(60,3^2)$,求分点 $x_1$, $x_2$,使 $X$ 分别落在 $(-\infty,x_1)$, $(x_1,x_2)$, $(x_2,+\infty)$ 的概率之比为 3∶4∶5.

9. 设某工程队完成某项工程所需时间 $X$(单位:天)近似服从 $N(100,5^2)$. 现规定:工程在 100 天内完工,则可获得奖金 10 万元;在 100~115 天完工,则可获得奖金 3 万元;超过 115 天完工,则罚款 5 万元. 求该工程队在完成此项工程时,所获奖金 $Y$ 的分布律.

10. 设随机变量 $X\sim N(0,4^2)$,试求 $Y=3X^2+1$ 的密度函数.

11. 设随机变量 $X$ 的密度函数为

$$p(x)=\begin{cases}\dfrac{2x}{\pi^2}, & 0<x<\pi,\\ 0, & \text{其他}.\end{cases}$$

求 $Y=\cos X$ 的密度函数.

12. 设 $X\sim U[-1,2]$,求 $Y=|X|$ 的概率密度.

# 第三章 多维随机变量及其分布

在第二章中，我们讨论了一维随机变量及其分布. 但在实际问题中，试验的结果只用一个随机变量来描述是不够的，有时同时需用两个或两个以上的随机变量来描述，还需要考虑多个随机变量之间的相互关系.

本章主要讨论由两个随机变量组成的二维随机变量及其分布，以及条件分布，随机变量的独立性. 二维以上的随机变量与二维随机变量没有本质上的区别，本章不作讨论.

## §3.1 二维随机变量

### 一、二维随机变量及其联合分布函数

1. 二维随机变量的概念

在研究某地区小学生身高与体重之间的联系时，从该地区抽选一定数量的小学生进行测量. 每抽选一名学生，就有一个由身高、体重组成的有序数组$(X_1, X_2)$，这个有序数组是由试验结果确定的.

对公司企业经济效益的评定，有时需要综合考虑劳动生产率、资金产值率、资金利润率等多个指标，每测定一次，就有一个由劳动生产率、资金产值率、资金利润率等组成的有序数组$(X_1, X_2, X_3)$. 同样的，每个有序数组也是由试验结果所确定的.

一般地，如果一个随机试验的结果需用一个有序数组来表达，则这一有序数组构成了一个多维随机变量.

**定义 3.1** 设随机试验的样本空间为$\Omega = \{\omega\}$，对每一个$\omega \in \Omega$，有确定的两个实值函数$X(\omega)$，$Y(\omega)$与之对应，则称$(X(\omega), Y(\omega))$为$\Omega$上的**二维随机变量**，简记为$(X, Y)$.

2. 联合分布函数

类似于一维随机变量，可以定义二维随机变量的分布函数.

**定义 3.2** 设$(X, Y)$为二维随机变量,对于任意两个实数 $x, y$,称二元函数

$$F(x, y)=P\{X\leqslant x, Y\leqslant y\}, -\infty< x, y<+\infty \tag{3.1}$$

为二维随机变量$(X, Y)$的**联合分布函数**.

$F(x, y)$是由二维随机变量$(X, Y)$表达的事件

$$\begin{aligned}&\{-\infty< X\leqslant x, -\infty< Y\leqslant y\}\\ =&\{\omega\in\Omega \mid -\infty< X(\omega)\leqslant x, -\infty< Y(\omega)\leqslant y\}\end{aligned}$$

发生的概率来定义的. 如果将二维随机变量$(X, Y)$看成是一个平面上的随机点,那么,联合分布函数$F(x, y)$在$(x, y)$处的函数值就是二维随机点$(X, Y)$落在以$(x, y)$为右上顶点的无穷矩形区域内的概率. 这就是联合分布函数的概率意义(如图 3.1 所示).

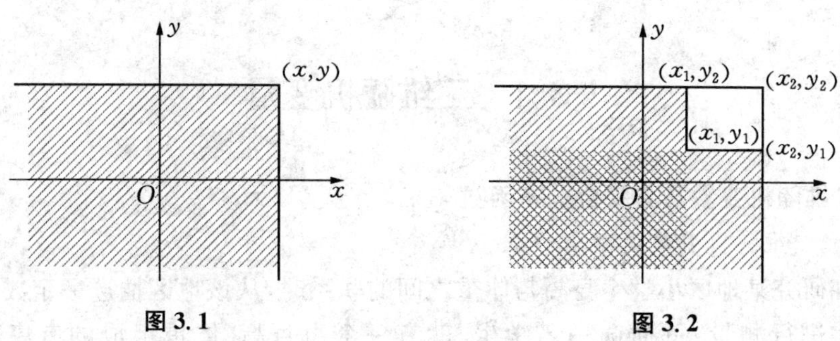


图 3.1　　　　图 3.2

与一维的情形一样,联合分布函数完全描述了二维随机变量的统计规律. 在给定了联合分布函数 $F(x, y)$之后,就可以求得二维随机变量$(X, Y)$落在平面上任何区域中的概率. 例如,对任意实数 $x_1< x_2$, $y_1< y_2$,有

$$\begin{aligned}&P\{x_1< X\leqslant x_2, y_1< Y\leqslant y_2\}\\ =&F(x_2, y_2)-F(x_2, y_1)-F(x_1, y_2)+F(x_1, y_1).\end{aligned} \tag{3.2}$$

这个结果可以由图 3.2 直接看出.

联合分布函数 $F(x, y)$具有以下基本性质.

**性质 3.1** $0\leqslant F(x, y)\leqslant 1$, 对任意实数 $x, y$ 都成立.

**性质 3.2** 对任意实数 $x, y$,有

$$F(-\infty, y)=\lim_{x\to-\infty} F(x, y)=0, F(x, -\infty)=\lim_{y\to-\infty} F(x, y)=0,$$

$$F(-\infty,-\infty)=\lim_{\substack{x\to-\infty\\ y\to-\infty}}F(x,y)=0,\ F(+\infty,+\infty)=\lim_{\substack{x\to+\infty\\ y\to+\infty}}F(x,y)=1.$$

**性质 3.3**　$F(x, y)$对 $x$ 和 $y$ 分别单调不减，即对于任意固定的 $y$，当 $x_1<x_2$ 时，$F(x_1, y)\leqslant F(x_2, y)$；对于任意固定的 $x$，当 $y_1<y_2$ 时，$F(x, y_1)\leqslant F(x, y_2)$.

**性质 3.4**　对任意实数 $x, y$，有

$$F(x+0, y)=F(x, y),\ F(x, y+0)=F(x, y),$$

即 $F(x, y)$关于 $x$ 右连续，关于 $y$ 也右连续.

**性质 3.5**　对任意实数 $x_1<x_2$，$y_1<y_2$，有

$$F(x_2, y_2)-F(x_2, y_1)-F(x_1, y_2)+F(x_1, y_1)\geqslant 0.$$

3. 边缘分布函数

二维随机变量$(X, Y)$的分布函数 $F(x, y)$反映了随机变量 $X$ 和 $Y$ 的全部概率特征. 而 $X$, $Y$ 作为随机变量，它们各自反映试验的某一侧面，分别也有分布函数，这就是边缘分布的概念.

**定义 3.3**　设$(X, Y)$为二维随机变量，称分量 $X$ 的分布函数为二维随机变量$(X, Y)$关于 $X$ 的**边缘分布函数**，记为 $F_X(x)$；称分量 $Y$ 的分布函数为二维随机变量$(X, Y)$关于 $Y$ 的**边缘分布函数**，记为 $F_Y(y)$.

已知联合分布函数 $F(x, y)$可得关于 $X$ 和 $Y$ 的边缘分布函数：

$$F_X(x)=P\{X\leqslant x\}=P\{X\leqslant x, Y<+\infty\}=\lim_{y\to+\infty}F(x, y),$$
$$F_Y(y)=P\{Y\leqslant y\}=P\{X<+\infty, Y\leqslant y\}=\lim_{x\to+\infty}F(x, y),$$

即

$$F_X(x)=F(x,+\infty),\ F_Y(y)=F(+\infty, y). \tag{3.3}$$

与一维随机变量类似，二维随机变量也可分成离散型和连续型两种类型，下面分别讨论.

## 二、二维离散型随机变量及其分布

1. 联合分布律

**定义 3.4**　若二维随机变量$(X, Y)$的所有可能取值是有限对或无穷可列对时，则称$(X, Y)$为**二维离散型随机变量**.

**定义 3.5**　设$(X, Y)$为二维离散型随机变量，其所有的可能取值为$(x_i, y_j)$ $(i, j=1, 2, \cdots)$，则称

$$p_{ij}=P\{X=x_i, Y=y_j\}\ (i, j=1, 2, \cdots) \tag{3.4}$$

为$(X, Y)$的**联合分布律**,也可用表格的形式表示(见表 3.1).

**表 3.1**

| $X \backslash Y$ | $y_1$ | $y_2$ | $\cdots$ | $y_j$ | $\cdots$ |
|---|---|---|---|---|---|
| $x_1$ | $p_{11}$ | $p_{12}$ | $\cdots$ | $p_{1j}$ | $\cdots$ |
| $x_2$ | $p_{21}$ | $p_{22}$ | $\cdots$ | $p_{2j}$ | $\cdots$ |
| $\cdots$ | $\cdots$ | $\cdots$ | $\cdots$ | $\cdots$ | $\cdots$ |
| $x_i$ | $p_{i1}$ | $p_{i2}$ | $\cdots$ | $p_{ij}$ | $\cdots$ |
| $\cdots$ | $\cdots$ | $\cdots$ | $\cdots$ | $\cdots$ | $\cdots$ |

由概率的公理化定义,容易验证二维离散型随机变量$(X, Y)$的联合分布律具有下列两条基本性质:

(1) $p_{ij}\geqslant 0\ (i, j=1, 2, \cdots)$;

(2) $\sum\limits_{i=1}^{\infty}\sum\limits_{j=1}^{\infty}p_{ij}=1$.

任何具有上述两条基本性质的 $p_{ij}$ 可作为某一个二维离散型随机变量的联合分布律.

**例 1** 口袋中有 1 个红球,2 个白球和 7 个黑球. 现从中任取 3 球,设 $X$, $Y$ 分别表示取出的 3 个球中的红球数和白球数,试求$(X, Y)$的联合分布律.

解 $X$ 的可能取值为 0, 1; $Y$ 的可能取值为 0, 1, 2,则$(X, Y)$的联合分布律为

$$p_{ij}=P\{X=i, Y=j\}=\frac{C_1^i C_2^j C_7^{3-i-j}}{C_{10}^3}\quad (i=0, 1;\ j=0, 1, 2).$$

计算结果可列成表 3.2.

**表 3.2**

| $X \backslash Y$ | 0 | 1 | 2 |
|---|---|---|---|
| 0 | 35/120 | 42/120 | 7/120 |
| 1 | 21/120 | 14/120 | 1/120 |

2. 边缘分布律

当二维离散型随机变量$(X, Y)$的联合分布律已知时,可求得分量 $X$ 的分布

律为

$$\begin{aligned}P\{X=x_i\}&=P\{X=x_i,Y=y_1\}+P\{X=x_i,Y=y_2\}\\&\quad+\cdots+P\{X=x_i,Y=y_j\}+\cdots\\&=p_{i1}+p_{i2}+\cdots+p_{ij}+\cdots\\&=\sum_{j=1}^{\infty}p_{ij}\quad(i=1,2,\cdots).\end{aligned}$$

同理,可得 $Y$ 的分布律为

$$\begin{aligned}P\{Y=y_j\}&=P\{X=x_1,Y=y_j\}+P\{X=x_2,Y=y_j\}\\&\quad+\cdots+P\{X=x_i,Y=y_j\}+\cdots\\&=p_{1j}+p_{2j}+\cdots+p_{ij}+\cdots\\&=\sum_{i=1}^{\infty}p_{ij}\quad(j=1,2,\cdots).\end{aligned}$$

我们记

$$p_{i\cdot}=\sum_{j=1}^{\infty}p_{ij}\quad(i=1,2,\cdots);\tag{3.5}$$

$$p_{\cdot j}=\sum_{i=1}^{\infty}p_{ij}\quad(j=1,2,\cdots).\tag{3.6}$$

**定义 3.6**　设二维离散型随机变量$(X,Y)$的分布律为

$$p_{ij}=P\{X=x_i,Y=y_j\}\quad(i,j=1,2,\cdots),$$

则称 $P\{X=x_i\}=p_{i\cdot}\quad(i=1,2,\cdots)$ 为$(X,Y)$关于 $X$ 的**边缘分布律**;称 $P\{Y=y_i\}=p_{\cdot j}\quad(j=1,2,\cdots)$ 为$(X,Y)$关于 $Y$ 的**边缘分布律**.

**例 2**　设随机变量 $X$ 在整数 1, 2, 3 中等可能取值,另一随机变量 $Y$在 1～X 中等可能地取一个整数值,求$(X,Y)$的联合分布律和边缘分布律.

解　当 $j>i$ 时,$\{X=i,Y=j\}$ 是不可能事件,此时有 $P\{X=i,Y=j\}=0$;当 $j\leqslant i$ 时,由概率的乘法定理,有

$$P\{X=i,Y=j\}=P\{X=i\}P\{Y=j\mid X=i\}=\frac{1}{3i}\quad(i=1,2,3).$$

所以,$(X,Y)$的联合分布律及边缘分布律可列成表 3.3.

表 3.3

| $X \backslash Y$ | 1 | 2 | 3 | $p_{i\cdot}$ |
|---|---|---|---|---|
| 1 | 1/3 | 0 | 0 | 1/3 |
| 2 | 1/6 | 1/6 | 0 | 1/3 |
| 3 | 1/9 | 1/9 | 1/9 | 1/3 |
| $p_{\cdot j}$ | 11/18 | 5/18 | 2/18 | 1 |

## 三、二维连续型随机变量及其分布

1. 联合密度函数

**定义 3.7** 设二维随机变量$(X, Y)$的联合分布函数为$F(x, y)$,如果存在非负可积函数$p(x, y)$,使得对于任意实数$x, y$,有

$$F(x, y)=\int_{-\infty}^{y}\int_{-\infty}^{x} p(u, v)\mathrm{d}u\mathrm{d}v, \tag{3.7}$$

则称$(X, Y)$为**二维连续型随机变量**,称$p(x, y)$为$(X, Y)$的**联合概率密度函数**,简称**联合密度函数**.

联合密度函数具有下列性质.

**性质 3.6** $p(x, y)\geqslant 0, -\infty<x, y<+\infty$.

**性质 3.7** $\int_{-\infty}^{+\infty}\int_{-\infty}^{+\infty} p(x, y)\mathrm{d}x\mathrm{d}y=1.$ (3.8)

任何具有上述两条性质的二元函数$p(x, y)$可作为某一个二维连续型随机变量的联合密度函数.

**性质 3.8** 设二维连续型随机变量$(X, Y)$的联合密度函数为$p(x, y)$,$G$为平面上的任一区域,则$(X, Y)$落在$G$中的概率为

$$P\{(X, Y)\in G\}=\iint_{G} p(x, y)\mathrm{d}x\mathrm{d}y. \tag{3.9}$$

性质 3.8 的几何意义是:以区域$G$为底,曲面$z=p(x, y)$为顶的曲顶柱体的体积.特别地,当区域$G$为$XOY$平面时,其体积为 1.这便是性质 3.7 的几何意义.

**性质 3.9** 设二维连续型随机变量$(X, Y)$的联合分布函数为$F(x, y)$,则$F(x, y)$处处连续.

**性质 3.10** 设二维连续型随机变量$(X, Y)$的联合分布函数为$F(x, y)$,联

合密度函数为 $p(x, y)$，则在 $p(x, y)$ 的连续点上，有

$$\frac{\partial^2 F(x, y)}{\partial x \partial y} = p(x, y).$$

**例 3** 设二维连续型随机变量 $(X, Y)$ 的联合密度函数为

$$p(x, y) = \begin{cases} c\mathrm{e}^{-(x+y)}, & x > 0, y > 0, \\ 0, & \text{其他}. \end{cases}$$

试求：

(1) 常数 $c$；

(2) 联合分布函数 $F(x, y)$；

(3) $P\{0 \leqslant X \leqslant 1, 0 \leqslant Y \leqslant 1\}$.

解　(1) 由

$$\begin{aligned} \int_{-\infty}^{+\infty}\int_{-\infty}^{+\infty} p(x, y)\mathrm{d}x\mathrm{d}y &= \int_0^{+\infty}\int_0^{+\infty} c\mathrm{e}^{-(x+y)}\mathrm{d}x\mathrm{d}y \\ &= c\int_0^{+\infty}\mathrm{e}^{-x}\mathrm{d}x\int_0^{+\infty}\mathrm{e}^{-y}\mathrm{d}y \\ &= c, \end{aligned}$$

得 $c = 1$.

(2) $F(x, y) = \int_{-\infty}^{y}\int_{-\infty}^{x} p(u, v)\mathrm{d}u\mathrm{d}v$，于是

当 $x > 0, y > 0$ 时，有

$$\begin{aligned} F(x, y) &= \int_{-\infty}^{y}\int_{-\infty}^{x} p(u, v)\mathrm{d}u\mathrm{d}v \\ &= \int_0^{y}\int_0^{x}\mathrm{e}^{-(u+v)}\mathrm{d}u\mathrm{d}v \\ &= (1-\mathrm{e}^{-x})(1-\mathrm{e}^{-y}); \end{aligned}$$

当 $x < 0$ 或 $y < 0$ 时，有 $p(x, y) = 0$，从而

$$F(x, y) = \int_{-\infty}^{y}\int_{-\infty}^{x} p(u, v)\mathrm{d}u\mathrm{d}v = \int_{-\infty}^{y}\int_{-\infty}^{x} 0\mathrm{d}u\mathrm{d}v = 0.$$

所以

$$F(x, y) = \begin{cases} (1-\mathrm{e}^{-x})(1-\mathrm{e}^{-y}), & x > 0, y > 0, \\ 0, & \text{其他}. \end{cases}$$

(3) $P\{0\leqslant X\leqslant 1,\ 0\leqslant Y\leqslant 1\}=\int_0^1 \mathrm{e}^{-x}\mathrm{d}x\int_0^1 \mathrm{e}^{-y}\mathrm{d}y=\left(1-\frac{1}{\mathrm{e}}\right)^2.$

2. 边缘密度函数

当二维连续型随机变量$(X, Y)$的联合密度函数$p(x, y)$已知时,可以确定$X$的密度函数,因为

$$\begin{aligned}F_X(x)=P\{X\leqslant x,\ Y<+\infty\}&=\int_{-\infty}^{+\infty}\int_{-\infty}^{x}p(u,\ v)\mathrm{d}u\mathrm{d}v\\&=\int_{-\infty}^{x}(\int_{-\infty}^{+\infty}p(u,\ v)\mathrm{d}v)\mathrm{d}u,\end{aligned}$$

所以$X$是连续型随机变量,且其密度函数为

$$p_X(x)=\int_{-\infty}^{+\infty}p(x,\ y)\mathrm{d}y. \tag{3.10}$$

同理

$$\begin{aligned}F_Y(y)=P\{X<+\infty,\ Y\leqslant y\}&=\int_{-\infty}^{y}\int_{-\infty}^{+\infty}p(u,\ v)\mathrm{d}u\mathrm{d}v\\&=\int_{-\infty}^{y}\left(\int_{-\infty}^{+\infty}p(u,\ v)\mathrm{d}u\right)\mathrm{d}v.\end{aligned}$$

可得$Y$也是连续型随机变量,且其密度函数为

$$p_Y(y)=\int_{-\infty}^{+\infty}p(x,\ y)\mathrm{d}x. \tag{3.11}$$

**定义 3.8** 设二维随机变量$(X, Y)$的联合密度函数为$p(x, y)$,则称$p_X(x)$为$(X, Y)$关于$X$的**边缘密度函数**;称$p_Y(y)$为$(X, Y)$关于$Y$的**边缘密度函数**.

**例 4** 求本节例 3 中二维随机变量$(X, Y)$的边缘分布函数与边缘密度函数.

解 由例 3(2)可得关于$X$, $Y$的边缘分布函数分别为

$$F_X(x)=\lim_{y\to+\infty}F(x,\ y)=\begin{cases}1-\mathrm{e}^{-x}, & x>0,\\0, & \text{其他};\end{cases}$$

$$F_Y(y)=\lim_{x\to+\infty}F(+\infty,\ y)=\begin{cases}1-\mathrm{e}^{-y}, & y>0,\\0, & \text{其他}.\end{cases}$$

于是,关于$X$, $Y$的边缘密度函数分别为

$$p_X(x)=F'_X(x)=\begin{cases}\mathrm{e}^{-x}, & x>0,\\0, & \text{其他};\end{cases}$$

$$p_Y(y)=F'_Y(y)=\begin{cases}e^{-y}, & y>0,\\ 0, & \text{其他}.\end{cases}$$

**例 5**　设二维随机变量$(X, Y)$的联合密度函数为

$$p(x, y)=\begin{cases}9(x-1)^2(y-1)^2, & 1\leqslant x\leqslant 2, 1\leqslant y\leqslant 2,\\ 0, & \text{其他},\end{cases}$$

求关于$X$,$Y$的边缘密度函数.

解　当$1\leqslant x\leqslant 2$,有

$$\begin{aligned}p_X(x)&=\int_{-\infty}^{+\infty}p(x, y)\mathrm{d}y\\ &=\int_1^2 9(x-1)^2(y-1)^2\mathrm{d}y\\ &=3(x-1)^2.\end{aligned}$$

当$x$取其他值时,$p_X(x)=0$. 所以,关于$X$的边缘密度函数为

$$p_X(x)=\begin{cases}3(x-1)^2, & 1\leqslant x\leqslant 2,\\ 0, & \text{其他}.\end{cases}$$

同理,可得关于$Y$的边缘密度函数为

$$p_Y(y)=\begin{cases}3(y-1)^2, & 1\leqslant y\leqslant 2,\\ 0, & \text{其他}.\end{cases}$$

3. 常用的二维连续型随机变量

(1) 二维均匀分布.

**定义 3.9**　设$G$是平面上的一个有界区域,其面积为$S_G$. 若二维随机变量$(X, Y)$的联合密度函数为

$$p(x, y)=\begin{cases}\dfrac{1}{S_G}, & (x, y)\in G,\\ 0, & \text{其他},\end{cases}\tag{3.12}$$

则称$(X, Y)$服从区域$G$上的**二维均匀分布**.

容易验证$p(x, y)$满足

$$p(x, y)\geqslant 0 \text{ 及 } \int_{-\infty}^{+\infty}\int_{-\infty}^{+\infty}p(x, y)\mathrm{d}x\mathrm{d}y=1.$$

若二维随机变量$(X, Y)$服从区域$G$上的均匀分布,且$D\subset G$,则有

$$P\{(X, Y) \in D\} = \iint_D p(x, y)\mathrm{d}x\mathrm{d}y = \iint_D \frac{1}{S_G}\mathrm{d}x\mathrm{d}y$$
$$= \frac{1}{S_G}\iint_D \mathrm{d}x\mathrm{d}y = \frac{S_D}{S_G},$$

其中 $S_D$ 是区域 $D$ 的面积. 这与第二章介绍的均匀分布相似,当随机点落在区域 $D$ 上,其概率与区域大小成正比,而与 $D$ 的位置无关.

**例 6** 设二维随机变量$(X, Y)$在矩形区域 $D=\{(x, y) \mid a \leqslant x \leqslant b, c \leqslant y \leqslant d\}$ 上服从均匀分布,求其边缘密度函数 $p_X(x)$和 $p_Y(y)$.

解 依题意,$(X, Y)$的联合密度函数为

$$p(x, y) = \begin{cases} \dfrac{1}{(b-a)(d-c)}, & (x, y) \in D, \\ 0, & \text{其他}. \end{cases}$$

当 $a \leqslant x \leqslant b$ 时,有

$$p_X(x) = \int_{-\infty}^{+\infty} p(x, y)\mathrm{d}y = \int_c^d \frac{1}{(b-a)(d-c)}\mathrm{d}y = \frac{1}{b-a};$$

当 $x$ 取其他值时, $p_X(x)=0$. 所以,关于 $X$ 的边缘密度函数为

$$p_X(x) = \begin{cases} \dfrac{1}{b-a}, & a \leqslant x \leqslant b, \\ 0, & \text{其他}. \end{cases}$$

同理,关于 $Y$ 的边缘密度函数为

$$p_Y(y) = \begin{cases} \dfrac{1}{d-c}, & c \leqslant y \leqslant d, \\ 0, & \text{其他}. \end{cases}$$

可见,$X \sim U[a, b]$, $Y \sim U[c, d]$,即二维均匀分布的两个边缘分布都是一维均匀分布.

(2) 二维正态分布.

**定义 3.10** 若二维随机变量$(X, Y)$的联合密度函数为

$$p(x, y) = \frac{1}{2\pi\sigma_1\sigma_2\sqrt{1-\rho^2}} \mathrm{e}^{-\frac{1}{2(1-\rho^2)}\left[\frac{(x-\mu_1)^2}{\sigma_1^2} - 2\rho\frac{(x-\mu_1)(y-\mu_2)}{\sigma_1\sigma_2} + \frac{(y-\mu_2)^2}{\sigma_2^2}\right]}, \tag{3.13}$$

其中,$\mu_1$, $\mu_2$, $\sigma_1^2$, $\sigma_2^2$, $\rho$ 为常数,且 $\sigma_1 > 0$, $\sigma_2 > 0$, $|\rho| < 1$, 则称$(X, Y)$服从**二维正态分布**,记为$(X, Y) \sim N(\mu_1, \mu_2, \sigma_1^2, \sigma_2^2, \rho)$.

二维正态分布的联合密度函数的图形如图 3.3 所示. 可以验证二维正态分布的联合密度函数满足

$$p(x,\ y)\geqslant 0 \text{ 及 } \int_{-\infty}^{+\infty}\int_{-\infty}^{+\infty}p(x,\ y)\mathrm{d}x\mathrm{d}y=1.$$

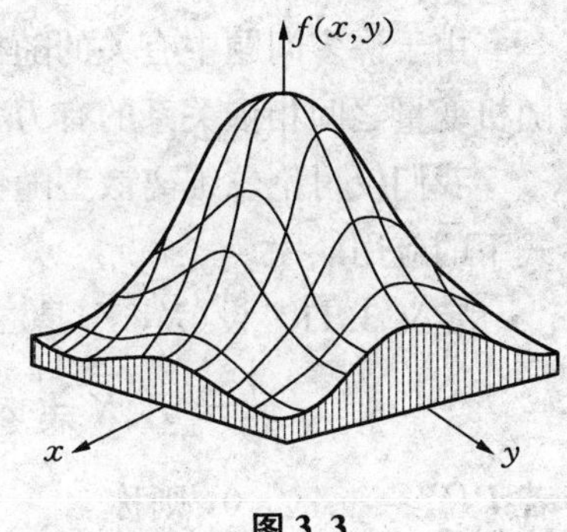


图 3.3

在二维正态分布的参数中, $\mu_1$, $\mu_2$ 为位置参数,反映分布中心位置的信息; $\sigma_1^2$, $\sigma_2^2$ 为刻度参数,反映聚散程度的信息;关于 $\rho$,在下一节,我们将会看到它反映了 $X$ 与 $Y$ 之间相关关系的信息.

**例 7** 求二维正态分布的边缘密度函数.

解　令 $u=\dfrac{x-\mu_1}{\sigma_1}$, $v=\dfrac{y-\mu_2}{\sigma_2}$, 于是

$$\begin{aligned}
p_X(x)&=\int_{-\infty}^{+\infty}p(x,\ y)\mathrm{d}y=\frac{1}{2\pi\sigma_1\sqrt{1-\rho^2}}\int_{-\infty}^{+\infty}\mathrm{e}^{-\frac{1}{2(1-\rho^2)}(u^2-2\rho uv+v^2)}\mathrm{d}v\\
&=\frac{1}{\sqrt{2\pi}\sigma_1}\int_{-\infty}^{+\infty}\frac{1}{\sqrt{2\pi(1-\rho^2)}}\mathrm{e}^{-\frac{1}{2(1-\rho^2)}[(v-\rho u)^2+(1-\rho^2)u^2]}\mathrm{d}v\\
&=\frac{1}{\sqrt{2\pi}\sigma_1}\mathrm{e}^{-\frac{u^2}{2}}\int_{-\infty}^{+\infty}\frac{1}{\sqrt{2\pi(1-\rho^2)}}\mathrm{e}^{-\frac{(v-\rho u)^2}{2(1-\rho^2)}}\mathrm{d}v\\
&=\frac{1}{\sqrt{2\pi}\sigma_1}\mathrm{e}^{-\frac{u^2}{2}}=\frac{1}{\sqrt{2\pi}\sigma_1}\mathrm{e}^{-\frac{(x-\mu_1)^2}{2\sigma_1^2}}\quad(-\infty<x<+\infty).
\end{aligned}$$

同理,可得

$$p_Y(x)=\frac{1}{\sqrt{2\pi}\sigma_2}\mathrm{e}^{-\frac{(y-\mu_2)^2}{2\sigma_2^2}}\quad(-\infty<y<+\infty).$$

可见,二维正态分布的两个边缘分布都是一维正态分布,并且与参数 $\rho$ 无关. 还可知,仅由关于 $X$ 和关于 $Y$ 的边缘分布一般不能确定 $(X,\ Y)$ 的联合分布.

## §3.2　条件分布

现将条件概率引入二维随机变量,设有二维随机变量 $(X,\ Y)$. 如果已知 $Y$

的取值,在此条件下考虑 $X$ 的概率分布问题,就是条件分布问题.显然,条件分布问题可以通过条件概率来解决.

由于许多问题中有关的随机变量往往相互影响,这使得条件分布成为研究随机变量之间相依关系的有力工具之一.

我们仅讨论二维离散型随机变量的情形,它是条件概率的概念在另一种形式下的应用.

**定义 3.11** 设$(X, Y)$是二维离散型随机变量,其联合分布律为

$$p_{ij} = P\{X = x_i, Y = y_j\} \quad (i, j = 1, 2, \cdots).$$

若 $P\{Y = y_j\} > 0$,则称

$$P\{X = x_i \mid Y = y_j\} = \frac{P\{X = x_i, Y = y_j\}}{P\{Y = y_j\}} = \frac{p_{ij}}{p_{\cdot j}} \quad (i = 1, 2, \cdots) \tag{3.14}$$

为在条件 $Y = y_j$ 下随机变量 $X$ 的**条件分布律**;若 $P\{X = x_i\} > 0$,则称

$$P\{Y = y_j \mid X = x_i\} = \frac{P\{X = x_i, Y = y_j\}}{P\{X = x_i\}} = \frac{p_{ij}}{p_{i\cdot}} \quad (j = 1, 2, \cdots) \tag{3.15}$$

为在条件 $X = x_i$ 下随机变量 $Y$ 的**条件分布律**.

由定义易知,条件分布律具有分布律的两条基本性质:

$$P\{X = x_i \mid Y = y_j\} \geqslant 0 \quad (i = 1, 2, \cdots);$$

$$\sum_{i=1}^{\infty} P\{X = x_i \mid Y = y_j\} = \sum_{i=1}^{\infty} \frac{p_{ij}}{p_{\cdot j}} = \frac{1}{p_{\cdot j}} \sum_{i=1}^{\infty} p_{ij} = \frac{p_{\cdot j}}{p_{\cdot j}} = 1.$$

同理

$$P\{Y = y_j \mid X = x_i\} \geqslant 0 \quad (j = 1, 2, \cdots);$$

$$\sum_{j=1}^{\infty} P\{Y = y_j \mid X = x_i\} = 1.$$

**例 1** 对§3.1中的例1,求出:

(1) 关于 $X$ 与 $Y$ 的边缘分布律;

(2) 在 $Y = 0$ 的条件下,$X$ 的条件分布律.

解 由§3.1中例1的结论易得

(1) 关于 $X$ 与 $Y$ 的边缘分布律分别如表3.4、表3.5所示.

表 3.4

| $X$ | 0 | 1 |
|---|---|---|
| $P$ | 84/120 | 36/120 |

表 3.5

| $Y$ | 0 | 1 | 2 |
|---|---|---|---|
| $P$ | 56/120 | 56/120 | 8/120 |

(2) 在 $Y=0$ 的条件下，有

$$P\{X=0 \mid Y=0\}=\frac{P\{X=0,\ Y=0\}}{P\{Y=0\}}=\frac{35/120}{56/120}=\frac{35}{56};$$

$$P\{X=1 \mid Y=0\}=\frac{P\{X=1,\ Y=0\}}{P\{Y=0\}}=\frac{21/120}{56/120}=\frac{21}{56}.$$

所以，在 $Y=0$ 的条件下，$X$ 的条件分布律可列成表 3.6.

表 3.6

| $X$ | 0 | 1 |
|---|---|---|
| $P(X=x_i \mid Y=0)$ | $\frac{35}{56}$ | $\frac{21}{56}$ |

**例 2**　某射手对某一目标进行射击，每次击中目标的概率为 $p\ (0<p<1)$，射击进行到第二次击中目标为止. 设 $Z_i$ 表示第 $i$ 次击中目标时所射击的次数 $(i=1,\ 2)$，求 $Z_1$ 和 $Z_2$ 的联合分布律以及它们的条件分布律.

解　事件 $\{Z_1=i,\ Z_2=j\}$ 表示第 $i$ 次及第 $j$ 次击中目标 $(1\leqslant i<j)$，而其余 $j-2$ 次都没有击中目标. 已知各次射击是相互独立的，所以

$$p_{ij}=P\{Z_1=i,\ Z_2=j\}=p^2q^{j-2},$$

其中 $q=1-p$. 边缘分布律为

$$p_{i\cdot}=P\{Z_1=i\}=\sum_{j=i+1}^{\infty}p_{ij}=pq^{i-1}\quad(i=1,\ 2,\ \cdots);$$

$$p_{\cdot j}=P\{Z_2=j\}=\sum_{i=1}^{j-1}p_{ij}=(j-1)p^2q^{j-2}\quad(j=2,\ 3,\ \cdots).$$

对于任意大于 1 的正整数 $j=2,\ 3,\ \cdots$，有 $p_{\cdot j}>0$，因此关于 $Z_1$ 的条件分布律为

$$P\{Z_1=i\mid Z_2=j\}=\frac{p_{ij}}{p_{\cdot j}}=\frac{p^2q^{j-2}}{(j-1)p^2q^{j-2}}$$
$$=\frac{1}{j-1}\quad(i=1,2,\cdots,j-1).$$

同样,可得关于 $Z_2$ 的条件分布律为

$$P\{Z_2=j\mid Z_1=i\}=\frac{p_{ij}}{p_{i\cdot}}=\frac{p^2q^{j-2}}{pq^{i-1}}$$
$$=pq^{j-i-1}\quad(j=i+1,i+2,\cdots).$$

## §3.3　随机变量的独立性

在第一章中,已经介绍了随机事件的独立性.而引入随机变量用以刻画随机事件后,自然地,我们可将事件独立的概念推广到随机变量的情形.

**定义 3.12**　设 $F(x, y)$ 为二维随机变量 $(X, Y)$ 联合分布函数, $F_X(x)$, $F_Y(y)$ 分别为 $(X, Y)$ 的边缘分布函数.若对任意实数 $x$, $y$ 均有

$$F(x,y)=F_X(x)\cdot F_Y(y),\tag{3.16}$$

则称随机变量 $X$ 与 $Y$ **相互独立**.

对不同类型的随机变量,我们有如下关于随机变量相互独立的充要条件.

若 $(X, Y)$ 为二维离散型随机变量,则 $X$ 与 $Y$ 相互独立的充要条件是联合分布律等于边缘分布律的乘积,即

$$p_{ij}=p_{i\cdot}\cdot p_{\cdot j}\quad(i,j=1,2,\cdots);\tag{3.17}$$

若 $(X, Y)$ 为二维连续型随机变量,则 $X$ 与 $Y$ 相互独立的充要条件是联合密度函数等于边缘密度函数的乘积,即对任意实数 $x$, $y$,有

$$p(x,y)=p_X(x)\cdot p_Y(y).\tag{3.18}$$

有时候,通过概率分布来判断随机变量之间的相互独立性是非常困难的.在实际应用中,如果一个随机变量的取值对另一个随机变量的取值没有影响,就可以认为这两个随机变量是相互独立的.

**例 1**　试讨论 §3.1 的例 1 中随机变量 $X$ 与 $Y$ 的独立性.

解　由 §3.1 的例 1 知:

$$P\{X=0\}=84/120,$$
$$P\{Y=0\}=56/120,$$
$$P\{X=0,Y=0\}=35/120.$$

显然，有

$$P\{X=0,Y=0\}\neq P\{X=0\}P\{Y=0\},$$

所以 $X$ 与 $Y$ 不独立，这与直观解释相一致.

**例 2** 设二维随机变量 $(X,Y)$ 的联合分布律及边缘分布律如表 3.7 所示，问：$X$ 与 $Y$ 是否独立？

表 3.7

| $X \backslash Y$ | 1 | 2 | $p_{i\cdot}$ |
|---|---|---|---|
| 0 | 1/6 | 1/6 | 1/3 |
| 1 | 2/6 | 2/6 | 2/3 |
| $p_{\cdot j}$ | 1/2 | 1/2 | 1 |

解　因为

$$p_{11}=\frac{1}{6}=p_{1\cdot}p_{\cdot 1}=\frac{1}{3}\cdot\frac{1}{2},$$

$$p_{12}=\frac{1}{6}=p_{1\cdot}p_{\cdot 2}=\frac{1}{3}\cdot\frac{1}{2},$$

$$p_{21}=\frac{1}{3}=p_{2\cdot}p_{\cdot 1}=\frac{2}{3}\cdot\frac{1}{2},$$

$$p_{22}=\frac{1}{3}=p_{2\cdot}p_{\cdot 2}=\frac{2}{3}\cdot\frac{1}{2},$$

所以，$X$ 与 $Y$ 相互独立.

**例 3** 试讨论§3.1 例 6 中随机变量 $X$ 与 $Y$ 的独立性.

解　由§3.1 中的例 6 知，$(X,Y)$ 的联合密度函数等于边缘密度函数的乘积，所以 $X$ 与 $Y$ 相互独立.

**例 4** 设二维随机变量 $(X,Y)$ 服从二元正态分布 $N(\mu_1,\mu_2,\sigma_1^2,\sigma_2^2,\rho)$，则 $X$ 与 $Y$ 相互独立的充要条件是 $\rho=0$.

证明(充分性)　若 $\rho=0$，由定义 3.10 可知

$$\begin{aligned}p(x,y)&=\frac{1}{2\pi\sigma_1\sigma_2}\mathrm{e}^{-\frac{1}{2}\left[\frac{(x-\mu_1)^2}{\sigma_1^2}+\frac{(y-\mu_2)^2}{\sigma_2^2}\right]}\\&=p_X(x)\cdot p_Y(y),\end{aligned}$$

从而 $X$ 与 $Y$ 相互独立.

(必要性) 若 $X$ 与 $Y$ 相互独立,则对任意的实数 $x, y$,有

$$p(x, y) = p_X(x) \cdot p_Y(y).$$

特别地,令 $x = \mu_1, y = \mu_2$,则有 $p(\mu_1, \mu_2) = p_X(\mu_1) \cdot p_Y(\mu_2)$,即

$$\frac{1}{2\pi\sigma_1\sigma_2\sqrt{1-\rho^2}} = \frac{1}{\sqrt{2\pi}\sigma_1} \cdot \frac{1}{\sqrt{2\pi}\sigma_2}.$$

所以 $\sqrt{1-\rho^2} = 1$,得 $\rho = 0$.

我们在§3.1中曾经指出,仅由随机变量 $X$ 与 $Y$ 的边缘分布不能确定二维随机变量 $(X, Y)$ 的联合分布.但是,当 $X$ 与 $Y$ 相互独立时,边缘分布函数的乘积就是 $(X, Y)$ 的联合分布函数.也就是说,在独立性的假定之下,边缘分布完全确定联合分布.

## 数学家简介

### 雅各布·贝努里

雅各布·贝努里(Jacob Bernoulli, 1654—1705)1654年12月出生于瑞士巴塞尔的一个商人世家.他的祖父是荷兰阿姆斯特丹的一位药商,1622年移居巴塞尔.他的父亲接过兴隆的药材生意,并成了市议会的一名成员和地方行政官.他的母亲是市议员兼银行家的女儿.雅各布在1684年与一位富商的女儿结婚,他的儿子尼古拉·伯努里是位艺术家,且担任巴塞尔市议会的议员和艺术行会会长.

雅各布毕业于巴塞尔大学,1671年获艺术硕士学位.这里的艺术是指"自由艺术",它包括算术、几何、天文学、数理音乐的基础,以及文法、修辞和雄辩术等7大门类.遵照他父亲的愿望,他又于1676年取得神学硕士学位.同时他对数学有着浓厚的兴趣,但是他在数学上的兴趣遭到父亲的反对,他违背父亲的意愿,自学了数学和天文学.

1676年,他到日内瓦做家庭教师.从1677年起,他开始在这里写内容丰富的《沉思录》.1678年雅各布进行了他第一次学习旅行,他到过法国、荷兰、英国和德国,与数学家们建立了广泛的通信联系.然后他又在法国度过了两年的时光,这期间他开始研究数学问题.起初他还不知道牛顿和莱布尼茨的工作,他首先熟悉了笛卡儿及其追随者的方法论科学观,并学习了笛卡儿的《几何学》、沃里斯的《无穷的算术》以及巴罗的《几何学讲义》.后来他逐渐熟悉了莱布尼茨的工

作. 1681—1682 年间，他进行了第二次学习旅行，接触了许多数学家和科学家，如许德、玻义耳、胡克及惠更斯等. 通过访问和阅读文献，丰富了他的知识，拓宽了个人的兴趣. 这次旅行，他在科学上的直接收获就是发表了还不够完备的有关彗星的理论(1682 年)以及受到人们高度评价的重力理论(1683 年). 回到巴塞尔后，从 1683 年起，雅各布做了一些关于液体和固体力学的实验讲演，为《博学杂志》和《教师学报》写了一些有关科技问题的文章，并且也继续撰写数学著作. 1687 年，雅各布在《教师学报》上发表了他的"用两条相互垂直的直线将三角形的面积四等分的方法"，这些成果被推广运用后，又被作为斯霍滕编辑的《几何学》的附录发表.

1684 年之后，雅各布转向诡辩逻辑的研究. 1685 年出版了他最早的关于概率论的文章. 由于受到沃里斯以及巴罗的涉及数学、光学、天文学的那些资料的影响，他又转向了微分几何学. 在这同时，他的弟弟约翰·贝努里一直跟其学习数学. 1687 年雅各布成为巴塞尔大学的数学教授，直到 1705 年去世. 在这段时间，他一直与莱布尼茨保持着通信联系.

1699 年，雅各布被选为巴黎科学院的国外院士，1701 年被柏林科学协会接受为会员. 雅各布·贝努里是在 17—18 世纪期间，欧洲大陆在数学方面做出特殊贡献的贝努里家族的重要成员之一. 他在数学上的贡献涉及微积分、解析几何、概率论以及变分法等领域.

雅各布·贝努里一生最有创造力的著作就是 1713 年出版的《猜度术》，在这部著作中，他提出了概率论中的"贝努里定理"，该定理是"大数定律"的最早形式，由于"大数定律"的极端重要性，1913 年 12 月彼得堡科学院曾举行庆祝大会，纪念"大数定律"诞生 200 周年.

## 习　题　三

### (A)

1. 设二维随机变量$(X, Y)$的联合分布函数为

$$F(x, y)=\frac{1}{\pi^2}\left(A+\arctan\frac{x}{2}\right)\left(B+\arctan\frac{y}{3}\right),$$

试求：

(1) 常数 $A, B$；

(2) $P\{X\leqslant 2, Y\leqslant 3\}$；

(3) 边缘分布函数.

2. 试讨论：二元函数

$$F(x, y)=\begin{cases}1, & x+y \geqslant 0, \\ 0, & x+y<0\end{cases}$$

是否可以作为某二维随机变量的联合分布函数.

3. 试证明：$P\{X \leqslant x, c<Y \leqslant d\}=F(x, d)-F(x, c)$.

4. 设二维随机变量$(X, Y)$的联合分布律如表 3.8 所示. 求其边缘分布律.

**表 3.8**

| $X$ \ $Y$ | 0 | 1 |
|---|---|---|
| 0 | 0.1 | 0.2 |
| 1 | 0.3 | 0.4 |

5. 袋中装有 2 个红球，3 个白球和 4 个黑球. 从中任取 3 个，设 $X, Y$ 分别为取出的红球数和白球数，求二维随机变量$(X, Y)$的联合分布律及边缘分布律.

6. 设$(X, Y)$的所有可能取值为$(0, 2)$，$(1.5, 1)$，$(1.5, 2)$，$(2, -1)$，且取这 4 个值的概率依次为 $1/2$，$1/4$，$1/8$，$1/8$，求$(X, Y)$的联合分布律.

7. 设某班车起点站上车人数 $X$ 服从参数为 $\lambda$ 的普阿松分布，每位乘客在中途下车的概率为 $p\ (0<p<1)$，且各乘客中途下车与否相互独立，用 $Y$ 表示在中途下车的人数，试求$(X, Y)$的联合分布律.

8. 设二维随机变量$(X, Y)$的联合密度函数为

$$p(x, y)=\begin{cases}\mathrm{e}^{-y}, & 0<x<y, \\ 0, & \text{其他}.\end{cases}$$

求：

(1) 边缘密度函数；

(2) $P\{X>2 \mid Y<4\}$.

9. 设二维随机变量$(X, Y)$的联合密度函数为

$$p(x, y)=\begin{cases}x^{2}+\dfrac{1}{3} x y, & 0 \leqslant x \leqslant 1,\ 0 \leqslant y \leqslant 2, \\ 0, & \text{其他}.\end{cases}$$

求边缘密度函数.

10. 设二维随机变量$(X, Y)$的联合密度函数为

$$p(x, y)=\begin{cases}c x y^{2}, & 0<x<2,\ 0<y<1, \\ 0, & \text{其他}.\end{cases}$$

求：

(1) 常数 $c$；

(2) 联合分布函数.

11. 设二维随机变量$(X, Y)$的分布函数为

$$F(x, y)=\frac{1}{\pi^2}\left(\frac{\pi}{2}+\arctan\frac{x}{2}\right)\left(\frac{\pi}{2}+\arctan y\right),$$

求：

(1) 联合密度函数；

(2) 边缘密度函数；

(3) $P\{0<X<2, 0<Y<1\}$.

12. 设二维随机变量$(X, Y)$服从区域 $G$ 上的均匀分布，其中 $G$ 是由 $y=x$ 与 $x=1$ 及 $y=0$ 所围成的区域. 试求：

(1) 边缘密度函数；

(2) $P\left\{0<X<\frac{1}{2}, 0<Y<\frac{1}{2}\right\}$.

13. 设 $X$ 与 $Y$ 的联合分布律及边际分布律如表 3.9 所示，求其条件分布律.

**表 3.9**

| $X$ \ $Y$ | 0 | 1 | $p_{i\cdot}$ |
|---|---|---|---|
| 0 | 1/6 | 1/12 | 1/4 |
| 1 | 1/3 | 5/12 | 3/4 |
| $p_{\cdot j}$ | 1/2 | 1/2 | 1 |

14. 设二维随机变量的联合分布律如表 3.10 所示. 问：当 $\alpha$, $\beta$ 为何值时，$X$ 与 $Y$ 独立？

**表 3.10**

| $X$ \ $Y$ | 1 | 2 | 3 |
|---|---|---|---|
| 0 | 1/6 | 1/9 | 1/18 |
| 1 | 1/3 | $\alpha$ | $\beta$ |

15. 一个口袋中有标号为 1，2，3，4 的 4 个球. 现从中做不放回抽取两次，每次任取一球. 以 $X$，$Y$ 分别记第一、第二次取得球上标有的数字，求：

(1) $(X, Y)$的联合分布律及边缘分布律；

(2) $X$ 与 $Y$ 是否独立？

(3) $P\{X=Y\}$.

16. 已知二维随机变量$(X, Y)$的联合密度函数为

$$p(x, y)=\begin{cases}\dfrac{1}{x^2}\mathrm{e}^{-y+1}, & x>1, y>1,\\ 0, & \text{其他}.\end{cases}$$

试判断 $X$ 与 $Y$ 是否独立.

17. 已知二维随机变量$(X, Y)$的联合密度函数为

$$p(x, y)=\begin{cases}8xy, & 0<x<y<1,\\ 0, & \text{其他}.\end{cases}$$

试判断 $X$ 与 $Y$ 是否独立.

18. 设 $X$ 和 $Y$ 是两个相互独立的随机变量,且 $X$ 服从区间$[0, 1]$上的均匀分布,$Y$ 服从参数为 0.5 的指数分布,求$(X, Y)$的联合密度函数.

19. 试写出下列二维正态分布中的 5 个参数:

(1) $p(x, y)=\dfrac{1}{\pi}\mathrm{e}^{-(x^2-2xy+2y^2)}$;

(2) $p(x, y)=\dfrac{1}{\sqrt{3}\,\pi}\mathrm{e}^{-\frac{2}{3}[x^2-x(y-5)+(y-5)^2]}$.

**(B)**

1. 将一颗骰子连续掷两次,设 $X$ 表示第一次得到的点数,$Y$ 表示两次得点数中的最大值,试求:

(1) $(X, Y)$的联合分布律及边缘分布律;

(2) $P\{X=Y\}$.

2. 袋中有 2 个白球和 3 个黑球,现从中无放回地依次摸出两个球. 设 $X$,$Y$ 为两个随机变量:

$$X=\begin{cases}1, & \text{若第一次摸出白球},\\ 0, & \text{若第一次摸出黑球};\end{cases}$$

$$Y=\begin{cases}1, & \text{若第二次摸出白球},\\ 0, & \text{若第二次摸出黑球}.\end{cases}$$

求$(X, Y)$的联合分布律及边缘分布律.

3. 掷 3 枚均匀硬币,以 $X$ 表示出现正面的硬币数,$Y$ 表示出现正面硬币数与出现反面硬币数之差的绝对值,求$(X, Y)$的联合分布律及边缘分布律.

4. 已知二维随机变量$(X, Y)$的联合分布律如表 3.11 所示. 试求:

表 3.11

| X \ Y | 1 | 2 | 3 |
|---|---|---|---|
| 1 | 1/6 | 1/9 | 1/18 |
| 2 | 1/3 | $1/a$ | $1/b$ |

(1) 当 $a$, $b$ 为何值时,$X$ 与 $Y$ 独立?

(2) 在 $Y=1$ 条件下 $X$ 的条件分布律.

5. 甲、乙两人约定在 0 到 $T$ 时段内在某处见面,约定先到者等待 $t$ $(t\leqslant T)$ 时后离开,求他们两人能够见面的概率.

6. 设二维随机变量$(X, Y)$的联合密度函数为

$$p(x, y)=\frac{C}{(1+x^2)(1+y^2)}.$$

求:

(1) 常数 $C$;

(2) $P\{0<X<1, 0<Y<1\}$;

(3) 边缘密度函数;

(4) $X$ 与 $Y$ 是否独立?

7. 某电子仪器由两个部件组成,记 $X$ 与 $Y$ 分别为这两个部件的寿命(单位:千小时).若$(X, Y)$的联合分布函数为

$$F(x, y)=\begin{cases}1-\mathrm{e}^{-\frac{x}{2}}-\mathrm{e}^{-\frac{y}{2}}+\mathrm{e}^{-\frac{x+y}{2}}, & x>0, y>0,\\ 0, & \text{其他}.\end{cases}$$

试证明 $X$ 与 $Y$ 独立.

8. 已知二维正态随机变量$(X, Y)$的联合密度为

$$p(x, y)=A\cdot\mathrm{e}^{-[(x+5)^2+8(x+5)(y-3)+25(y-3)^2]}.$$

求:

(1) 常数 $A$;

(2) 参数 $\mu_1$, $\mu_2$, $\sigma_1^2$, $\sigma_2^2$, $\rho$;

(3) $X$, $Y$ 的分布.

9. 二维随机变量$(T_1, T_2)$的联合密度为

$$p(t_1, t_2)=t_2\mathrm{e}^{-t_1}\mathrm{e}^{-t_2}, \quad t_1, t_2>0,$$

求概率 $P(T_2>T_1)$.

# 第四章 随机变量的数字特征

随机变量的分布函数能够完整地描述随机变量的统计规律.但是要确定随机变量的分布函数并不容易,况且在实际问题中,有时并不需要全面地考察随机变量的统计特征,而只要知道随机变量的一些重要的综合指标,即随机变量的数字特征就可以了.本章主要介绍常用的数字特征:数学期望、方差、协方差和相关系数.这些数字特征在理论和实践中都具有十分重要的意义.

## §4.1 数学期望

### 一、离散型随机变量的数学期望

先观察一个实际问题.

**例1** 某服装公司生产两种套装,一种是大众装,每套价格 200 元,每月生产 10 000 套,另一种是高档装,每套价格 1 800 元,每月生产 100 套,求该公司生产的套装平均价格.

解 服装的套数与售价可用表 4.1 表示.

**表 4.1**

| 售价 $X$(元) | 200 | 1 800 |
|---|---|---|
| 套数 $n$ | 10 000 | 100 |
| 频率 $f$ | $\frac{100}{101}$ | $\frac{1}{101}$ |

该公司生产的套装的平均每套售价为

$$\bar{X}=\frac{1}{10\,100}(200\times 10\,000+1\,800\times 100)$$

$$=200\cdot\frac{10\,000}{10\,100}+1\,800\cdot\frac{100}{10\,100}$$

$$= 200 \cdot \frac{100}{101} + 1\,800 \cdot \frac{1}{101}$$
$$= 216(\text{元}).$$

由此可见,售价的平均值,并不是两种售价的简单平均,而是售价 $X$ 的可能取值与其频率乘积之和,即是以频率为权重的加权平均.

由频率的稳定性,用概率代替频率,此时反映了随机变量 $X$ 取值的平均值.于是有如下定义.

**定义 4.1**　设随机变量 $X$ 的分布律为

$$P\{X = x_i\} = p_i \quad (i = 1, 2, \cdots),$$

若级数 $\sum_{i=1}^{\infty} x_i p_i$ 绝对收敛,则称 $\sum_{i=1}^{\infty} x_i p_i$ 的和为随机变量 $X$ 的**数学期望**,简称**期望或均值**.记为 $EX$,即

$$EX = \sum_{i=1}^{\infty} x_i p_i. \tag{4.1}$$

**例 2**　若随机变量 $X$ 服从 0-1 分布,求 $EX$.

解　$EX = 0 \times (1 - p) + 1 \times p = p$.

**例 3**　设随机变量 $X$ 服从参数为 $\lambda$ 的普阿松分布,求 $EX$.

解　$$EX = \sum_{k=0}^{\infty} kP\{X = k\} = \sum_{k=0}^{\infty} k \cdot \frac{\lambda^k}{k!} \mathrm{e}^{-\lambda}$$
$$= \lambda \mathrm{e}^{-\lambda} \sum_{k=1}^{\infty} \frac{\lambda^{k-1}}{(k-1)!} = \lambda \mathrm{e}^{-\lambda} \cdot \mathrm{e}^{\lambda}$$
$$= \lambda.$$

**例 4**　甲乙两工人每天生产出相同数量同种类型的产品,用 $X_1$, $X_2$ 分别表示甲乙两人某天生产的次品数,其分布律分别如表 4.2、表 4.3 所示.试比较他们的技术水平的高低.

**表 4.2**

| $X_1$ | 0 | 1 | 2 | 3 |
|---|---|---|---|---|
| $P$ | 0.3 | 0.3 | 0.2 | 0.2 |

**表 4.3**

| $X_2$ | 0 | 1 | 2 | 3 |
|---|---|---|---|---|
| $P$ | 0.2 | 0.5 | 0.3 | 0 |

解　$X_1$ 和 $X_2$ 的数学期望分别为

$$EX_1 = 0\times 0.3 + 1\times 0.3 + 2\times 0.2 + 3\times 0.2 = 1.3;$$

$$EX_2 = 0\times 0.2 + 1\times 0.5 + 2\times 0.3 + 3\times 0 = 1.1.$$

这说明平均一天甲工人生产出 1.3 件次品,乙则生产出 1.1 件次品,所以甲的技术水平比乙低.

**例 5**　一批零件中有 9 件合格品和 3 件废品,安装机器时,从这批零件中任取一件.如果取出的废品不再放回去,求在取得合格品以前已取出的废品数的数学期望.

解　以 $X$ 表示取得合格品以前取出的废品数,则 $X$ 所有可能取值为 0,1,2,3.于是

$$P\{X=0\} = \frac{9}{12} = \frac{3}{4},$$

$$P\{X=1\} = \frac{3}{12}\cdot\frac{9}{11} = \frac{9}{44},$$

$$P\{X=2\} = \frac{3}{12}\cdot\frac{2}{11}\cdot\frac{9}{10} = \frac{9}{220},$$

$$P\{X=3\} = \frac{3}{12}\cdot\frac{2}{11}\cdot\frac{1}{10}\cdot\frac{9}{9} = \frac{1}{220},$$

则 $X$ 的分布律如表 4.4 所示.那么

$$EX = 0\times\frac{3}{4} + 1\times\frac{9}{44} + 2\times\frac{9}{220} + 3\times\frac{1}{220} = \frac{3}{10}.$$

**表 4.4**

| $X$ | 0 | 1 | 2 | 3 |
|---|---|---|---|---|
| $P$ | $\frac{3}{4}$ | $\frac{9}{44}$ | $\frac{9}{220}$ | $\frac{1}{220}$ |

## 二、连续型随机变量的数学期望

**定义 4.2**　设连续型随机变量 $X$ 的密度函数为 $p(x)$,若积分 $\int_{-\infty}^{+\infty} xp(x)\mathrm{d}x$ 绝对收敛,则称积分 $\int_{-\infty}^{+\infty} xp(x)\mathrm{d}x$ 值为随机变量 $X$ 的**数学期望**,记为 $EX$,即

$$EX = \int_{-\infty}^{+\infty} xp(x)\mathrm{d}x. \tag{4.2}$$

**例 6**　设随机变量 $X$ 服从 $[a, b]$ 上的均匀分布，即 $X \sim U[a, b]$，求 $EX$.

解　$EX = \int_{-\infty}^{+\infty} xp(x)\mathrm{d}x = \int_a^b \frac{x}{b-a}\mathrm{d}x = \frac{a+b}{2}$,

即数学期望位于 $[a, b]$ 的中点.

**例 7**　设随机变量 $X$ 服从参数为 $\lambda$ 的指数分布，即 $X \sim E(\lambda)$，求 $EX$.

解
$$\begin{aligned} EX &= \int_{-\infty}^{+\infty} xp(x)\mathrm{d}x = \int_0^{+\infty} x \cdot \lambda \mathrm{e}^{-\lambda x}\mathrm{d}x \\ &= -\int_0^{+\infty} x\mathrm{d}\mathrm{e}^{-\lambda x} = -x\mathrm{e}^{-\lambda x}\Big|_0^{+\infty} + \int_0^{+\infty} \mathrm{e}^{-\lambda x}\mathrm{d}x \\ &= -\frac{\mathrm{e}^{-\lambda x}}{\lambda}\Big|_0^{+\infty} = \frac{1}{\lambda}. \end{aligned}$$

**例 8**　设 $X \sim N(\mu, \sigma^2)$，求 $EX$.

解
$$\begin{aligned} EX &= \int_{-\infty}^{+\infty} x \cdot \frac{1}{\sqrt{2\pi}\sigma}\mathrm{e}^{-\frac{(x-\mu)2}{2\sigma^2}}\mathrm{d}x \overset{令 t=\frac{x-\mu}{\sigma}}{=} \int_{-\infty}^{+\infty} \frac{\mu+\sigma t}{\sqrt{2\pi}}\mathrm{e}^{-\frac{t^2}{2}}\mathrm{d}t \\ &= \mu\int_{-\infty}^{+\infty} \frac{1}{\sqrt{2\pi}}\mathrm{e}^{-\frac{t^2}{2}}\mathrm{d}t + \sigma\int_{-\infty}^{+\infty} t\frac{1}{\sqrt{2\pi}}\mathrm{e}^{-\frac{t^2}{2}}\mathrm{d}t \\ &= \mu. \end{aligned}$$

**例 9**　设某型号电子管的寿命 $X$ 服从指数分布，其平均寿命为 1 000 小时，计算 $P\{1\,000 < X \leqslant 1\,200\}$.

解　由题意 $X \sim E(\lambda)$，$EX = \frac{1}{\lambda} = 1\,000$，则 $\lambda = \frac{1}{1\,000}$，得到 $X$ 的密度函数为

$$p(x) = \begin{cases} \frac{1}{1\,000}\mathrm{e}^{-\frac{x}{1\,000}}, & x > 0, \\ 0, & x \leqslant 0. \end{cases}$$

于是

$$\begin{aligned} P\{1\,000 < X \leqslant 1\,200\} &= \int_{1\,000}^{1\,200} p(x)\mathrm{d}x = \int_{1\,000}^{1\,200} \frac{1}{1\,000}\mathrm{e}^{-\frac{x}{1\,000}}\mathrm{d}x \\ &= \mathrm{e}^{-1} - \mathrm{e}^{-1.2} = 0.066\,7. \end{aligned}$$

## 三、随机变量函数的数学期望

既然随机变量的函数仍是一个随机变量，我们也要对它的数学期望进行研究. 但在实际问题中，求已知随机变量的函数的分布较复杂，下述定理给出了由已知随机变量的分布求其函数的数学期望的方法，而无须求出随机变量函数的

分布.

**定理 4.1** 设 $X$ 是随机变量，$Y=g(X)$ 是 $X$ 的函数.

(1) 若 $X$ 是离散型随机变量，其分布律为 $P\{X=x_i\}=p_i\ (i=1,2,\cdots)$，则当 $\sum_{i=1}^{\infty}g(x_i)p_i$ 绝对收敛时，随机变量 $Y$ 的数学期望为

$$EY=Eg(X)=\sum_{i=1}^{\infty}g(x_i)p_i; \tag{4.3}$$

(2) 若 $X$ 是连续型随机变量，其密度函数为 $p(x)$，则当 $\int_{-\infty}^{+\infty}g(x)p(x)\mathrm{d}x$ 绝对收敛时，随机变量 $Y$ 的数学期望为

$$EY=Eg(X)=\int_{-\infty}^{+\infty}g(x)p(x)\mathrm{d}x. \tag{4.4}$$

**例 10** 设随机变量 $X$ 的分布律如表 4.5 所示. 求随机变量 $Y=X^2$ 的数学期望.

**表 4.5**

| $X$ | $-2$ | $-1$ | 0 | 1 | 2 | 3 |
|---|---|---|---|---|---|---|
| $P$ | 0.10 | 0.20 | 0.25 | 0.20 | 0.15 | 0.10 |

解 由(4.3)式得

$$\begin{aligned}EY=&(-2)^2\times0.10+(-1)^2\times0.20+0^2\times0.25+1^2\times0.20\\&+2^2\times0.15+3^2\times0.10=2.30.\end{aligned}$$

**例 11** 设随机变量 $X\sim P(\lambda)$，试求 $X^2$ 的数学期望 $EX^2$.

解 由(4.3)式得

$$\begin{aligned}EX^2&=\sum_{k=0}^{\infty}k^2\cdot P\{X=k\}=\sum_{k=0}^{\infty}k^2\cdot\frac{\lambda^k}{k!}\mathrm{e}^{-\lambda}\\&=\sum_{k=1}^{\infty}k\cdot\frac{\lambda^k}{(k-1)!}\mathrm{e}^{-\lambda}=\sum_{k=1}^{\infty}\frac{[(k-1)+1]\lambda^k}{(k-1)!}\mathrm{e}^{-\lambda}\\&=\lambda\left[\sum_{k=1}^{\infty}(k-1)\cdot\frac{\lambda^{k-1}}{(k-1)!}\mathrm{e}^{-\lambda}+\sum_{k=1}^{\infty}\frac{\lambda^{k-1}}{(k-1)!}\mathrm{e}^{-\lambda}\right]\\&=\lambda(\lambda+1).\end{aligned}$$

**例 12** 设随机变量 $X\sim E(1)$，求：

(1) $Y = 2X$ 的数学期望；

(2) $Z = \mathrm{e}^{-2X}$ 的数学期望.

解　由(4.4)式得

$$(1)\ EY = \int_0^{+\infty} 2x \cdot p(x)\mathrm{d}x = \int_0^{+\infty} 2x \cdot \mathrm{e}^{-x}\mathrm{d}x = 2;$$

$$(2)\ EZ = \int_0^{+\infty} \mathrm{e}^{-2x} \cdot p(x)\mathrm{d}x = \int_0^{+\infty} \mathrm{e}^{-2x} \cdot \mathrm{e}^{-x}\mathrm{d}x = \int_0^{+\infty} \mathrm{e}^{-3x}\mathrm{d}x = \frac{1}{3}.$$

**例 13**　设随机变量 $X \sim U[0, \pi]$，求随机变量 $Y = \sin X$ 的数学期望.

解　由(4.4)式得

$$EY = \int_0^{\pi} \sin x \cdot p_X(x)\mathrm{d}x = \int_0^{\pi} \sin x \cdot \frac{1}{\pi}\mathrm{d}x = \frac{2}{\pi}.$$

**例 14**　设在国际市场上每年对我国某种出口商品的需求量是随机变量 $X$（单位:吨），它在$[2\,000, 4\,000]$上服从均匀分布. 又设每售出这种商品 1 吨，可为企业挣得外汇 3 万元，但假如销售不出而囤积于仓库，则每吨需保养费 1 万元，问:需要组织多少货源，才能使企业收益最大？

解　设需要组织的货源为 $a$ 吨，则 $a \in [2\,000, 4\,000]$（$X$ 在$[2\,000, 4\,000]$上服从均匀分布）. 用 $Y$ 表示企业的收益（单位:万元），则由题设可得

$$Y = g(X) = \begin{cases} 3a, & X \geqslant a \\ 3X-(a-X), & X < a \end{cases}$$

$$= \begin{cases} 3a, & X \geqslant a, \\ 4X-a, & X < a. \end{cases}$$

由于

$$EY = \int_{-\infty}^{+\infty} g(x)p_X(x)\mathrm{d}x$$

$$= \int_{2\,000}^{a} (4x-a)\frac{1}{2\,000}\mathrm{d}x + \int_a^{4\,000} 3a\frac{1}{2\,000}\mathrm{d}x$$

$$= -\frac{1}{1\,000}[a^2 - 7\,000a + 4 \times 10^6],$$

因此，对 $EY$ 求导，得

$$(EY)' = -\frac{1}{1\,000}[2a - 7\,000] = 0.$$

于是 $a = 3\,500$. 故当 $a = 3\,500$ 时，$EY$ 达到最大值 8 250. 因此组织 3 500 吨此种

商品是最佳的决策.

**定理 4.2** 设$(X, Y)$是二维随机变量，$Z=g(X, Y)$是$(X, Y)$的函数.

(1) 若$(X, Y)$为离散型随机变量，其联合分布律为

$$P\{X=x_i, Y=y_j\}=p_{ij} \quad (i=1, 2, \cdots; j=1, 2, \cdots),$$

则当 $\sum_{i=1}^{\infty}\sum_{j=1}^{\infty} g(x_i, y_i)p_{ij}$ 绝对收敛时，随机变量 $Z$ 的数学期望为

$$EZ=E(g(X, Y))=\sum_{i=1}^{\infty}\sum_{j=1}^{\infty} g(x_i, y_i)p_{ij}; \tag{4.5}$$

(2) 若$(X, Y)$为连续型随机变量，其联合密度函数为 $p(x, y)$，则当 $\int_{-\infty}^{+\infty}\int_{-\infty}^{+\infty} g(x, y)p(x, y)\mathrm{d}x\mathrm{d}y$ 绝对收敛时，随机变量 $Z$ 的数学期望为

$$EZ=E(g(X, Y))=\int_{-\infty}^{+\infty}\int_{-\infty}^{+\infty} g(x, y)p(x, y)\mathrm{d}x\mathrm{d}y. \tag{4.6}$$

**例 15** 设二维离散型随机变量$(X, Y)$的联合分布律如表 4.6 所示. 求 $Z=X^2+Y$ 的数学期望.

**表 4.6**

| X \ Y | 1 | 2 |
|---|---|---|
| 1 | $\frac{1}{8}$ | $\frac{1}{4}$ |
| 2 | $\frac{1}{2}$ | $\frac{1}{8}$ |

解　由(4.5)式得

$$EZ=(1^2+1)\times\frac{1}{8}+(1^2+2)\times\frac{1}{4}+(2^2+1)\times\frac{1}{2}+(2^2+2)\times\frac{1}{8}=\frac{17}{4}.$$

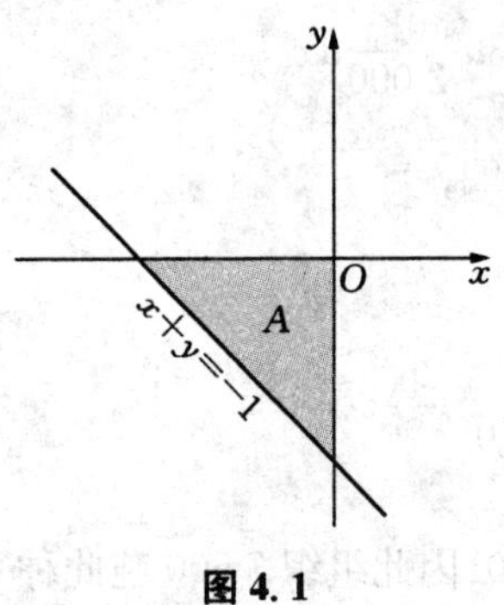

**图 4.1**

**例 16** 设二维随机变量$(X, Y)$在区域 $A$ 上服从均匀分布，其中 $A$ 为 $x$ 轴、$y$ 轴和直线 $x+y+1=0$ 所围成的区域(如图 4.1 所示). 求 $E(-3X+2Y)$ 和 $E(XY)$.

解　由于区域面积 $S_A=\frac{1}{2}$，则二维随机变量$(X, Y)$的联合密度函数为

$$p(x, y)=\begin{cases}2, & (x, y)\in A,\\ 0, & \text{其他}.\end{cases}$$

由(4.6)式得

$$E(-3X+2Y)=\int_{-1}^{0}\mathrm{d}x\int_{-1-x}^{0}(-3x+2y)\cdot 2\mathrm{d}y=\frac{1}{3};$$

$$E(XY)=\int_{-1}^{0}\mathrm{d}x\int_{-1-x}^{0}xy\cdot 2\mathrm{d}y=\frac{1}{12}.$$

**例 17** 设随机变量 $X$ 与 $Y$ 相互独立,密度函数分别是

$$p_X(x)=\begin{cases}\mathrm{e}^{-x}, & x>0,\\ 0, & x\leqslant 0;\end{cases}\quad p_Y(y)=\begin{cases}\mathrm{e}^{-y}, & y>0,\\ 0, & y\leqslant 0.\end{cases}$$

求随机变量 $Z=X+Y$ 的数学期望.

解　因为 $X$ 与 $Y$ 相互独立,则二维随机变量$(X, Y)$的联合密度函数为

$$p(x, y)=p_X(x)\cdot p_Y(y)=\begin{cases}\mathrm{e}^{-x-y}, & x>0,\ y>0,\\ 0, & \text{其他}.\end{cases}$$

由(4.6)式得

$$\begin{aligned}EZ&=\int_{0}^{+\infty}\int_{0}^{+\infty}(x+y)\mathrm{e}^{-x-y}\mathrm{d}x\mathrm{d}y\\&=\int_{0}^{+\infty}x\mathrm{e}^{-x}\mathrm{d}x\cdot\int_{0}^{+\infty}\mathrm{e}^{-y}\mathrm{d}y+\int_{0}^{+\infty}\mathrm{e}^{-x}\mathrm{d}x\cdot\int_{0}^{+\infty}y\mathrm{e}^{-y}\mathrm{d}y\\&=1+1=2.\end{aligned}$$

## 四、数学期望的性质

随机变量的数学期望具有以下基本性质,假设这些性质涉及的数学期望均存在.

**性质 4.1**　若 $C$ 为常数,则 $EC=C$.

**证明**　将常数 $C$ 视为随机变量,则 $P\{X=C\}=1$,有

$$EX=C\times 1=C.$$ ▌

**性质 4.2**　若 $C$ 为常数,$X$ 为随机变量,则 $E(CX)=CEX$.

**证明**　仅证连续型情形.

设 $X$ 的密度函数为 $p(x)$,则

$$E(CX)=\int_{-\infty}^{+\infty}Cx\cdot p_X(x)\mathrm{d}x=C\int_{-\infty}^{+\infty}x\cdot p_X(x)\mathrm{d}x=CEX.$$ ▌

**性质 4.3** 若 $X$, $Y$ 为随机变量,则 $E(X+Y)=EX+EY$.

证明 仅证连续型情形.

设 $Z=X+Y$,其联合密度函数为 $p(x, y)$,则

$$\begin{aligned}EZ=E(X+Y)&=\int_{-\infty}^{+\infty}\int_{-\infty}^{+\infty}(x+y)p(x, y)\mathrm{d}x\mathrm{d}y\\&=\int_{-\infty}^{+\infty}\int_{-\infty}^{+\infty}x\cdot p(x, y)\mathrm{d}x\mathrm{d}y+\int_{-\infty}^{+\infty}\int_{-\infty}^{+\infty}y\cdot p(x, y)\mathrm{d}x\mathrm{d}y\\&=\int_{-\infty}^{+\infty}x\left[\int_{-\infty}^{+\infty}p(x, y)\mathrm{d}y\right]\mathrm{d}x+\int_{-\infty}^{+\infty}y\left[\int_{-\infty}^{+\infty}p(x, y)\mathrm{d}x\right]\mathrm{d}y\\&=\int_{-\infty}^{+\infty}x\cdot p_X(x)\mathrm{d}x+\int_{-\infty}^{+\infty}y\cdot p_Y(y)\mathrm{d}y\\&=EX+EY.\end{aligned}$$ ▌

本性质可推广到任意有限个随机变量的情况:

$$E(X_1+X_2+\cdots+X_n)=EX_1+EX_2+\cdots+EX_n.$$

**性质 4.4** 若随机变量 $X$ 与 $Y$ 相互独立,则 $E(XY)=EX\cdot EY$.

证明 仅证明连续型情形.

设 $Z=XY$,其联合密度函数为 $p(x, y)$,则

$$\begin{aligned}EXY&=\int_{-\infty}^{+\infty}\int_{-\infty}^{+\infty}xyp(x, y)\mathrm{d}x\mathrm{d}y\\&=\int_{-\infty}^{+\infty}\int_{-\infty}^{+\infty}xyp_X(x)p_Y(y)\mathrm{d}x\mathrm{d}y\\&=\int_{-\infty}^{+\infty}xp_X(x)\mathrm{d}x\cdot\int_{-\infty}^{+\infty}yp_Y(y)\mathrm{d}y\\&=EX\cdot EY.\end{aligned}$$ ▌

本性质可推广为:若 $X_1$, $X_2$, $\cdots$, $X_n$ 相互独立,则

$$E(X_1\cdot X_2\cdot\cdots\cdot X_n)=EX_1\cdot EX_2\cdot\cdots\cdot EX_n.$$

**例 18** 设随机变量 $X$ 服从参数为 $n$, $p$ 的二项分布,即 $X\sim B(n, p)$,求 $EX$.

解 在 $n$ 重贝努里试验中,$X$ 表示事件 $A$ 发生的次数,而在每次试验中 $A$ 发生的概率为 $p$,令

$$X_i=\begin{cases}1, \text{第 } i \text{ 次试验中 } A \text{ 发生}, \\ 0, \text{第 } i \text{ 次试验中 } A \text{ 没发生}, \end{cases} \quad i=1, 2, \cdots, n,$$

则 $X_1, X_2, \cdots, X_n$ 相互独立,且服从相同的 0-1 分布,即有表 4.7,且 $X=X_1+X_2+\cdots+X_n$,由 $EX_i=p$ 及性质 4.3 的推广得

$$EX=EX_1+EX_2+\cdots+EX_n=np.$$

**表 4.7**

| $X_i$ | 0 | 1 |
|---|---|---|
| $P$ | $1-p$ | $p$ |

**例 19** 将 $n$ 个球放入 $M$ 个盒子中,设每个球落入各个盒子是等可能的,求有球的盒子数 $X$ 的数学期望.

解　引入随机变量

$$X_i=\begin{cases}1, \text{若第 } i \text{ 个盒子中有球}, \\ 0, \text{若第 } i \text{ 个盒子中无球}, \end{cases} \quad i=1, 2, \cdots, M,$$

则

$$X=X_1+X_2+\cdots+X_M.$$

而 $X_i$ $(i=1, 2, \cdots, M)$ 的分布律都如表 4.8 所示. 于是

$$EX_i=1-\left(\frac{M-1}{M}\right)^n,$$

从而

$$EX=EX_1+EX_2+\cdots+EX_M=M\left[1-\left(\frac{M-1}{M}\right)^n\right].$$

**表 4.8**

| $X_i$ | 0 | 1 |
|---|---|---|
| $P$ | $\left(\frac{M-1}{M}\right)^n$ | $1-\left(\frac{M-1}{M}\right)^n$ |

例 18、例 19 是将 $X$ 分解成若干随机变量之和,然后利用随机变量之和的数学期望等于随机变量数学期望之和这个性质的,这种处理方法具有一定的普遍意义.

## §4.2 方　差

### 一、方差的定义

数学期望反映了随机变量的平均值,但只知道平均值对随机变量的了解是不够的.例如,研究灯泡的质量时,不仅要知道灯泡寿命 $X$ 的平均值 $EX$ 的大小,还要知道这些灯泡的寿命 $X$ 相对于 $EX$ 的平均偏离程度如何.如果平均偏离很小,则说明这批灯泡的寿命大部分接近它的均值,灯泡的质量是稳定的;如果 $X$ 相对于 $EX$ 的平均偏离很大,则说明灯泡的质量是有问题的.

用什么来衡量这种平均偏离程度呢?人们自然想采用 $E|X-EX|$,然而绝对值在数学上处理不甚方便,而用 $E(X-EX)^2$ 更合适,$E(X-EX)^2$ 的大小是完全能够反映 $X$ 离 $EX$ 的平均偏离大小的.

**定义 4.3**　设 $X$ 是一个随机变量,若 $E(X-EX)^2$ 存在,则称 $E(X-EX)^2$ 为 $X$ 的**方差**,记为 $DX$,即

$$DX=E(X-EX)^2, \tag{4.7}$$

称 $\sqrt{DX}$ 为 $X$ 的**标准差**或**均方差**.

从方差的定义可知,$DX\geqslant 0$,而且方差实际上是随机变量 $X$ 的函数 $g(X)=(X-EX)^2$ 的数学期望,于是

对于离散型随机变量,有

$$DX=\sum_{i=1}^{\infty}(x_i-EX)^2 p_i, \tag{4.8}$$

其中 $p_i=P\{X=x_i\}\ (i=1,2,\cdots)$ 是 $X$ 的分布律;

对于连续型随机变量,有

$$DX=\int_{-\infty}^{+\infty}(x-EX)^2 p(x)\mathrm{d}x, \tag{4.9}$$

其中 $p(x)$ 是 $X$ 的密度函数.

一般地,在计算方差时,我们常利用以下公式:

$$DX=EX^2-(EX)^2. \tag{4.10}$$

事实上,由数学期望的性质得

$$DX = E(X-EX)^2 = E[X^2 - 2XEX + (EX)^2]$$
$$= EX^2 - 2EX \cdot EX + (EX)^2 = EX^2 - (EX)^2.$$

**例 1** 设随机变量 $X$ 服从 0-1 分布，求 $DX$.

解　由§4.1例2知 $EX = p$，又 $EX^2 = 0^2 \times (1-p) + 1^2 \times p = p$，则

$$DX = EX^2 - (EX)^2 = p - p^2 = p(1-p) = pq,$$

其中 $q = 1 - p$.

**例 2** 设随机变量 $X$ 服从参数为 $\lambda$ 的普阿松分布，求 $DX$.

解　由§4.1例3和例11知，$EX = \lambda$，$EX^2 = \lambda(\lambda+1)$，则

$$DX = EX^2 - (EX)^2 = \lambda(\lambda+1) - \lambda^2 = \lambda.$$

由此看出，普阿松分布中的参数 $\lambda$，既是随机变量 $X$ 的数学期望又是它的方差.

**例 3** 设随机变量 $X$ 服从 $[a, b]$ 上的均匀分布，求 $DX$.

解　由§4.1例6知，$EX = \dfrac{a+b}{2}$，又

$$EX^2 = \int_a^b x^2 \cdot \frac{1}{b-a} \mathrm{d}x = \frac{a^2+ab+b^2}{3},$$

故

$$DX = EX^2 - (EX)^2 = \frac{a^2+ab+b^2}{3} - \left(\frac{a+b}{2}\right)^2$$
$$= \frac{(b-a)^2}{12}.$$

**例 4** 设随机变量 $X$ 服从参数为 $\lambda$ 的指数分布，求 $DX$.

解　由§4.1例7知，$EX = \dfrac{1}{\lambda}$，而

$$EX^2 = \int_0^{+\infty} x^2 \lambda \mathrm{e}^{-\lambda x} \mathrm{d}x = -\int_0^{+\infty} x^2 \mathrm{d}(\mathrm{e}^{-\lambda x})$$
$$= -x^2 \mathrm{e}^{-\lambda x} \Big|_0^{+\infty} + 2\int_0^{+\infty} x \mathrm{e}^{-\lambda x} \mathrm{d}x$$
$$= \frac{2}{\lambda^2}.$$

故

$$DX = EX^2 - (EX)^2 = \frac{1}{\lambda^2}.$$

**例 5** 设 $X \sim N(\mu, \sigma^2)$，求 $DX$.

解 直接用(4.9)式来计算：

$$DX = \int_{-\infty}^{+\infty} (x-\mu)^2 \frac{1}{\sqrt{2\pi}\sigma} \mathrm{e}^{-\frac{(x-\mu)^2}{2\sigma^2}} \mathrm{d}x.$$

令 $\dfrac{x-\mu}{\sigma} = t$，则得

$$\begin{aligned} DX &= \frac{\sigma^2}{\sqrt{2\pi}} \int_{-\infty}^{+\infty} t^2 \mathrm{e}^{-\frac{t^2}{2}} \mathrm{d}t = -\frac{\sigma^2}{\sqrt{2\pi}} \int_{-\infty}^{+\infty} t \mathrm{d}\mathrm{e}^{-\frac{t^2}{2}} \\ &= -\frac{\sigma^2}{\sqrt{2\pi}} \left( t\mathrm{e}^{-\frac{t^2}{2}} \Big|_{-\infty}^{+\infty} - \int_{-\infty}^{+\infty} \mathrm{e}^{-\frac{t^2}{2}} \mathrm{d}t \right) \\ &= \sigma^2 \int_{-\infty}^{+\infty} \frac{1}{\sqrt{2\pi}} \mathrm{e}^{-\frac{t^2}{2}} \mathrm{d}t \\ &= \sigma^2. \end{aligned}$$

由此看出，正态分布中的参数 $\mu$，$\sigma^2$ 分别是其期望和方差.

## 二、方差的性质

随机变量的方差具有以下重要性质，假设性质中的方差均存在.

**性质 4.5** 若 $C$ 为常数，则 $DC = 0$.

证明 由公式(4.10)得

$$DC = E(C^2) - (EC)^2 = C^2 - C^2 = 0. \qquad \blacksquare$$

**性质 4.6** 若 $C$ 为常数，$X$ 为随机变量，则 $D(CX) = C^2 DX$.

证明
$$\begin{aligned} D(CX) &= E[CX - E(CX)]^2 = E[CX - CEX]^2 \\ &= E[C^2(X - EX)^2] = C^2 E(X - EX)^2 \\ &= C^2 DX. \end{aligned} \qquad \blacksquare$$

**性质 4.7** 若随机变量 $X$ 与 $Y$ 相互独立，则

$$D(X \pm Y) = DX + DY.$$

证明 仅证 $D(X+Y) = DX + DY$ （$D(X-Y) = DX + DY$ 请读者自证）.

$$\begin{aligned} D(X+Y) &= E[(X+Y) - E(X+Y)]^2 = E[(X-EX) + (Y-EY)]^2 \\ &= E[(X-EX)^2 + (Y-EY)^2 + 2(X-EX)(Y-EY)] \\ &= DX + DY + 2E[(X-EX)(Y-EY)] \\ &= DX + DY + 2E[XY - XEY - YEX + EXEY] \end{aligned}$$

$$= DX + DY + 2[E(XY) - EXEY]$$
$$= DX + DY,$$

其中,当 $X$ 与 $Y$ 相互独立时,$E(XY) = EX \cdot EY$. ▌

本性质可推广为:设 $X_1, X_2, \cdots, X_n$ 相互独立,则

$$D(X_1 + X_2 + \cdots + X_n) = DX_1 + DX_2 + \cdots + DX_n.$$

**例 6** 设 $X \sim B(n, p)$,求 $DX$.

解 由§4.1例18知,$X = X_1 + X_2 + \cdots + X_n$,其中 $X_1, X_2, \cdots, X_n$ 相互独立且服从相同的 0-1 分布. 又由§4.2例1知 $DX_i = p(1-p)$ $(i = 1, 2, \cdots, n)$. 于是根据性质 4.7 的推广得

$$\begin{aligned} DX &= D(X_1 + X_2 + \cdots + X_n) \\ &= DX_1 + DX_2 + \cdots + DX_n \\ &= np(1-p) \\ &= npq, \end{aligned}$$

其中 $q = 1 - p$.

**例 7** 一台设备由 3 个部件构成,在设备运转中各部件需要调整的概率分别为 0.1, 0.2, 0.3,设各部件的状态相互独立,用 $X$ 表示同时需要调整的部件数,求 $EX$ 和 $DX$.

解 设

$$X_i = \begin{cases} 1, & \text{部件 } i \text{ 需要调整}, \\ 0, & \text{部件 } i \text{ 不需要调整}, \end{cases} \quad i = 1, 2, 3,$$

则

$$X = X_1 + X_2 + X_3,$$

其中 $X_1, X_2, X_3$ 相互独立. 其分布律分别如表 4.9~表 4.11 所示. 于是

**表 4.9**

| $X_1$ | 0 | 1 |
|---|---|---|
| $P$ | 0.9 | 0.1 |

**表 4.10**

| $X_2$ | 0 | 1 |
|---|---|---|
| $P$ | 0.8 | 0.2 |

表 4.11

| $X_3$ | 0 | 1 |
|---|---|---|
| $P$ | 0.7 | 0.3 |

$EX = EX_1 + EX_2 + EX_3 = 0.1 + 0.2 + 0.3 = 0.6$；

$DX = DX_1 + DX_2 + DX_3 = 0.9 \times 0.1 + 0.8 \times 0.2 + 0.7 \times 0.3 = 0.46.$

**例 8** 袋中有 $n$ 张卡片，号码分别为 $1, 2, \cdots, n$，从中有放回地抽出 $k$ 张卡片，令 $X$ 表示所抽得的 $k$ 张卡片的号码之和，求 $EX$ 和 $DX$.

解 设 $X_i$ 表示第 $i$ 次抽到的卡片的号码($i = 1, 2, \cdots, n$)，则 $X = X_1 + X_2 + \cdots + X_k$，因为是有放回抽取，所以 $X_1, X_2, \cdots, X_k$ 相互独立，且有表4.12. 于是

表 4.12

| $X_i$ | 1 | 2 | … | $n$ |
|---|---|---|---|---|
| $P$ | $\frac{1}{n}$ | $\frac{1}{n}$ | … | $\frac{1}{n}$ |

$$\begin{aligned} EX_i &= 1 \cdot \frac{1}{n} + 2 \cdot \frac{1}{n} + \cdots + n \cdot \frac{1}{n} \\ &= \frac{1}{n} \cdot \frac{n(n+1)}{2} \\ &= \frac{n+1}{2}; \end{aligned}$$

$$\begin{aligned} EX_i^2 &= 1^2 \cdot \frac{1}{n} + 2^2 \cdot \frac{1}{n} + \cdots + n^2 \cdot \frac{1}{n} \\ &= \frac{1}{n} \cdot \frac{n(n+1)(2n+1)}{6} \\ &= \frac{(n+1)(2n+1)}{6}; \end{aligned}$$

$$\begin{aligned} DX_i &= E(X_i^2) - (EX_i)^2 \\ &= \frac{1}{6}(n+1)(2n+1) - \frac{(n+1)^2}{4} \\ &= \frac{1}{12}(n^2 - 1). \end{aligned}$$

所以

$$EX = EX_1 + EX_2 + \cdots + EX_k = \frac{k}{2}(n+1);$$

$$DX = DX_1 + DX_2 + \cdots + DX_k = \frac{k}{12}(n^2 - 1).$$

**例 9** 设随机变量 $X$ 与 $Y$ 相互独立，$DX = 1$，$DY = 4$，求：$D(X - 2Y)$ 和 $D(2X - Y)$.

解　因为 $X$ 与 $Y$ 相互独立，所以 $X$ 与 $-2Y$ 也独立，$2X$ 与 $-Y$ 也独立. 于是

$$D(X - 2Y) = DX + D(2Y) = DX + 4DY = 1 + 4 \times 4 = 17;$$

$$D(2X - Y) = D(2X) + D(Y) = 4DX + DY = 4 \times 1 + 4 = 8.$$

**定义 4.4**　设随机变量 $X$ 的数学期望和方差存在，且 $DX > 0$，则称 $Y = \frac{X - EX}{\sqrt{DX}}$ 为 $X$ 的**标准化随机变量**.

关于标准化随机变量的数学期望和方差有下列定理.

**定理 4.3**　若 $Y$ 为 $X$ 的标准化随机变量，则 $EY = 0$，$DY = 1$.

证明　$$EY = E\left(\frac{X - EX}{\sqrt{DX}}\right) = \frac{1}{\sqrt{DX}} E(X - EX) = 0;$$

$$DY = D\left(\frac{X - EX}{\sqrt{DX}}\right) = \frac{1}{DX} D(X - EX) = 1.$$ ▍

将随机变量 $X$ 标准化后，可使原分布中心 $EX$ 移至原点，不使分布中心偏左或偏右，然后缩小或扩大坐标轴，使分布不致过疏或过密. 在排除这些干扰后，使原随机变量 $X$ 的一些性质容易暴露出来，故标准化技术在概率论与数理统计中会经常使用.

特别地，若 $X \sim N(\mu, \sigma^2)$，由定义 4.4 及定理 4.3 知

$$Y = \frac{X - \mu}{\sigma} \sim N(0, 1).$$

这就是 § 2.4 中定理 2.3 的结论.

为方便起见，现将 6 种常用分布的数学期望和方差汇集于表 4.13 中.

**表 4.13**

| 分　布 | 分布律或密度函数 | 数学期望 | 方　差 |
|---|---|---|---|
| 0-1 分布 | $P\{X = k\} = p^k(1-p)^{1-k}$, $k = 0, 1$ | $p$ | $p(1-p)$ |
| 二项分布 | $P\{X = k\} = C_n^k p^k (1-p)^{n-k}$, $k = 0, 1, \cdots, n$ | $np$ | $np(1-p)$ |

续表

| 分　布 | 分布律或密度函数 | 数学期望 | 方　差 |
| --- | --- | --- | --- |
| 普阿松分布 | $P\{X=k\}=\dfrac{\lambda^k}{k!}\mathrm{e}^{-\lambda},\ k=0,1,2,\cdots,\lambda>0$ | $\lambda$ | $\lambda$ |
| 均匀分布 | $p(x)=\begin{cases}\dfrac{1}{b-a}, & a<x<b\\ 0, & 其他\end{cases}$ | $\dfrac{a+b}{2}$ | $\dfrac{(b-a)^2}{12}$ |
| 指数分布 | $p(x)=\begin{cases}\lambda\mathrm{e}^{-\lambda x}, & x\geqslant 0,\\ 0, & 其他,\end{cases}\quad \lambda>0$ | $\dfrac{1}{\lambda}$ | $\dfrac{1}{\lambda^2}$ |
| 正态分布 | $p(x)=\dfrac{1}{\sqrt{2\pi}\sigma}\mathrm{e}^{-\frac{(x-\mu)^2}{2\sigma^2}}$, $\mu,\sigma$ 为常数, $\sigma>0$ | $\mu$ | $\sigma^2$ |

## §4.3　协方差与相关系数

对二维随机变量$(X, Y)$,如果 $X$ 和 $Y$ 的期望和方差都存在,这时 $EX$ 和 $EY$ 反映的是 $X$ 与 $Y$ 各自的平均值,$DX$, $DY$ 反映的是 $X$ 与 $Y$ 各自离开平均值的偏离程度. 它们对 $X$ 与 $Y$ 之间的相互联系没有提供任何信息. 能否用某些数值来揭示 $X$ 与 $Y$ 之间的联系的某些特性呢? 本节我们讨论描述 $X$ 与 $Y$ 之间相关性的数字特征——协方差与相关系数.

### 一、协方差

**定义 4.5**　称 $E[(X-EX)(Y-EY)]$ 为随机变量 $X$ 与 $Y$ 的**协方差**,记为 $\mathrm{Cov}(X, Y)$,即

$$\mathrm{Cov}(X, Y)=E[(X-EX)(Y-EY)]. \tag{4.11}$$

利用期望性质,易将协方差的计算简化为

$$\mathrm{Cov}(X, Y)=E(XY)-EX\cdot EY. \tag{4.12}$$

事实上

$$\begin{aligned}\mathrm{Cov}(X, Y)&=E[(X-EX)(Y-EY)]\\&=E[XY-YEX-XEY+EX\cdot EY]\\&=E(XY)-EX\cdot EY.\end{aligned}$$

特别地,当 $X$ 与 $Y$ 独立时,有 $\mathrm{Cov}(X, Y)=0$.

**性质 4.8**　设随机变量 $X$、$Y$、$Z$ 的方差均存在,则

(1) $\mathrm{Cov}(X, X) = DX$;

(2) $\mathrm{Cov}(X, Y) = \mathrm{Cov}(Y, X)$;

(3) $\mathrm{Cov}(aX, bY) = ab\mathrm{Cov}(X, Y)$, $a$, $b$ 是常数;

(4) $\mathrm{Cov}(X, C) = 0$, $C$ 为任意常数;

(5) $\mathrm{Cov}(X+Y, Z) = \mathrm{Cov}(X, Z) + \mathrm{Cov}(Y, Z)$.

性质的证明都很简单,由读者自己完成.

**性质 4.9**　设随机变量 $X$ 与 $Y$ 的方差存在,则

$$D(X \pm Y) = DX + DY \pm 2\mathrm{Cov}(X, Y). \tag{4.13}$$

**证明**　由方差的定义知

$$\begin{aligned} D(X+Y) &= E[(X+Y) - E(X+Y)]^2 = E[(X-EX) + E(Y-EY)]^2 \\ &= E[(X-EX)^2 + (Y-EY)^2 + 2(X-EX)(Y-EY)] \\ &= DX + DY + 2\mathrm{Cov}(X, Y). \end{aligned}$$

类似地,可以证明

$$D(X-Y) = DX + DY - 2\mathrm{Cov}(X, Y).$$

∎

## 二、相关系数

协方差 $\mathrm{Cov}(X, Y)$ 在一定程度上描述了随机变量 $X$ 与 $Y$ 的相关性,但是,协方差 $\mathrm{Cov}(X, Y)$ 是一个具有量纲的数字特征. 为了既能描述随机变量之间的相关性,又欲进行无量纲讨论,则需引入另一数字特征——相关系数.

**定义 4.6**　设 $(X, Y)$ 为二维随机变量,若 $DX > 0$, $DY > 0$, 则称

$$\rho_{XY} = \frac{\mathrm{Cov}(X, Y)}{\sqrt{DX} \cdot \sqrt{DY}} \tag{4.14}$$

为随机变量 $X$ 与 $Y$ 的**相关系数**.

相关系数 $\rho_{XY}$ 是一个可以表征 $X$, $Y$ 之间线性关系紧密程度的量.

**定理 4.4**　设随机变量 $X$ 与 $Y$ 的方差均存在,相关系数为 $\rho_{XY}$,则有

(1) $|\rho_{XY}| \leqslant 1$;

(2) $|\rho_{XY}| = 1$ 的充要条件为,存在常数 $a$, $b$,使得 $P\{Y = aX + b\} = 1$.

当 $|\rho_{XY}|$ 较大时,表明 $X$, $Y$ 线性相关较强;当 $|\rho_{XY}|$ 较小时,表明 $X$, $Y$ 线性相关较弱. 特别地,当 $|\rho_{XY}| = 1$ 时,表明 $X$ 与 $Y$ 之间在概率为 1 的意义下存在线性关系;当 $\rho_{XY} = 0$ 时,$X$ 与 $Y$ 之间不存在线性关系.

当 $\rho_{XY}=0$ 时,则称 $X$ 与 $Y$ **不相关**.

注意:$X$ 与 $Y$ 不相关和 $X$ 与 $Y$ 相互独立是两个不同概念. $X$ 与 $Y$ 不相关只是指 $X$ 与 $Y$ 之间不存在线性关系,此时 $X$ 与 $Y$ 之间可能有其他的函数关系. 但若 $X$ 与 $Y$ 相互独立,则 $X$ 与 $Y$ 一定不相关. 这是因为当 $X$, $Y$ 相互独立时,有

$$E(XY)=EX\cdot EY,$$

所以

$$\mathrm{Cov}(X,Y)=E(XY)-EX\cdot EY=0,$$

从而 $\rho_{XY}=0$, 即 $X$ 与 $Y$ 不相关.

**例 1** 设二维随机变量$(X,Y)$的联合分布律如表 4.14 所示. 试证明 $X$ 与 $Y$ 不相关,但不独立.

**表 4.14**

| $X$ \ $Y$ | 0 | 1 |
|---|---|---|
| $-1$ | 0 | $\frac{1}{3}$ |
| 0 | $\frac{1}{3}$ | 0 |
| 1 | 0 | $\frac{1}{3}$ |

证明　$X$ 与 $Y$ 的边缘分布律分别如表 4.15、表 4.16 所示. 用公式(4.12)计算协方差得

**表 4.15**

| $X$ | $-1$ | 0 | 1 |
|---|---|---|---|
| $P$ | $\frac{1}{3}$ | $\frac{1}{3}$ | $\frac{1}{3}$ |

**表 4.16**

| $Y$ | 0 | 1 |
|---|---|---|
| $P$ | $\frac{1}{3}$ | $\frac{2}{3}$ |

$$\begin{aligned}\mathrm{Cov}(X,Y)&=E(XY)-EX\cdot EY\\&=(-1)\cdot 1\cdot\frac{1}{3}+1\cdot 1\cdot\frac{1}{3}-\left[(-1)\cdot\frac{1}{3}+1\cdot\frac{1}{3}\right]\cdot\left[1\cdot\frac{2}{3}\right]\\&=0,\end{aligned}$$

则 $\rho_{XY}=0$，所以 $X$ 与 $Y$ 是不相关的. 但 $P\{X=-1, Y=0\}=0$，$P\{X=-1\}=\frac{1}{3}$，$P\{Y=0\}=\frac{1}{3}$，即 $P\{X=-1, Y=0\}\neq P\{X=-1\}\cdot P\{Y=0\}$，所以 $X$ 与 $Y$ 不独立.

**例 2**　设 $X\sim U[-\pi, \pi]$，$X_1=\sin X$，$X_2=\cos X$，求 $\rho_{X_1X_2}$.

解　随机变量 $X$ 的密度函数为

$$p(x)=\begin{cases}\frac{1}{2\pi}, & -\pi\leqslant x\leqslant\pi,\\ 0, & 其他.\end{cases}$$

于是

$$EX_1=E(\sin X)=\int_{-\pi}^{\pi}\sin x\cdot\frac{1}{2\pi}\mathrm{d}x=0,$$

$$EX_2=E(\cos X)=\int_{-\pi}^{\pi}\cos x\cdot\frac{1}{2\pi}\mathrm{d}x=0,$$

$$E(X_1X_2)=E(\sin X\cos X)=\int_{-\pi}^{\pi}\sin x\cdot\cos x\cdot\frac{1}{2\pi}\mathrm{d}x=0.$$

所以

$$\mathrm{Cov}(X_1, X_2)=E(X_1X_2)-EX_1\cdot EX_2=0,$$

则 $\rho_{X_1X_2}=0$，即 $X_1$，$X_2$ 不相关.

**例 3**　设 $(X, Y)\sim N(\mu_1, \mu_2, \sigma_1^2, \sigma_2^2, \rho)$，则 $\rho_{XY}=\rho$.

证明　因为 $(X, Y)\sim N(\mu_1, \mu_2, \sigma_1^2, \sigma_2^2, \rho)$，所以 $X\sim N(\mu_1, \sigma_1^2)$，$Y\sim N(\mu_2, \sigma_2^2)$，从而 $EX=\mu_1$，$DX=\sigma_1^2$，$EY=\mu_2$，$DX=\sigma_2^2$.

令 $u=\frac{x-\mu_1}{\sigma_1}$，$v=\frac{y-\mu_2}{\sigma_2}$，则

$$\begin{aligned}\mathrm{Cov}(X, Y)&=\int_{-\infty}^{+\infty}\int_{-\infty}^{+\infty}(x-\mu_1)(y-\mu_2)p(x, y)\mathrm{d}x\mathrm{d}y\\ &=\frac{\sigma_1\sigma_2}{2\pi\sqrt{1-\rho^2}}\int_{-\infty}^{+\infty}\int_{-\infty}^{+\infty}uv\mathrm{e}^{-\frac{1}{2(1-\rho^2)}(u^2-2\rho uv+v^2)}\mathrm{d}u\mathrm{d}v\\ &=\frac{\sigma_1\sigma_2}{2\pi\sqrt{1-\rho^2}}\int_{-\infty}^{+\infty}\int_{-\infty}^{+\infty}uv\mathrm{e}^{-\frac{1}{2(1-\rho^2)}[(u-\rho v)^2+(1-\rho^2)v^2]}\mathrm{d}u\mathrm{d}v\\ &=\frac{\sigma_1\sigma_2}{\sqrt{2\pi}}\int_{-\infty}^{+\infty}\left[v\mathrm{e}^{-\frac{v^2}{2}}\left(\frac{1}{\sqrt{2\pi}\sqrt{1-\rho^2}}\int_{-\infty}^{+\infty}u\mathrm{e}^{-\frac{(u-\rho v)2}{2(1-\rho^2)}}\mathrm{d}u\right)\right]\mathrm{d}v.\end{aligned}$$

设 $Z_1 \sim N(\rho v, 1-\rho^2)$，则

$$\frac{1}{\sqrt{2\pi}\sqrt{1-\rho^2}}\int_{-\infty}^{+\infty} u \mathrm{e}^{-\frac{(u-\rho v)2}{2(1-\rho^2)}} \mathrm{d}u = EZ_1 = \rho v,$$

所以

$$\mathrm{Cov}(X, Y) = \frac{\sigma_1\sigma_2}{\sqrt{2\pi}}\int_{-\infty}^{+\infty} v \mathrm{e}^{-\frac{v^2}{2}} \rho v \mathrm{d}v = \rho\sigma_1\sigma_2 \frac{1}{\sqrt{2\pi}}\int_{-\infty}^{+\infty} v^2 \mathrm{e}^{-\frac{v^2}{2}} \mathrm{d}v.$$

再设 $Z_2 \sim N(0, 1)$，则

$$\frac{1}{\sqrt{2\pi}}\int_{-\infty}^{+\infty} v^2 \mathrm{e}^{-\frac{v^2}{2}} \mathrm{d}v = EZ_2^2 = DZ_2 = 1,$$

从而

$$\mathrm{Cov}(X, Y) = \rho\sigma_1\sigma_2.$$

最后，由相关系数的定义得

$$\rho_{XY} = \frac{\mathrm{Cov}(X, Y)}{\sqrt{DX}\sqrt{DY}} = \rho.$$ ▌

由此可知，二维正态分布中的 5 个参数都有了它们明确的含义.

**例 4** 若 $(X, Y) \sim N(\mu_1, \mu_2, \sigma_1^2, \sigma_2^2, \rho)$，则 $X$ 与 $Y$ 相互独立的充分必要条件是 $X$ 与 $Y$ 不相关.

证明 显然只要证明充分性即可.

由二维正态分布的性质以及上例可知，$\rho_{XY} = \rho$，且 $X \sim N(\mu_1, \sigma_1^2)$，$Y \sim N(\mu_2, \sigma_2^2)$，若 $X$ 与 $Y$ 不相关，即 $\rho = 0$，此时，二维正态分布的联合密度函数为

$$\begin{aligned} p(x, y) &= \frac{1}{2\pi\sigma_1\sigma_2}\mathrm{e}^{-\frac{1}{2}\left[\frac{(x-\mu_1)^2}{\sigma_1^2}+\frac{(y-\mu_2)^2}{\sigma_2^2}\right]} \\ &= \frac{1}{\sqrt{2\pi}\sigma_1}\mathrm{e}^{-\frac{(x-\mu_1)^2}{2\sigma_1^2}} \cdot \frac{1}{\sqrt{2\pi}\sigma_2}\mathrm{e}^{-\frac{(y-\mu_2)^2}{2\sigma_2^2}} \\ &= p_X(x)p_Y(y). \end{aligned}$$

这说明 $X$ 与 $Y$ 相互独立. ▌

我们知道，在一般情况下，$X$ 与 $Y$ 相互独立可以推得 $X$ 与 $Y$ 不相关；反之不成立. 但是，对于二维正态随机变量 $(X, Y)$ 而言，"$X$ 与 $Y$ 相互独立"和"$X$ 与 $Y$ 不相关"是等价的.

## 数学家简介

### 棣　莫　弗

棣莫弗(De Moiver Abraham，1667—1754)1667年5月26日生于法国维特里的弗朗索瓦；1754年11月27日卒于英国伦敦.是法国裔英国籍的数学家.

棣莫弗出生于法国的一个乡村医生之家，其父一生勤俭，以行医所得勉强维持家人温饱.棣莫弗自幼接受父亲的教育，稍大后进入当地一所天主教学校念书.这所学校宗教气氛不浓，学生们得以在一种轻松、自由的环境中学习，这对他的性格产生了重大影响.随后，他离开农村，进入色拉的一所清教徒学院继续求学.这里却戒律森严，令人窒息，学校要求学生宣誓效忠教会，棣莫弗拒绝服从，于是受到了严厉制裁，被罚背诵各种宗教教义.那时，学校不重视数学教育，但棣莫弗常常偷偷地学习数学.在早期所学的数学著作中，他最感兴趣的是惠更斯关于赌博的著作，特别是惠更斯于1657年出版的《论赌博中的机会》，启发了他的灵感.

1684年，棣莫弗来到巴黎，幸运地遇见了法国杰出的数学教育家、热心传播数学知识的奥扎拉姆.在奥扎拉姆的鼓励下，棣莫弗学习了欧几里得的《几何原本》及其他数学家的一些重要著作.

1685年，他移居英国，任家庭教师和保险事业顾问等职.抵达伦敦后，棣莫弗立刻发现了许多优秀的科学著作，于是如饥似渴地学习.一个偶然的机会，他读到牛顿刚刚出版的《自然哲学的数学原理》，深深地被这部著作吸引了.后来，他曾回忆起自己是如何学习牛顿的这部巨著的：他靠做家庭教师糊口，必须给许多家庭的孩子上课，因此时间很紧，于是就将这部巨著拆开，当他教完一家的孩子后去另一家的路上，赶紧阅读几页，不久便把这部书学完了.这样，棣莫弗很快就有了充实的学术基础，并开始专心科学研究.1697年他当选为英国皇家学会会员，后又成为柏林科学院和巴黎科学院院士.

棣莫弗的主要贡献在概率论.1711年，他写成“抽签的计量”一文，并于1718年修改扩充为《机会论》.这是有关概率论的较早专著之一.在该书中，棣莫弗首次定义了“独立事件”的乘法定理，给出“二项分布”公式，讨论了掷骰子和其他赌博的许多问题.他在1730年出版的另一专著《分析杂论》中最早使用概率积分，得到$n$阶乘的级数表达式.1733年他又用阶乘的近似公式导出“正态分布”的频率曲线，作为二项分布的近似.此外，他于1695年写过研究牛顿流数法的论文.他将概率论用于保险事业，于1725年出版过专门论著《论终身年金》.

## 习 题 四

### (A)

1. 设随机变量 $X$ 的分布律如表 4.17 所示,求:

表 4.17

| $X$ | $-2$ | 0 | 2 |
|---|---|---|---|
| $P$ | 0.4 | 0.3 | 0.3 |

(1) $EX$;

(2) $E(X^2)$;

(3) $E(3X^2+5)$.

2. 在射击比赛中,每人射击 4 次,每次一发子弹. 规定:4 弹全未中得 0 分,只中 1 弹得 15 分,中 2 弹得 30 分,中 3 弹得 55 分,中 4 弹得 100 分. 某人每次射击的命中率为 0.6,此人期望能得多少分?

3. 设随机变量 $X$ 的分布函数

$$F(x)=\begin{cases}1-\dfrac{a^3}{x^3}, & x\geqslant a,\\ 0, & x<a,\end{cases}$$

其中 $a<0$, 求 $EX$.

4. 设随机变量 $X$ 的密度函数为

$$p(x)=\begin{cases}\dfrac{1}{\pi\sqrt{1-x^2}}, & |x|<1,\\ 0, & |x|\geqslant 1.\end{cases}$$

求 $EX$.

5. 设随机变量 $X$ 的密度函数为

$$p(x)=\begin{cases}kx^{\alpha}, & 0<x<1,\\ 0, & \text{其他},\end{cases}$$

其中 $k,\alpha>0$,又已知 $EX=0.75$,求 $k,\alpha$ 的值.

6. 某厂生产的一种设备的使用寿命 $X$(单位:年)的密度函数为

$$p(x)=\begin{cases}\dfrac{1}{4}\mathrm{e}^{-\frac{x}{4}}, & x>0,\\ 0, & x\leqslant 0,\end{cases}$$

规定已售设备在一年以上损坏不予以调换. 设工厂出售一台设备盈利 100 元，调换一台设备厂方损失 300 元，求厂方出售一台设备盈利值的数学期望.

7. 随机变量 $X \sim U[0, 2\pi]$，求：

(1) $E(2X-1)$；

(2) $E(X^2)$；

(3) $E(\sin X)$.

8. 设随机变量 $X$ 满足 $E[(X-1)^2]=10$, $E[(X-2)^2]=6$，求 $EX$ 及 $DX$.

9. 二维随机变量 $(X, Y)$ 的联合分布律如表 4.18 所示，求：

**表 4.18**

| $X$ \ $Y$ | 0 | 1 |
|---|---|---|
| 0 | 0.1 | 0.2 |
| 1 | 0.3 | 0.4 |

(1) $E(XY)$；

(2) $E(X-2Y)$.

10. 设随机变量 $X$ 和 $Y$ 相互独立，密度函数分别为

$$p_X(x)=\begin{cases}2x, & 0\leqslant x\leqslant 1,\\ 0, & \text{其他};\end{cases}\quad p_Y(y)=\begin{cases}e^{5-y}, & y>5,\\ 0, & y\leqslant 5.\end{cases}$$

求 $E(XY)$.

11. 设二维随机变量 $(X, Y)$ 服从圆域 $x^2+y^2\leqslant R^2$ 上的均匀分布，$Z=\sqrt{x^2+y^2}$，求 $EZ$.

12. 设随机变量 $X$ 的分布律如表 4.19 所示. 求 $DX$.

**表 4.19**

| $X$ | $-1$ | 0 | 1 | 2 |
|---|---|---|---|---|
| $P$ | $\frac{1}{5}$ | $\frac{1}{2}$ | $\frac{1}{5}$ | $\frac{1}{10}$ |

13. 已知 10 件产品中含有 3 件次品，其余是正品. 从中无放回地任取 2 件产品，求取得的次品数 $X$ 的数学期望和方差.

14. 设随机变量 $X$ 的密度函数为

$$p(x)=\begin{cases}\dfrac{b}{a}(a-|x|), & |x|\leqslant a,\\ 0, & \text{其他},\end{cases}$$

且已知方差 $DX=1$，求常数 $a$ 和 $b$.

15. 设连续型随机变量 $X$ 的分布函数为

$$F(x)=\begin{cases}0, & x<0,\\ \frac{1}{\pi}x, & 0\leqslant x\leqslant \pi,\\ 1, & x\geqslant \pi.\end{cases}$$

求：

(1) $E(\sin X)$；

(2) $DX$.

16. 设袋中有 $m$ 个白球和 $n$ 个黑球，从中有放回地摸出 $s$ 个球，试求摸得白球个数的数学期望和方差.

17. 将一颗均匀的骰子连掷 10 次，求所得点数之和 $X$ 的数学期望和方差.

18. 设二维随机变量 $(X, Y)$ 的联合密度函数为

$$p(x, y)=\begin{cases}\frac{1}{8}(x+y), & 0\leqslant x\leqslant 2,\ 0\leqslant y\leqslant 2,\\ 0, & \text{其他}.\end{cases}$$

求 $DX$.

19. 设随机变量 $X$ 与 $Y$ 独立，且 $X$ 服从数学期望为 1，方差为 2 的正态分布，而 $Y$ 服从标准正态分布，若 $Z=2X-Y+3$，试求：

(1) $EZ$, $DZ$；

(2) 随机变量 $Z$ 的密度函数.

20. 设二维随机变量 $(X, Y)$ 的联合分布律如表 4.20 所示. 验证 $X$ 与 $Y$ 不相关，且 $X$ 与 $Y$ 也不独立.

**表 4.20**

| $X$ \ $Y$ | $-1$ | $0$ | $1$ |
|---|---|---|---|
| $-1$ | $\frac{1}{8}$ | $\frac{1}{8}$ | $\frac{1}{8}$ |
| $0$ | $\frac{1}{8}$ | $0$ | $\frac{1}{8}$ |
| $1$ | $\frac{1}{8}$ | $\frac{1}{8}$ | $\frac{1}{8}$ |

21. 设两随机变量 $X$, $Y$，已知 $DX=25$, $DY=36$, $\rho_{XY}=0.4$，求 $D(X+Y)$ 和 $D(X-Y)$.

22. 某箱装有 100 件产品，其中一等品，二等品和三等品分别为 80 件、10 件和 10 件，现从中随机地抽取一件，记

$$X_i=\begin{cases}1,\ 抽到\ i\ 等品,\\ 0,\ 其他,\end{cases}\qquad i=1,\ 2,\ 3,$$

试求相关系数 $\rho_{X_1X_2}$.

23. 设二维随机变量 $(X, Y)$ 的联合密度函数为

$$p(x,\ y)=\begin{cases}e^{-(x+y)},\ x>0,\ y>0,\\ 0,\qquad 其他.\end{cases}$$

求：

(1) $\mathrm{Cov}(X, Y)$；

(2) $\rho_{XY}$.

24. 设二维随机变量 $(X, Y)$ 在以 $(0, 0)$，$(0, 2)$，$(2, 0)$ 为顶点的三角形区域 $D$ 上服从均匀分布，求 $\mathrm{Cov}(X, Y)$.

25. 设随机变量 $X$ 与 $Y$ 相互独立，且 $X$ 与 $Y$ 分布律相同，记 $U=X+Y$，$V=X-Y$，证明：$\rho_{UV}=0$.

26. 设 $X\sim U\left[-\frac{1}{2},\ \frac{1}{2}\right]$，$Y=\cos X$，求 $\rho_{XY}$.

27. 若 $X\sim N(1,\ 3^2)$，$Y\sim N(0,\ 4^2)$，且 $X$ 与 $Y$ 的相关系数 $\rho_{XY}=-\frac{1}{2}$，设 $Z=\frac{X}{3}+\frac{Y}{2}$，求：

(1) $EZ$，$DZ$；

(2) 相关系数 $\rho_{XZ}$.

**(B)**

1. 设袋中有 $a$ 个白球和 $b$ 个黑球，从中逐个取出 $c$ 个球，试求取得白球个数 $X$ 的数学期望.

2. 把 4 个球随机地放入 4 个盒子中，设 $X$ 表示空盒子的个数，求 $EX$.

3. 设随机变量 $X$ 的密度函数为

$$p(x)=\begin{cases}\frac{1}{2}\cos\frac{x}{2},\ 0\leqslant x\leqslant\pi,\\ 0,\qquad 其他.\end{cases}$$

对 $X$ 独立地重复观察 4 次，用 $Y$ 表示观察值大于 $\frac{\pi}{3}$ 的次数，求 $E(Y^2)$.

4. 已知某公用电话呼唤时间 $X$ 满足 $P\{X>x\}=\frac{1}{2}(e^{-x}+e^{-2x})$，求平均呼唤时间 $EX$.

5. 设 $(X, Y)$ 的联合分布律如表 4.21 所示.求：

**表 4.21**

| $X$ \ $Y$ | $-1$ | $0$ | $1$ |
|---|---|---|---|
| 1 | 0.2 | 0.1 | 0.1 |
| 2 | 0.1 | 0 | 0.1 |
| 3 | 0 | 0.3 | 0.1 |

(1) $EX$, $EY$;

(2) $E\left(\frac{Y}{X}\right)$.

6. 从 1, 2, …, $N$ 中依次(不重复)取两个数,分别记为 $X$ 和 $Y$,求 $E(X+Y)$.

7. 设随机变量 $X_1$, $X_2$, …, $X_n$ 相互独立,且服从同一分布, $EX_i=\mu$, $DX_i=\sigma^2$,这些随机变量的平均值是 $\bar{X}=\frac{1}{n}\sum_{i=1}^{n}X_i$，求 $E\bar{X}$ 和 $D\bar{X}$.

8. 设随机变量 $X$ 的密度函数为

$$p(x)=\begin{cases}2x, & 0<x<1,\\ 0, & \text{其他}.\end{cases}$$

求 $P\{|X-EX|\geqslant 2\sqrt{DX}\}$.

9. 设随机变量 $X$ 与 $Y$ 相互独立,且都服从相同分布 $N\left(0, \frac{1}{2}\right)$,求 $E(|X-Y|)$ 和 $D(|X-Y|)$.

10. 设随机变量 $\xi$ 与 $\eta$ 相互独立,服从相同分布 $N(\mu, \sigma^2)$. 令 $X=\alpha\xi+\beta\eta$, $Y=\alpha\xi-\beta\eta$,其中 $\alpha$, $\beta$ 为常数,求相关系数 $\rho_{XY}$.

11. 设随机变量 $(X, Y)$ 的联合密度函数为

$$p(x, y)=\begin{cases}1, & |y|<x,\ 0<x<1,\\ 0, & \text{其他}.\end{cases}$$

试求：

(1) $EX$, $EY$;

(2) $\mathrm{Cov}(X, Y)$.

12. 设随机变量 $X$ 的密度函数为 $p(x)=\frac{1}{2}e^{-|x|}(-\infty<x<+\infty)$，求：

(1) $EX$，$DX$；

(2) $\mathrm{Cov}(X, |X|)$.

13. 设 $X_1, X_2, \cdots, X_{n+m}$ $(n>m)$ 是独立同分布且方差存在的随机变量，令 $Y=X_1+X_2+\cdots+X_n$，$Z=X_{m+1}+X_{m+2}+\cdots+X_{m+n}$，求 $\rho_{YZ}$.

# 第五章 极限定理

极限定理是概率论的基本理论之一，在理论研究和实际应用中起着十分重要的作用. 大数定律和中心极限定理是其中最重要的定理. 大数定律从理论上阐述了随机变量的稳定性，而中心极限定理论证了大量随机变量之和的极限分布.

## §5.1 切比雪夫不等式

我们知道对于一个随机变量 $X$ 来说，知道分布函数就全面地掌握了其分布规律. 之后我们又引入了随机变量的数字特征. 有时需要对随机变量 $X$ 关于数学期望 $EX$ 的偏差程度的概率作出估计，这在理论上和实践中都是很重要的问题. 解决这一问题的重要工具是切比雪夫(Chebyshev)不等式.

**定理 5.1**(切比雪夫不等式) 设随机变量 $X$ 有数学期望 $EX$ 及方差 $DX$，则对任意的正数 $\varepsilon$，有

$$P\{|X-EX|\geqslant\varepsilon\}\leqslant\frac{DX}{\varepsilon^2}, \tag{5.1}$$

或

$$P\{|X-EX|<\varepsilon\}\geqslant 1-\frac{DX}{\varepsilon^2}. \tag{5.2}$$

**证明** 如果 $X$ 是连续型随机变量，那么

$$\begin{aligned}P\{|X-EX|\geqslant\varepsilon\}&=\int_{|x-EX|\geqslant\varepsilon}p(x)\mathrm{d}x\\&\leqslant\int_{|x-EX|\geqslant\varepsilon}\frac{|x-EX|^2}{\varepsilon^2}p(x)\mathrm{d}x\\&\leqslant\frac{1}{\varepsilon^2}\int_{-\infty}^{+\infty}(x-EX)^2p(x)\mathrm{d}x\\&=\frac{DX}{\varepsilon^2}.\end{aligned}$$

请读者自己证明离散型随机变量的情况. ∎

切比雪夫不等式对随机变量取值的分散程度作了概率估计，它表明：随机变量 $X$ 的方差 $DX$ 越小，则事件 $\{|X-EX|<\varepsilon\}$ 发生的概率越大，也就是 $X$ 的取值基本上集中在它的期望 $EX$ 附近.

**例 1** 已知 $EX=750$，$DX=225$，估计 $X$ 介于 700 和 800 之间的概率.

解 $X$ 介于 700 和 800 之间的概率，可表示为 $P\{|X-750|<50\}$，由切比雪夫不等式可得

$$P\{700<X<800\}=P\{|X-750|<50\}$$
$$\geqslant 1-\frac{225}{50^2}=0.9.$$

**例 2** 设 $X\sim N(\mu,\sigma^2)$，试估计 $X$ 落入 $(\mu-3\sigma,\mu+3\sigma)$ 的概率.

解 根据切比雪夫不等式，有

$$P\{|X-\mu|<3\sigma\}\geqslant 1-\frac{\sigma^2}{(3\sigma)^2}=0.8889,$$

即

$$P\{\mu-3\sigma<X<\mu+3\sigma\}\geqslant 0.8889.$$

由 § 2.4 中"$3\sigma$ 原则"知

$$P\{\mu-3\sigma<X<\mu+3\sigma\}=0.9973.$$

可见，切比雪夫不等式估计结果与精确概率相差太多，这表明切比雪夫不等式估计比较粗糙，估计精确度不高. 但是它在理论上具有重大意义.

## § 5.2 大数定律

我们知道，在相同的条件下，进行大量重复试验时，随机现象呈现一种规律性，它表现为随机事件发生的频率具有稳定性. 在实践中，人们认识到对于大量的随机现象进行观察，其结果的算术平均值也具有稳定性. 我们把用来研究随机现象稳定性的一系列定理称为**大数定律**. 大数定律以确切的数学形式表达了这种稳定性，即从理论上阐述了这种大量的、在一定条件下重复的随机现象的规律性(即稳定性). 一系列的定律和定理逐步揭示了这种规律性.

**定义 5.1** 若存在常数 $a$，使对于任意正数 $\varepsilon$，有

$$\lim_{n\to\infty} P\{\mid X_n - a \mid < \varepsilon\} = 1,$$

则称随机变量序列$\{X_n\}$**依概率收敛**于 $a$.

**定理 5.2**(切比雪夫定理) 设 $X_1, X_2, \cdots$是相互独立的随机变量序列,各有数学期望 $EX_1, EX_2, \cdots$及方差 $DX_1, DX_2, \cdots$并且对于所有 $i=1, 2, \cdots$都有 $DX_i < l$,其中 $l$ 是与 $i$ 无关的常数,则对于任给正数 $\varepsilon$,有

$$\lim_{n\to\infty} P\left\{\left|\frac{1}{n}\sum_{i=1}^{n} X_i - \frac{1}{n}\sum_{i=1}^{n} EX_i\right| < \varepsilon\right\} = 1. \tag{5.3}$$

证明 因为 $X_1, X_2, \cdots$相互独立,所以

$$D\left(\frac{1}{n}\sum_{i=1}^{n} X_i\right) = \frac{1}{n^2}\sum_{i=1}^{n} DX_i < \frac{1}{n^2} nl = \frac{l}{n}.$$

又因为

$$E\left(\frac{1}{n}\sum_{i=1}^{n} X_i\right) = \frac{1}{n}\sum_{i=1}^{n} EX_i,$$

根据(5.2)式,对于任意正数 $\varepsilon$,有

$$P\left\{\left|\frac{1}{n}\sum_{i=1}^{n} X_i - \frac{1}{n}\sum_{i=1}^{n} EX_i\right| < \varepsilon\right\} \geqslant 1 - \frac{l}{n\varepsilon^2}.$$

由于任何事件的概率都不超过 1,有

$$1 - \frac{l}{n\varepsilon^2} \leqslant P\left\{\left|\frac{1}{n}\sum_{i=1}^{n} X_i - \frac{1}{n}\sum_{i=1}^{n} EX_i\right| < \varepsilon\right\} \leqslant 1,$$

因此

$$\lim_{n\to\infty} P\left\{\left|\frac{1}{n}\sum_{i=1}^{n} X_i - \frac{1}{n}\sum_{i=1}^{n} EX_i\right| < \varepsilon\right\} = 1. \quad \blacksquare$$

切比雪夫定理表明,在定理的条件下,当 $n$ 充分大时,$n$ 个独立随机变量经过算术平均以后得到的随机变量 $\frac{1}{n}\sum_{i=1}^{n} X_i$,将聚集在其数学期望$\frac{1}{n}\sum_{i=1}^{n} EX_i$ 附近,这种接近是概率意义下的接近. 通俗地讲,在定理的条件下,$n$ 个独立随机变量的算术平均值在 $n$ 无限增大时,充分接近它们的数学期望的平均值.

切比雪夫定理的一个推论是贝努里大数定律.

**定理 5.3**(贝努里定理) 设 $f_n$ 是 $n$ 重贝努里试验中事件 $A$ 发生的次数,$p$ 是在每次试验中事件 $A$ 发生的概率,则对于任意的正数 $\varepsilon$,有

$$\lim_{n\to\infty} P\left\{\left|\frac{f_n}{n} - p\right| < \varepsilon\right\} = 1. \tag{5.4}$$

**证明** 设 $X_i$ 为第 $i$ 次试验中事件 $A$ 发生的次数，它服从参数为 $p$ 的 0-1 分布，$EX_i = p,\ DX_i = pq(i = 1,\ 2,\ \cdots,\ n)$，并且 $X_1,\ X_2,\ \cdots,\ X_n$ 相互独立，而 $f_n = \sum\limits_{i=1}^{n} X_i$，由切比雪夫定理，有

$$\lim_{n\to\infty} P\left\{\left|\frac{1}{n}\sum_{i=1}^{n} X_i - p\right| < \varepsilon\right\} = 1,$$

即

$$\lim_{n\to\infty} P\left\{\left|\frac{f_n}{n} - p\right| < \varepsilon\right\} = 1. \quad \blacksquare$$

这一定理说明，在大量重复试验中，事件 $A$ 发生的频率$\dfrac{f_n}{n}$与概率 $p$ 可以任意接近，即频率$\dfrac{f_n}{n}$逐渐稳定于概率 $p$.

切比雪夫定理的另一个推论是辛钦(Khinchin)大数定律.

**定理 5.4**(辛钦定理) 设 $X_1,\ X_2,\ \cdots$是相互独立且具有相同分布的随机变量序列，$EX_i = \mu,\ DX_i = \sigma^2(i = 1,\ 2,\ \cdots)$. 则对于任给正数 $\varepsilon$，有

$$\lim_{n\to\infty} P\left\{\left|\frac{1}{n}\sum_{i=1}^{n} X_i - \mu\right| < \varepsilon\right\} = 1. \tag{5.5}$$

这一定理使得算术平均值的法则有了理论依据，即对同一个随机变量 $X$ 进行$n$ 次独立观察，得观察值为 $x_1,\ x_2,\ \cdots,\ x_n$，则所有观察结果的算术平均值 $\dfrac{1}{n}\sum\limits_{i=1}^{n} x_i$ 依概率收敛于随机变量的期望值$\mu$. 因此，当 $n$ 充分大时，取 $\dfrac{1}{n}\sum\limits_{i=1}^{n} x_i$ 作为数学期望 $\mu$ 的近似值是合理的，可认为它所产生的误差是很小的.

## §5.3 中心极限定理

正态分布在随机变量的各种分布中，占特别重要的地位. 在某些条件下，即使原来并不服从正态分布的一些独立的随机变量，当随机变量的个数无限增加时，它们的和的分布是趋于正态分布的. 在概率论里，把研究在什么条件下，大量独立随机变量和的分布以正态分布为极限这一类定理称为**中心极限定理**.

一般地，如果各项偶然因素对总和的影响是均匀的、微小的，即没有一项起特别突出的作用，那么就可以断定这些大量独立的偶然因素的总和是近似服从正态分

布的.这是数理统计中大样本统计推断的基础,用数学形式表达就是下面的定理.

**定理 5.5**(林德贝格-勒维(Lindeberg-Levy)定理) 设 $X_1, X_2, \cdots$是相互独立,服从同一分布的随机变量序列,且 $EX_i=\mu,\ DX_i=\sigma^2(\sigma^2\neq 0,\ i=1, 2, \cdots)$,则对于任意实数 $x$,有

$$\lim_{n\to\infty} P\left\{\frac{\sum_{i=1}^{n} X_i - n\mu}{\sqrt{n}\sigma} < x\right\} = \frac{1}{\sqrt{2\pi}}\int_{-\infty}^{x} e^{-\frac{t^2}{2}}\,dt = \Phi(x). \tag{5.6}$$

证明略.

该定理说明,当 $n$ 充分大时,$n$ 个具有期望和方差的独立同分布的随机变量之和近似服从正态分布.虽然在一般情况下,我们很难求出 $X_1+X_2+\cdots+X_n$ 的分布的确切形式,但当 $n$ 很大时,可求出其近似分布.

由定理结论,近似地,有

$$\frac{\sum_{i=1}^{n} X_i - n\mu}{\sqrt{n}\sigma} \sim N(0, 1),$$

即

$$\frac{\frac{1}{n}\sum_{i=1}^{n} X_i - \mu}{\sigma/\sqrt{n}} \sim N(0, 1),$$

或

$$\sum_{i=1}^{n} X_i \sim N(n\mu, n\sigma^2);$$

$$\frac{1}{n}\sum_{i=1}^{n} X_i \sim N\left(\mu, \frac{\sigma^2}{n}\right).$$

可见,正态分布在理论上和应用中都具有极大的重要性.

**例 1** 一盒同型号的螺丝钉共有 100 个,已知螺丝钉的重量是一个随机变量,期望值是 100 克,标准差是 10 克,求一盒螺丝钉的重量超过 10.2 千克的概率.

解 设一盒中第 $i$ 个螺丝钉的重量为 $X_i(i=1, 2, \cdots, 100)$, $X_1, X_2, \cdots, X_{100}$ 相互独立且具有同一分布.一盒螺丝钉的重量是 $X=\sum_{i=1}^{100} X_i$,而且

$$\mu = EX_i = 100,\ \sigma = \sqrt{DX_i} = 10,\ n = 100.$$

由定理 5.5，得

$$P\{X>10\,200\}=P\left\{\frac{\sum_{i=1}^{n}X_i-n\mu}{\sqrt{n}\sigma}>\frac{10\,200-n\mu}{\sqrt{n}\sigma}\right\}$$

$$=P\left\{\frac{X-10\,000}{100}>\frac{10\,200-10\,000}{100}\right\}$$

$$=P\left\{\frac{X-10\,000}{100}>2\right\}=1-P\left\{\frac{X-10\,000}{100}\leqslant 2\right\}$$

$$\approx 1-\Phi(2)=1-0.977\,25=0.022\,75,$$

即一盒螺丝钉的重量超过 10.2 千克的概率为 0.022 75.

**例 2** 进行某项计算，在运算中遵从四舍五入原则. 现在对小数点后面第一位进行舍入运算，认为误差 $X\sim U[-0.5, 0.5]$. 若在一项计算中进行了 100 次运算，求平均误差落入区间 $\left[-\frac{\sqrt{3}}{20}, \frac{\sqrt{3}}{20}\right]$ 上的概率.

解 设该项计算中第 $i$ 次运算的误差为 $X_i\,(i=1, 2, \cdots, 100)$，$X_1$，$X_2$，…，$X_{100}$ 相互独立都服从 $U[-0.5, 0.5]$. 此时，$\mu=EX_i=0$，$\sigma^2=DX_i=\frac{1}{12}\,(i=1, 2, \cdots, 100)$. 对于平均误差 $\bar{X}=\frac{1}{100}\sum_{i=1}^{100}X_i$，由定理 5.5，近似地有

$$\frac{1}{100}\sum_{i=1}^{100}X_i\sim N\left(0, \frac{1}{1\,200}\right).$$

于是，平均误差 $\frac{1}{100}\sum_{i=1}^{100}X_i$ 落入区间 $\left[-\frac{\sqrt{3}}{20}, \frac{\sqrt{3}}{20}\right]$ 上的概率为

$$P\left\{-\frac{\sqrt{3}}{20}<\bar{X}<\frac{\sqrt{3}}{20}\right\}=F\left(\frac{\sqrt{3}}{20}\right)-F\left(-\frac{\sqrt{3}}{20}\right)$$

$$\approx\Phi\left(\frac{\sqrt{3}/20-0}{\sqrt{1/1\,200}}\right)-\Phi\left(\frac{-\sqrt{3}/20-0}{\sqrt{1/1\,200}}\right)$$

$$=\Phi(3)-\Phi(-3)=2\Phi(3)-1$$

$$=2\cdot 0.998\,65-1=0.997\,3.$$

将林德贝格-勒维中心极限定理应用到贝努里试验场合，很容易得到下面的定理.

**定理 5.6**（棣莫弗-拉普拉斯(De Moiver-Laplace)定理） 设 $f_n$ 是 $n$ 重贝努

里试验中事件$A$发生的次数,$p$是在每次试验中事件$A$发生的概率,则对于任意实数$x$,有

$$\lim_{n\to\infty} P\left\{\frac{f_n - np}{\sqrt{np(1-p)}} < x\right\} = \frac{1}{\sqrt{2\pi}}\int_{-\infty}^{x} e^{-\frac{t^2}{2}} dt = \Phi(x). \tag{5.7}$$

该定理说明,如果随机变量$X \sim B(n, p)$,那么,当$n$很大时,近似地有

$$\frac{X - np}{\sqrt{np(1-p)}} \sim N(0, 1),$$

或

$$X \sim N(np, np(1-p)).$$

也就是说二项分布以正态分布为其极限分布.

**例3** 统计资料表明,每年由于某种事故而死亡的人数占总体的0.005%,问某年内10 000个投保者中有3个以上需要保险公司进行理赔的概率是多少?

解 设一年中死亡人数为$X$,则$X \sim B(10\,000, 0.000\,05)$,$np = 0.5$,$np(1-p) = 0.499\,98$. 由定理5.6得,$X$近似服从$N(0.5, 0.499\,98)$,那么$\dfrac{X-0.5}{0.707\,1}$近似地服从$N(0, 1)$. 于是

$$\begin{aligned} P\{3 \leqslant X \leqslant 10\,000\} &\approx \Phi\left(\frac{10\,000 - 0.5}{0.707\,1}\right) - \Phi\left(\frac{3 - 0.5}{0.707\,1}\right) \\ &= \Phi(14\,141.56) - \Phi(3.54) \\ &= 1 - 0.999\,8 = 0.000\,2, \end{aligned}$$

即年内10 000个投保者中有3个以上需要保险公司进行理赔的概率为0.000 2. 这是一个很小的概率.

**例4** 某批产品的次品率为0.002,求1 000件该产品中次品数不超过4件的概率.

解 设1 000件产品中次品数为$X$,则$X \sim B(1\,000, 0.002)$,所求的概率是$P\{0 \leqslant X \leqslant 4\}$,下面用3种方法计算并加以比较.

(1) 用二项分布计算.

$$\begin{aligned} P\{0 \leqslant X \leqslant 4\} &= \sum_{k=0}^{4} C_{1\,000}^{k} (0.002)^k (0.998)^{1-k} \\ &= 0.947\,5. \end{aligned}$$

(2) 用普阿松分布近似计算. 由于 $\lambda = np = 2$，则

$$P\{0 \leqslant X \leqslant 4\} \approx \sum_{k=0}^{4} P_2(k) = 0.9473.$$

(3) 用正态分布近似计算

$$np = 2,\ np(1-p) = 1.996.$$

由定理 5.6，近似地有 $X \sim N(2,\ 1.996)$，因此

$$\begin{aligned} P\{0 \leqslant X \leqslant 4\} &= P\left\{\frac{0-2}{\sqrt{1.996}} \leqslant \frac{X-np}{\sqrt{np(1-p)}} \leqslant \frac{4-2}{\sqrt{1.996}}\right\} \\ &= P\left\{-1.42 \leqslant \frac{X-2}{\sqrt{1.996}} \leqslant 1.42\right\} \\ &\approx \Phi(1.42) - \Phi(-1.42) \\ &= 2\Phi(1.42) - 1 \\ &= 0.84444. \end{aligned}$$

由比较可见，用正态分布近似计算不如用普阿松分布近似精确.

正态分布和普阿松分布虽然都是二项分布的极限分布，但后者以 $n\to\infty$，$p$ 很小，$np\to\lambda$ 为条件；而前者只要求 $n\to\infty$ 这一条件. 显然后者的条件要比前者强. 一般地，对于 $n$ 很大，$p$ 很小的二项分布用正态分布作近似计算不如用普阿松分布计算精确.

## 数学家简介

### 拉 普 拉 斯

皮埃尔·西蒙·拉普拉斯(Pierre Simon Laplace，1749—1827)1749 年 3 月 23 日生于法国诺曼底地区的博蒙昂诺日，1827 年 3 月 5 日卒于法国巴黎，法国著名数学家和天文学家. 拉普拉斯是天体力学的主要奠基人，是天体演化学的创立者之一，是分析概率论的创始人，是应用数学的先驱. 他发表的天文学、数学和物理学的论文有 270 多篇，专著合计有 4 000 多页. 其中最有代表性的专著有《天体力学》、《宇宙体系论》和《概率分析理论》. 拉普拉斯因研究太阳系稳定性的动力学问题被誉为法国的牛顿和天体力学之父.

拉普拉斯在青年时期就显示出卓越的数学才能，18 岁时离家赴巴黎，决定从事数学工作. 于是带着一封推荐信去找当时法国著名学者达朗贝尔，但被后者

拒绝接见.拉普拉斯就寄去一篇力学方面的论文给达朗贝尔.这篇论文出色至极,以致达朗贝尔忽然高兴得要当他的教父,并使他将拉普拉斯推荐到军事学校教书.此后,拉普拉斯同拉瓦锡在一起工作了一个时期,他们测定了许多物质的比热.1780年,他们两人证明了将一种化合物分解为其组成元素所需的热量就等于这些元素形成该化合物时所放出的热量.这可以看作是热化学的开端,而且,它也是继布拉克关于潜热的研究工作之后向能量守恒定律迈进的又一个里程碑,60年后这个定律终于瓜熟蒂落地诞生了.拉普拉斯的主要注意力集中在天体力学的研究上面,尤其是太阳系天体摄动,以及太阳系的普遍稳定性问题.他把牛顿的万有引力定律应用到整个太阳系,于1773年解决了一个当时著名的难题:解释木星轨道为什么在不断地收缩,而同时土星的轨道又在不断地膨胀.拉普拉斯用数学方法证明行星平均运动的不变性,并证明为偏心率和倾角的3次幂,这就是著名的拉普拉斯定理.从此,他开始了太阳系稳定性问题的研究.同年,他成为法国科学院副院士,1784—1785年,他求得天体对其外任一质点的引力分量可以用一个势函数来表示,这个势函数满足一个偏微分方程,即著名的拉普拉斯方程.1785年他被选为科学院院士.1786年,他证明行星轨道的偏心率和倾角总保持很小和恒定,能自动调整,即摄动效应是守恒和周期性的,即不会积累也不会消解.1787年,他发现月球的加速度同地球轨道的偏心率有关,从理论上解决了太阳系动态中观测到的最后一个反常问题.1796年,他的著作《宇宙体系论》问世,书中提出了对后来有重大影响的关于行星起源的星云假说.他长期从事大行星运动理论和月球运动理论方面的研究,在总结前人研究的基础上取得大量重要成果,他的这些成果集中在1799—1825年出版的5卷16册巨著《天体力学》之内.在这部著作中他第一次提出天体力学这一名词,这部著作是经典天体力学的代表作.

《宇宙系统论》是拉普拉斯的一部名垂千古的杰作.在这部书中,他独立于康德,提出了第一个科学的太阳系起源理论——星云说.康德的星云说是从哲学角度提出的,而拉普拉斯则从数学、力学角度充实了星云说,因此,人们常常把他们两人的星云说称为“康德-拉普拉斯星云说”.

拉普拉斯在数学上也有许多贡献.1812年发表了重要的《概率分析理论》一书.

## 习 题 五

1. 用切比雪夫不等式估计下列各题的概率:

(1) 废品率为0.03,1 000个产品中废品多于20个且少于40个的概率;

(2) 200 个新生婴儿中,男孩子多于 80 个且少于 120 个的概率(假定生男、生女概率均为 0.5).

2. 用棣莫弗-拉普拉斯定理计算上题的概率.

3. 如果 $X_1, \cdots, X_n$ 是 $n$ 个相互独立且具有同分布的随机变量,若 $EX_i = \mu$, $DX_i = 8\ (i=1, 2, \cdots, n)$. 对于 $\overline{X} = \frac{1}{n}\sum_{i=1}^{n} X_i$,写出 $\overline{X}$ 所满足的切比雪夫不等式,并估计 $P\{|\overline{X}-\mu|<4\}$.

4. 将一颗骰子连续掷 4 次,点数总和记为 $X$. 试估计 $P\{10<X<18\}$.

5. 设随机变量 $X$ 的密度函数为

$$p(x)=\begin{cases}0, & x\leqslant 0,\\ \dfrac{x^n}{n!}\mathrm{e}^{-x}, & x>0.\end{cases}$$

试估计 $P\{0<X<2(n+1)\}$.

6. 袋装茶叶用机器装袋,每袋茶叶的净重为随机变量,其期望值为 100 克,标准差为 10 克,一大盒内装 200 袋,求一盒茶叶净重大于 20.5 千克的概率.

7. 一项运算在进行加法时,将每个加数舍入到最靠近它的整数,若所有误差是独立的且在(−0.5, 0.5)上服从均匀分布. 试求:

(1) 1 500 个数相加时,误差总和的绝对值超过 15 的概率;

(2) 最多可有几个数相加,才使得误差总和的绝对值小于 10 的概率不超过 0.9.

8. 某种电子元件合格率为 0.6,试求 10 000 个这种电子元件中合格数在 5 800 与 6 200 之间的概率.

9. 从一批良种率为 95%的种子中随机观察 200 粒,求良种数超过 180 粒的概率.

10. 从一批发芽率为 90%的种子中随机抽取 1 000 粒,求这 1 000 粒种子发芽率不低于 0.88 的概率.

11. 某部门有 200 台电脑,每台工作的概率为 0.7,假定各台电脑工作与否是独立的,工作时每台需消耗电能 15 个单位. 问:需要多少电能,才能以 95%的概率保证不致因供电不足而影响该部门的正常工作?

12. 某商店负责供应某地区 1 000 人的商品,某种商品在一段时间内每人需用一件的概率为 0.6,假定在这一段时间各人购买与否是独立的,问:商店应预备多少件这种商品,才能以 99.7%的概率保证不会脱销?

13. 一个系统,由 $n$ 个相互独立起作用的部件组成,每个部件的可靠性为

0.9,且必须至少有 80%部件工作才能使整个系统工作,问:$n$ 至少是多少,才能使系统的可靠性为 0.95?

14. 设有 30 个电子器件,它们的使用寿命(单位:小时)$T_1$, …, $T_{30}$ 服从参数 $\lambda=0.1$ 的指数分布.其使用情况是第一个损坏第二个立即使用,第二个损坏第三个立即使用等等.令 $T$ 为 30 个器件使用的总计时间,求 $T$ 超过 350 小时的概率.

15. 在上题中,若电子器件每件为 100 元,那么一年至少需多少元,才能有 95%的概率保证够用(假定一年有 306 个工作日,每个工作日为 8 小时)?

# 第六章 统计量及抽样分布

本书前 5 章介绍了概率论的基本内容，从本章开始，我们将进行数理统计的学习. 数理统计是一门应用性很强的学科，它以概率论为理论基础，研究如何有效地收集、整理和分析带有随机性的数据，以对所考虑的问题作出推断或预测. 数理统计与概率论是两个密切联系的学科，概率论是数理统计的基础，数理统计是概率论的重要应用.

本章主要介绍总体、样本、频率、直方图、统计量及常用统计量的分布等数理统计的基本概念.

## §6.1 总体与样本

### 一、总体与样本

**定义 6.1** 研究对象的全体称为**总体**，总体的每一个基本单元称为**个体**.

例如，要研究某大学学生的学习情况，则该校的全体学生构成问题的总体，每一个学生就是该总体中的一个个体.

总体随所研究的范围而定. 总体如何定，取决于研究目的，也受人力、物力、时间等因素的限制. 例如，在上例中，若要研究全国大学生的学习情况，总体就是全国所有在学的大学生.

总体中的每一个体，具有共同的可观察的特征，但实际上我们关心的往往只是它们的某项数量指标，而不是所有指标. 例如，一个学生有身高、体重、学习成绩等特征，当我们研究身高时，只注意其身高如何，如果学生甲身高 172 厘米，就以 172 这个数代替学生甲，这时我们应该把总体理解为研究对象的某项数量指标的全体.

对一个总体，如果用 $X$ 表示它的数量指标，那么不同的个体对应 $X$ 的不同值. 因此，如果我们随机地抽取个体，则 $X$ 的值也随着抽取的个体的不同而不同，所以 $X$ 是一个随机变量，既然总体是随机变量 $X$，就有其概率分布. 总体的分布不同,分析的方法就不同.对于两个总体,即使所含个体的性质根本不同,只要有相同分布,在数理统计上就视为同类总体.

按照总体所包含个体的个数,可以分为:包含有限个个体的总体,称为**有限总体**;包含无限个个体的总体,称为**无限总体**.实际问题中,在一个有限总体所包含的个体相当多的情况下,可以把它视为无限总体来处理.例如,研究某班学生的一次考试成绩,这是有限总体.又如,研究新生儿的体重,可视为无限总体.一大袋稻种可视为无限总体等.

当一个总体为无限总体,或虽为有限总体但总体中含有的个体数较大时,为了研究总体的特点,不可能也不必要对每一个个体进行考察,而只需从总体中抽取一部分个体,根据这部分个体提供的信息来估计和推断总体的特点.

**定义 6.2** 总体中抽出若干个体而成的集体,称为**样本**,样本中所含个体的个数,称为**样本容量**.

对总体 $X$,从中抽取容量为 $n$ 的样本 $X_1, X_2, \cdots, X_n$,那么称其中的每一个 $X_i$ 为第 $i$ 个样本.有时把全体 $X_1, X_2, \cdots, X_n$ 称为一组样本.

从总体中抽取一个个体,就是做一次随机试验.抽取 100 个个体,就是做 100 次随机试验.此时,样本可以看作 100 个随机变量 $X_1, X_2, \cdots, X_{100}$.对于容量为 $n$ 的样本 $X_1, X_2, \cdots, X_n$,通常看成是 $n$ 维随机变量$(X_1, X_2, \cdots, X_n)$.而每次具体抽样所得的数据,称为这个 $n$ 维随机变量的一个**观察值**$(x_1, x_2, \cdots, x_n)$,也称为**样本值**.

由于抽到哪些个体是随机的,从而其样本$(X_1, X_2, \cdots, X_n)$也是随机的,因此,一个容量为 $n$ 的样本就有了两重性:在一个具体问题中,样本$(X_1, X_2, \cdots, X_n)$是一些具体的数据,也就是在抽样结束后,它们是一组确定的数,即观察值$(x_1, x_2, \cdots, x_n)$;而在理论的研究上,泛指一次抽出的可能结果,这时样本$(X_1, X_2, \cdots, X_n)$是 $n$ 维随机变量,即在抽样进行前,样本是随机的,因而是 $n$ 维随机变量.

抽样的目的是通过样本对总体分布中某些未知因素作出推断,我们自然希望抽取的样本能很好地反映和代表总体的情况,因此必须考虑抽样的方法.为使样本具有充分的代表性,抽取样本必须是随机的,即应使总体的每一个个体都有同等机会被抽取,这意味着样本$(X_1, X_2, \cdots, X_n)$中每一个 $X_i(i=1, 2, \cdots, n)$ 与所考察的总体具有相同的分布.此外,还要求抽出的样本必须是独立的,即每次抽样的结果既不影响其他各次抽样的结果也不受其他各次抽样结果的影响,这意味着 $X_1, X_2, \cdots, X_n$ 是相互独立的随机变量.

如果总体中每一个个体被抽到的机会是均等的(抽样具有代表性),并且各次抽样相互独立(抽样具有独立性),那么称这种抽样方法为**简单随机抽样**.

**定义 6.3** 如果 $X_1, X_2, \cdots, X_n$ 相互独立,且与总体 $X$ 具有相同分布,则称$(X_1, X_2, \cdots, X_n)$为总体 $X$ 的一个**简单随机样本**.

本书只研究简单随机样本,以后如不作特别说明,凡提到的样本总是指简单随机样本.

有放回地重复随机抽样所得到的样本是简单随机样本. 而对于不放回抽样,当样本容量相对较少,比如不超过总体的 5%时,不放回地随机抽样所得到的样本可以近似地看成简单随机样本.

若总体 $X$ 的分布函数是 $F(x)$,则样本$(X_1, X_2, \cdots, X_n)$的联合分布函数为

$$F(x_1, x_2, \cdots, x_n) = F(x_1)F(x_2)\cdots F(x_n).$$

若总体 $X$ 是离散型随机变量,其分布律为 $P\{X = x_i\} = p_i \quad (i = 1, 2, \cdots)$, 则样本$(X_1, X_2, \cdots, X_n)$ 的联合分布律为

$$P\{X_1 = x_1, X_2 = x_2, \cdots, X_n = x_n\} = P\{X = x_1\}P\{X = x_2\}\cdots P\{X = x_n\}.$$

若总体 $X$ 是连续型随机变量,其密度函数为 $p(x)$,则样本$(X_1, X_2, \cdots, X_n)$的联合密度函数为

$$p(x_1, x_2, \cdots, x_n) = p(x_1)p(x_2)\cdots p(x_n).$$

## 二、统计量

虽然样本包含有总体分布的信息,但信息却分散在样本的每个分量上. 为了对总体作出推断,这就需要把分散在样本中有关总体的信息集中起来以反映总体的各种特征,即需要对样本进行加工. 一种有效的方法是构造样本的某个函数,这种样本函数就是统计量.

**定义 6.4** 设$(X_1, X_2, \cdots, X_n)$是取自总体 $X$ 的一个样本,若样本函数$f(X_1, X_2, \cdots, X_n)$中不含任何未知参数,则称 $f(X_1, X_2, \cdots, X_n)$为**统计量**.

由定义可知,统计量也是一个随机变量. 对于样本观察值$(x_1, x_2, \cdots, x_n)$, $f(x_1, x_2, \cdots, x_n)$是统计量 $f(X_1, X_2, \cdots, X_n)$的一个观察值.

定义中"不含任何未知参数"的含义是将得到的样本观察值$(x_1, x_2, \cdots, x_n)$代入统计量可以计算出统计量的观察值

$$f = f(x_1, x_2, \cdots, x_n).$$

统计量是完全由样本所决定的量. 所谓完全,是指统计量只依赖于样本而不能依赖于任何其他未知的量,特别是不能依赖于总体分布中所包含的未知参数.

**例 1** 设总体 $X \sim N(\mu, \sigma^2)$,其中 $\mu$ 已知,而 $\sigma^2$ 未知,$(X_1, X_2)$是取自总体 $X$ 的样本,那么 $X_1 + X_2$, $2X_1 + 4\mu$ 都是统计量. 而 $X_1 + \mu + \sigma^2$ 不是统计量,因为 $\sigma^2$ 未知. 同理,$\dfrac{X_1 - \mu}{\sigma}$也不是统计量.

以后,我们记总体 $X$ 的数学期望 $EX$ 为 $\mu$,即 $EX = \mu$; 总体 $X$ 的方差 $DX$ 为 $\sigma^2$,即 $DX = \sigma^2$.

注意:只是将 $EX$ 和 $DX$ 分别记为 $\mu$ 和 $\sigma^2$,总体 $X$ 并不一定服从 $N(\mu, \sigma^2)$.

下面给出一些常用的统计量.

1. 样本均值

**定义 6.5** 设$(X_1, X_2, \cdots, X_n)$是取自总体 $X$ 的一个样本,则称统计量

$$\overline{X} = \frac{1}{n} \sum_{i=1}^{n} X_i \tag{6.1}$$

**为样本均值.**

样本均值的观察值

$$\bar{x} = \frac{1}{n} \sum_{i=1}^{n} x_i$$

也称为样本均值.

由于$(X_1, X_2, \cdots, X_n)$中的每一个都包含有 $\mu$ 的信息,因此,通常可用样本均值 $\overline{X} = \frac{1}{n} \sum_{i=1}^{n} X_i$ 估计总体的均值 $\mu$.

2. 样本方差

**定义 6.6** 设$(X_1, X_2, \cdots, X_n)$是取自总体 $X$ 的一个样本,则称统计量

$$S^2 = \frac{1}{n-1} \sum_{i=1}^{n} (X_i - \overline{X})^2 \tag{6.2}$$

**为样本方差,$S = \sqrt{S^2}$ 为样本标准差.**

把观察值代入 $S^2$,可得样本方差的观察值

$$s^2 = \frac{1}{n-1} \sum_{i=1}^{n} (x_i - \bar{x})^2.$$

由于

$$\begin{aligned}\sum_{i=1}^{n}(X_i-\bar{X})^2 &= \sum_{i=1}^{n}(X_i^2-2X_i\bar{X}+\bar{X}^2)\\ &= \sum_{i=1}^{n}X_i^2-2\bar{X}\sum_{i=1}^{n}X_i+n\bar{X}^2\\ &= \sum_{i=1}^{n}X_i^2-n\bar{X}^2,\end{aligned}$$

因此有样本方差的简化式

$$S^2=\frac{1}{n-1}\left(\sum_{i=1}^{n}X_i^2-n\bar{X}^2\right). \tag{6.3}$$

样本方差和样本均方差都反映总体波动的大小.

**例 2** 从总体 $X$ 中抽出容量为 10 的样本,其值分别为

54, 67, 68, 78, 70, 66, 67, 70, 65, 69.

求样本均值 $\bar{X}$ 和样本方差 $S^2$ 的观察值 $\bar{x}$ 和 $s^2$.

解 $\bar{x}=\frac{1}{10}(54+67+68+78+70+66+67+70+65+69)=67.4$,

$$\begin{aligned}s^2 &= \frac{1}{10-1}[(54-67.4)^2+(67-67.4)^2+(68-67.4)^2\\ &\quad +(78-67.4)^2+(70-67.4)^2+(66-67.4)^2+(67-67.4)^2\\ &\quad +(70-67.4)^2+(65-67.4)^2+(69-67.4)^2]\\ &= 35.2.\end{aligned}$$

也可以用公式(6.3)较方便地计算出

$$\begin{aligned}s^2 &= \frac{1}{10-1}(54^2+67^2+68^2+78^2+70^2+66^2+67^2\\ &\quad +70^2+65^2+69^2-10\times 67.4^2)\\ &= 35.2.\end{aligned}$$

**例 3** 设总体 $X$ 的数学期望 $EX=\mu$ 及方差 $DX=\sigma^2$ 存在,试计算样本均值 $\bar{X}$ 的数学期望 $E\bar{X}$ 及方差 $D\bar{X}$.

解 $$\begin{aligned}E(\bar{X}) &= E\left(\frac{1}{n}\sum_{i=1}^{n}X_i\right)=\frac{1}{n}\sum_{i=1}^{n}EX_i\\ &= \frac{1}{n}\cdot n\cdot\mu=\mu.\end{aligned}$$

$$D(\bar{X}) = D\left(\frac{1}{n}\sum_{i=1}^{n} X_i\right) = \frac{1}{n^2}\sum_{i=1}^{n} DX_i$$

$$= \frac{1}{n^2} \cdot n \cdot \sigma^2 = \frac{\sigma^2}{n}.$$

## §6.2 样本分布函数

在实际统计工作中,首先接触到的是一系列的数据.数据的变异性,系统地表现为数据的分布.分布的具体表示形式为表和图.设$(x_1, x_2, \cdots, x_n)$是取自总体 $X$ 的一组样本观察值,我们可以用频率分布表和直方图粗略地描述总体 $X$ 的分布.

### 一、频率分布表

设总体 $X$ 是离散型随机变量,$(x_1, x_2, \cdots, x_n)$是一组样本观察值.设 $x_1, x_2, \cdots, x_n$ 中的不同值为 $a_1, a_2, \cdots, a_m$,并且取到 $a_1, a_2, \cdots, a_m$ 的个数分别为 $v_1, v_2, \cdots, v_m$,称 $v_i$ 为 $a_i$ 出现的**频数**,而 $a_i$ 出现的**频率**为 $f_i = \frac{v_i}{n}$,其中 $n = v_1 + v_2 + \cdots + v_m$.

我们称表 6.1 为频率分布表.

**表 6.1**

| $a_i$ | $a_1$ | $a_2$ | … | $a_m$ |
|---|---|---|---|---|
| 频率 $f_i$ | $f_1$ | $f_2$ | … | $f_m$ |

频率分布表近似地给出了总体 $X$ 的分布律.

**例 1** 把记录 1 分钟内碰撞某装置的宇宙粒子个数看作一次试验,连续记录 40 分钟.则有 1 分钟内碰撞某装置的宇宙粒子个数的频数和频率分布表,如表 6.2 所示.

**表 6.2**

| $a_i$ | 0 | 1 | 2 | 3 | 4 |
|---|---|---|---|---|---|
| 频数 $v_i$ | 13 | 13 | 8 | 5 | 1 |
| 频率 $f_i$ | $\frac{13}{40}$ | $\frac{13}{40}$ | $\frac{8}{40}$ | $\frac{5}{40}$ | $\frac{1}{40}$ |

## 二、直方图

用直方图来探求总体的分布是一个比较简单而直观的方法.

下面通过实例介绍频率直方图的作法.

**例 2** 观察新生女婴的体重 $X$,取 20 名按出生顺序测得体重如下(单位:克):

2 880, 2 440, 2 700, 3 500, 3 500, 3 600, 3 080, 3 860, 3 200, 3 100,

3 181, 3 200, 3 300, 3 020, 3 040, 3 420, 2 900, 3 440, 3 000, 2 620.

这是一个连续型随机变量,我们可以通过作频率直方图的方法近似地找出新生女婴的体重的密度函数.

一般地,对样本值 $x_1, x_2, \cdots, x_n$ 作频率直方图的步骤如下:

(1) 分组:根据所给数据的情况,将样本值 $x_1, x_2, \cdots, x_n$ 进行分组.

① 找出 $x_1, x_2, \cdots, x_n$ 的最小值与最大值,分别记为 $x_1^* = \min\limits_{1\leqslant i\leqslant n} x_i$, $x_n^* = \max\limits_{1\leqslant i\leqslant n} x_i$. 在例 2 中,$x_n^* = 3\,860$, $x_1^* = 2\,440$.

② 确定组数、组距及分点.

选定略小于 $x_1^*$ 的常数 $a$,略大于 $x_n^*$ 的常数 $b$,并把$(a, b]$等分成 $m+1$ 个左开右闭的小区间 $(t_i, t_{i+1}]$ $(i=0, 1, 2, \cdots, m)$,其中 $a=t_0<t_1<t_2<\cdots<t_m<t_{m+1}=b$. 我们称 $t_{i+1}-t_i=\dfrac{b-a}{m+1}$ $(i=0, 1, 2, \cdots, m)$ 为**组距**,$m+1$ 为**组数**,$t_0, t_1, \cdots, t_m, t_{m+1}$ 为**分点**.

通常情况下作等组距的分组,但有时也采用不等距的分组.

如果组数分得过多,失去了分组化繁为简的作用,而分组过少将会引起较大的误差,因此组数 $m+1$ 通常应与样本容量 $n$ 的大小相适应,以突出样本分布的特点并冲淡样本的随机波动为原则. 当样本容量 $n$ 较小时,$m$ 也应小些;当 $n$ 较大时,$m$ 则应大些.

在例 2 中,$n=20$,可分 $m+1=5$ 组. 取 $a=2\,400$, $b=3\,900$,组距为 $t_{i+1}-t_i=\dfrac{b-a}{m+1}=\dfrac{3\,900-2\,400}{5}=300$ $(i=0, 1, 2, \cdots, 4)$. 得到各分点为:$a=t_0=2\,400$, $t_1=2\,700$, $t_2=3\,000$, $t_3=3\,300$, $t_4=3\,600$, $t_5=3\,900=b$.

(2) 计算各组相应的频数 $v_i$ 与频率 $f_i$.

先数出样本值落在区间 $(t_i, t_{i+1}]$ 中的个数,记为 $v_i$ $(i=0, 1, 2, \cdots, m)$, 再求出样本值落在区间$(t_i, t_{i+1}]$ 中的频率 $f_i=\dfrac{v_i}{n}$ $(i=0, 1, 2, \cdots, m)$, 可得

频率分布表.

计算例 2 各组相应的频数与频率,得频率分布表 6.3.

表 6.3

| 组序号 | 组限 $(t_i, t_{i+1}]$ | 组频数 $v_i$ | 组频率 $f_i$ |
|---|---|---|---|
| 1 | 2 400～2 700 | 2 | 0.1 |
| 2 | 2 700～3 000 | 3 | 0.15 |
| 3 | 3 000～3 300 | 8 | 0.4 |
| 4 | 3 300～3 600 | 5 | 0.25 |
| 5 | 3 600～3 900 | 2 | 0.1 |

(3) 作出直方图.

在平面直角坐标系上画出 $m+1$ 个长方形,每个长方形以 $t_{i+1}-t_i$ $(i=0, 1, 2, \cdots, m)$ 为底,以 $y_i=\dfrac{f_i}{t_{i+1}-t_i}$ 为高(见图 6.1). 称这样的一排竖着的长方形的图为**直方图**,也称**频率直方图**.

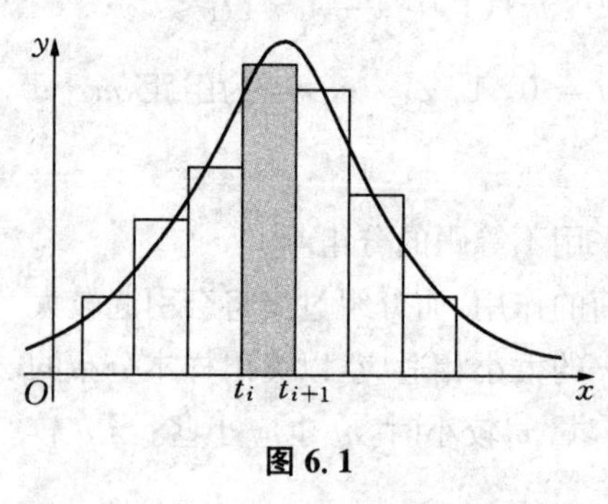


图 6.1

图 6.1 中阴影表示的长方形的面积为

$$\frac{f_i}{t_{i+1}-t_i}(t_{i+1}-t_i)=f_i.$$

这表明每个小长方形的面积恰好是数据落入相应区间内的频率.

$f_i$ 表示以 $[t_i, t_{i+1}]$ 为底的小矩形面积,概率 $p_i=P(t_i<X\leqslant t_{i+1})=\int_{t_i}^{t_{i+1}}p(x)\mathrm{d}x$ 表示以密度函数 $p(x)$ 为曲边、底是 $[t_i, t_{i+1}]$ 的曲边梯形的面积. 由频率稳定性知,当试验次数增大时,可用矩形面积近似代替曲边梯形的面积,即在每个小区间上有 $f_i\approx p_i$.

从频率直方图的作法看出,频率直方图能大致描述出总体 $X$ 的分布情况,每个小长方形的面积正好近似代表了 $X$ 的取值落在相应分组上的概率. 结合连续型随机变量密度函数的直观意义,如果有了频率直方图,让曲线大致经过每个竖着的长方形的“上边”,就可以大致画出一条曲线,称这条曲线为**频率分布曲线**. 频率分布曲线近似总体 $X$ 的密度函数曲线,因而可以通过增加观测数据,提高近似程度. 当然 $n$ 越大,$[t_i, t_{i+1}]$ 越小,这种近似就越好.

我们来作出例 2 的直方图. 在平面直角坐标系中，以横轴表示女婴的体重，6 个分点是 $t_0 = 2\,400$，$t_1 = 2\,700$，$t_2 = 3\,000$，$t_3 = 3\,300$，$t_4 = 3\,600$，$t_5 = 3\,900$. 作底边分别为[2 400，2 700]，[2 700，3 000]，[3 000，3 300]，[3 300，3 600]，[3 600，3 900]，对应的高度分别为

$$y_1 = \frac{f_0}{t_1 - t_0} = \frac{0.1}{2\,700 - 2\,400} = 0.000\,33,$$

$$y_2 = \frac{f_1}{t_2 - t_1} = \frac{0.15}{3\,000 - 2\,700} = 0.000\,5,$$

$$y_3 = \frac{f_2}{t_3 - t_2} = \frac{0.4}{3\,300 - 3\,000} = 0.001\,33,$$

$$y_4 = \frac{f_3}{t_4 - t_3} = \frac{0.25}{3\,600 - 3\,300} = 0.000\,83,$$

$$y_5 = \frac{f_4}{t_5 - t_4} = \frac{0.1}{3\,900 - 3\,600} = 0.000\,33$$

的长方形，得频率直方图，从而得新生女婴体重的密度函数曲线，如图 6.2 所示.

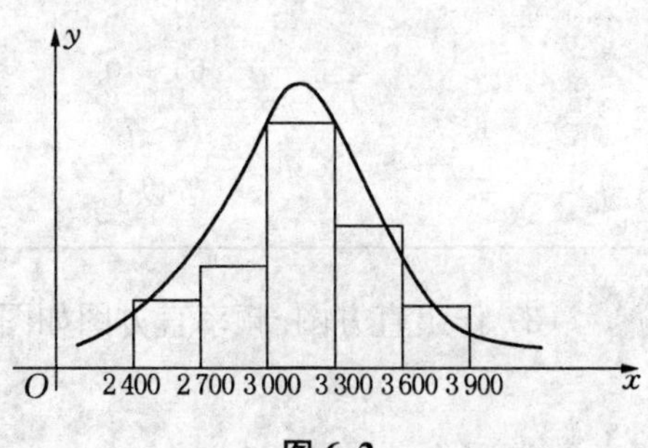


图 6.2

从图 6.2 可以看出，新生女婴体重的密度函数曲线近似正态分布的密度函数曲线. 因此，我们可以设想新生女婴的体重 $X$ 近似服从正态分布. 至于这种设想是否合理，可以通过专门的方法加以检验.

**例 3** 对某地 60 户居民家庭某月的人均副食品消费支出作调查得到数据如下(单位:元)：

51.85，47.35，55.98，51.21，59.25，64.54，74.25，80.68，68.21，63.16，
58.56，60.5，65.87，70.34，73.48，61.72，56.74，64.55，51.71，48.18，
61.64，64.34，63.82，66.35，102.32，70.29，69.21，56.21，54.82，48.67，
49.56，46.21，68.73，62.83，57.88，47.34，55.07，64.81，71.21，98.74，
65.12，49.81，52.37，50.17，59.87，59.34，63.83，67.21，72.13，87.56，
71.38，75.47，64.54，52.72，58.64，59.21，67.84，60.24，54.74，64.97.

试用频率直方图的方法近似地找出副食品消费支出 $X$ 的密度函数.

解　这批数据有一定的波动,也表现出一定的规律性.数据都在 46.21 与 102.32 之间,但在 60 与 65 之间的多些,在其他范围的少些,呈现“中间大两头小”的分布趋势.下面来作出其频率直方图.

(1) 分组.我们采用不等距分组,考虑到 60 个数据中,最小值是 46.21,最大值是 102.32,只有 5 个数据大于 75 的因素,把(75, 103)分为一组,而在 45～75 之间若以区间长度为 5 均分的话,则可分为 6 组,故可将以上 60 个数据共分为 7 组.

(2) 计算各组相应的频数 $v_i$ 与频率 $f_i$,见表 6.4.

**表 6.4**

| 组序号 | 组　限 | 组频数 $v_i$ | 组频率 $f_i$ |
|---|---|---|---|
| 1 | 45～50 | 7 | 7/60 |
| 2 | 50～55 | 8 | 8/60 |
| 3 | 55～60 | 11 | 11/60 |
| 4 | 60～65 | 14 | 14/60 |
| 5 | 65～70 | 8 | 8/60 |
| 6 | 70～75 | 7 | 7/60 |
| 7 | 75 以上 | 5 | 5/60 |

(3) 作出直方图.频率直方图如图 6.3 所示.

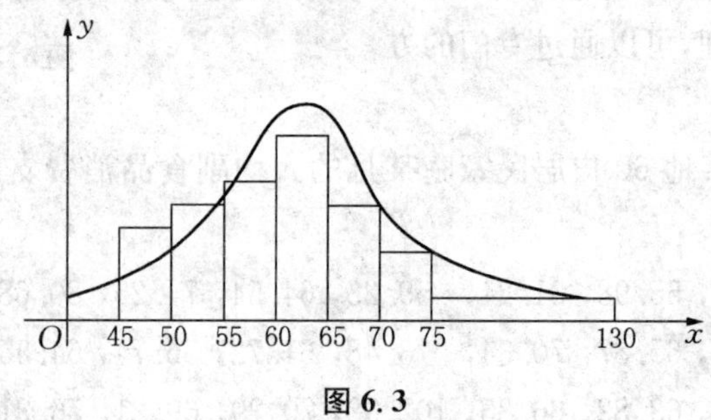


**图 6.3**

由图 6.3 中的近似密度曲线可以看出,它与正态分布的密度曲线相似.因此可以推断该地区某月的人均副食品消费支出 $X$ 服从正态分布.

## 三、样本分布函数

如果总体 $X$ 的分布函数 $F(x)$ 未知，我们可以根据已知的样本观察值来估计未知总体的分布函数.

**定义 6.7**　设 $x_1, x_2, \cdots, x_n$ 是总体 $X$ 的样本值，将它们按大小顺序排列成 $x_1^* \leqslant x_2^* \leqslant \cdots \leqslant x_n^*$. 令

$$F_n(x)=\begin{cases}0, & x<x_1^*,\\ \dfrac{v_1}{n}, & x_1^* \leqslant x<x_2^*,\\ \dfrac{v_2}{n}, & x_2^* \leqslant x<x_3^*,\\ \cdots & \cdots\\ \dfrac{v_k}{n}, & x_k^* \leqslant x<x_{k+1}^*,\\ \cdots & \cdots\\ 1, & x>x_n^*,\end{cases} \tag{6.4}$$

则称 $F_n(x)$ 为**样本分布函数**或**经验分布函数**，其中 $v_i$ 为不超过 $x$ 的样本观察值的个数.

$F_n(x)$ 的图形称为**累积频率曲线**. 所谓累积频率就是将相应一些组频率逐步累加起来的和. 对于任何实数 $x$，$F_n(x)$ 等于不超过 $x$ 的样本观察值的个数除以 $n$，即 $F_n(x)$ 等于样本值落入区间 $(-\infty, x]$ 的频率.

由样本分布函数的定义可知，对每一个 $x$，样本分布函数 $F_n(x)$ 表示事件 $\{X \leqslant x\}$ 发生的频率，它反映了样本取值的频率分布规律. 另一方面，由分布函数的定义，$F(x)=P\{X \leqslant x\}$ 表示事件 $\{X \leqslant x\}$ 发生的概率. 由贝努里大数定理知，只要 $n$ 足够大，事件 $\{X \leqslant x\}$ 发生的频率 $F_n(x)$ 就可以任意地接近事件 $\{X \leqslant x\}$ 发生的概率 $F(x)$，故 $F_n(x)$ 可作为总体 $X$ 的未知分布函数 $F(x)$ 的近似，且 $n$ 越大，近似程度越好.

**例 4**　设从总体 $X$ 中取出容量为 10 的样本，数据分别为

$$3.2,\ 2.5,\ -4,\ 2.5,\ 3,\ 0,\ 2,\ 2.5,\ 4,\ 2.$$

求样本分布函数.

解　将样本值按由小到大的顺序重新排列为

$$-4<0<2=2<2.5=2.5=2.5<3<3.2<4,$$

则样本分布函数为

$$F_{10}(x)=\begin{cases}0, & x<-4,\\ \frac{1}{10}, & -4\leqslant x<0,\\ \frac{2}{10}, & 0\leqslant x<2,\\ \frac{4}{10}, & 2\leqslant x<2.5,\\ \frac{7}{10}, & 2.5\leqslant x<3,\\ \frac{8}{10}, & 3\leqslant x<3.2,\\ \frac{9}{10}, & 3.2\leqslant x<4,\\ 1, & x\geqslant 4.\end{cases}$$

## §6.3 常用统计量的分布

我们已经知道统计量也是随机变量,所以统计量应该也有分布问题,统计量又是进行统计推断的基础,因此求统计量的分布是数理统计的基本问题之一.本节介绍几个常用的统计量的分布.它们是参数估计和假设检验的重要基础.

### 一、正态总体样本的线性函数的分布

**定理 6.1** 设$(X_1, X_2, \cdots, X_n)$是取自正态总体$N(\mu, \sigma^2)$的样本,则统计量

$$G=\sum_{i=1}^{n}a_iX_i$$

也服从正态分布,且$G\sim N(\mu\sum_{i=1}^{n}a_i, \sigma^2\sum_{i=1}^{n}a_i^2)$.

**推论 6.1** 设$X_1, X_2, \cdots, X_n$是取自正态总体$N(\mu, \sigma^2)$的样本,则有

(1) $\bar{X}\sim N\left(\mu, \frac{\sigma^2}{n}\right)$; (6.5)

(2) $\frac{\bar{X}-\mu}{\sigma/\sqrt{n}}\sim N(0, 1)$. (6.6)

**证明**　在定理 6.1 中，取 $a_i=\dfrac{1}{n}\ (i=1,2,\cdots,n)$，则有 $\bar{X}\sim N\left(\mu,\dfrac{\sigma^2}{n}\right)$. 将 $\bar{X}$ 标准化，即得 $\dfrac{\bar{X}-\mu}{\sigma/\sqrt{n}}\sim N(0,1)$. ▌

通常记 $U=\dfrac{\bar{X}-\mu}{\sigma/\sqrt{n}}$. 在参数估计和假设检验时将用到这个统计量.

**例 1**　设总体 $X\sim N(2,1)$，抽取容量为 9 的样本，求样本平均值 $\bar{X}$ 的分布及 $P\{1<\bar{X}<3\}$.

**解**　因为 $X\sim N(2,1)$，即 $\mu=2,\ \sigma^2=1$. 由 $n=9$，得 $\dfrac{\sigma^2}{n}=\dfrac{1}{9}=\left(\dfrac{1}{3}\right)^2$，所以

$$\bar{X}\sim N(2,(1/3)^2).$$

于是

$$\begin{aligned}P\{1<\bar{X}<3\}&=F(3)-F(1)\\&=\Phi\left(\frac{3-2}{1/3}\right)-\Phi\left(\frac{1-2}{1/3}\right)\\&=\Phi(3)-\Phi(-3)=2\Phi(3)-1\\&=0.9973.\end{aligned}$$

## 二、$\chi^2$ 分布

**定义 6.8**　设 $X_1,X_2,\cdots,X_n$ 是相互独立且都服从 $N(0,1)$ 的随机变量，则称随机变量

$$\chi^2=X_1^2+X_2^2+\cdots+X_n^2$$

服从自由度为 $n$ 的 $\chi^2$ **分布**，记为 $\chi^2\sim\chi^2(n)$.

若 $\chi^2\sim\chi^2(n)$，则其密度函数为

$$p(x;n)=\begin{cases}\dfrac{1}{2^{\frac{n}{2}}\Gamma\left(\frac{n}{2}\right)}x^{\frac{n}{2}-1}\mathrm{e}^{-\frac{x}{2}}, & x>0,\\ 0, & x\leqslant 0.\end{cases}$$

$\chi^2$ 分布的密度函数的图形如图 6.4 所示.

自由度决定了分布密度函数曲线的形状. 由图 6.4 可以看出，对于不同的 $n$，有不同的 $\chi^2$ 分布. 当自由度 $n$ 相当大时，$\chi^2$ 分布就接近于正态分布.

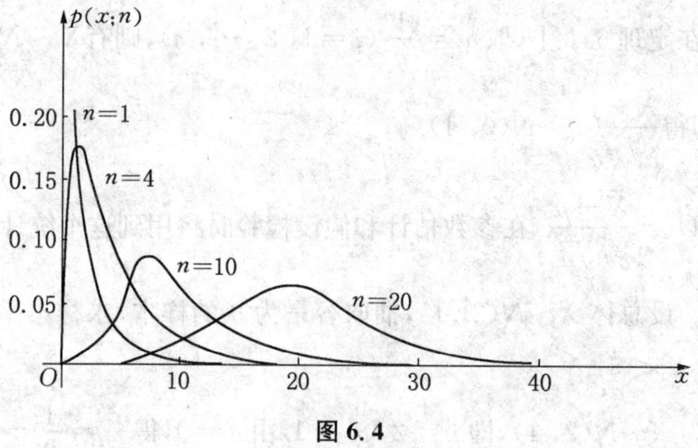

图 6.4

对于给定的正数 $\alpha\ (0<\alpha<1)$ 及 $n$，可查 $\chi^2$ 分布表，得到临界值 $\chi_\alpha^2(n)$(见图 6.5)且满足

$$P\{\chi^2 \geqslant \chi_\alpha^2(n)\}=\alpha.$$

从图形上来看，临界值 $\chi_\alpha^2$ 右边的密度曲线下阴影部分的面积为 $\alpha$.

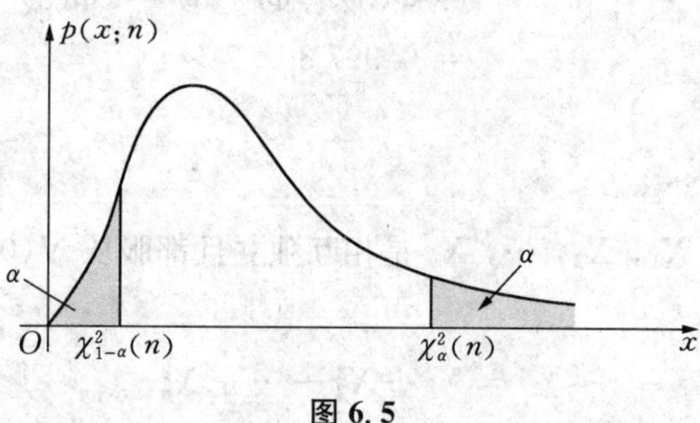

图 6.5

例如，对于 $\alpha=0.05$, $n=9$，欲使得 $P\{\chi^2 \geqslant \chi_{0.05}^2(9)\}=0.05$ 成立，查 $\chi^2$ 分布表得临界值 $\chi_{0.05}^2(9)=16.92$，即对于自由度为 9，统计量 $\chi^2$ 的值大于或等于 16.92 的概率为 5%.

同样，可查表得到满足：

$$P\{\chi^2 \leqslant \chi_{1-\alpha}^2\}=\alpha,$$

或

$$P\{\chi^2 \geqslant \chi_{1-\alpha}^2\}=1-\alpha$$

的临界值 $\chi_{1-\alpha}^2$.

例如，对于 $\alpha=0.05$，$n=9$，要使得 $P\{\chi^2\leqslant\chi^2_{0.95}(9)\}=0.05$ 或 $P\{\chi^2\geqslant\chi^2_{0.95}(9)\}=0.95$ 成立，查 $\chi^2$ 分布表可得 $\chi^2_{0.95}(9)=3.325$.

**定理 6.2**　设 $X_1, X_2, \cdots, X_n$ 是取自正态总体 $N(\mu, \sigma^2)$ 的一个样本，且

$$\bar{X}=\frac{1}{n}\sum_{i=1}^{n}X_i,\ S^2=\frac{1}{n-1}\sum_{i=1}^{n}(X_i-\bar{X})^2,$$

则

(1) $\bar{X}$ 与 $S^2$ 相互独立；

(2) $\dfrac{(n-1)S^2}{\sigma^2}\sim\chi^2(n-1).$　(6.7)

## 三、$t$ 分布

**定义 6.9**　设随机变量 $X\sim N(0, 1)$，$Y\sim\chi^2(n)$，且 $X$ 与 $Y$ 相互独立，则称随机变量

$$T=\frac{X}{\sqrt{Y/n}}$$

服从自由度为 $n$ 的 **$t$ 分布**，记为 $T\sim t(n)$.

若 $T\sim t(n)$，则其密度函数为

$$p(x;\ n)=\frac{\Gamma\left(\frac{n+1}{2}\right)}{\Gamma\left(\frac{n}{2}\right)\sqrt{n\pi}}\left(1+\frac{x^2}{n}\right)^{-\frac{n+1}{2}}\ (-\infty<x<+\infty).$$

$t$ 分布的密度函数的图形如图 6.6 所示.

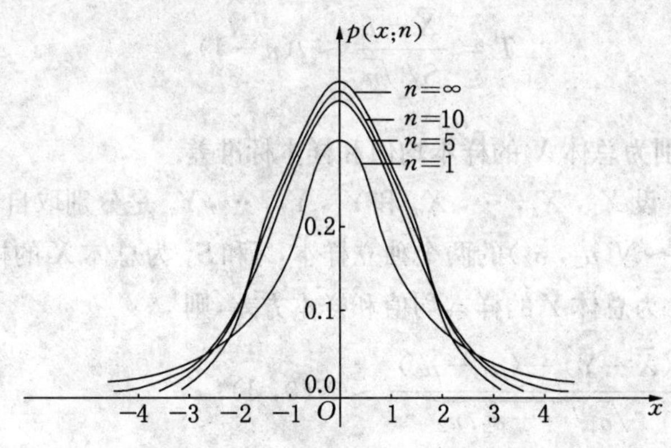


**图 6.6**

由图 6.6 可见,$t$ 分布的密度函数的图形很像标准正态分布密度函数的图形. 可以证明,当 $n\to\infty$ 时,$t$ 分布的密度函数以标准正态分布的密度函数为极限. 一般地,当自由度 $n>30$, 就可以把它近似看作是标准正态分布.

对于给定的正数 $\alpha$ $(0<\alpha<1)$ 及 $n$,可查 $t$ 分布表,得临界值 $t_\alpha(n)$(见图 6.7)且满足:

$$P\{|T|\geqslant t_{\frac{\alpha}{2}}(n)\}=\alpha,$$

即 $P\{T\geqslant t_{\frac{\alpha}{2}}(n)\}=\dfrac{\alpha}{2}$ 或 $P\{T\leqslant -t_{\frac{\alpha}{2}}(n)\}=\dfrac{\alpha}{2}$.

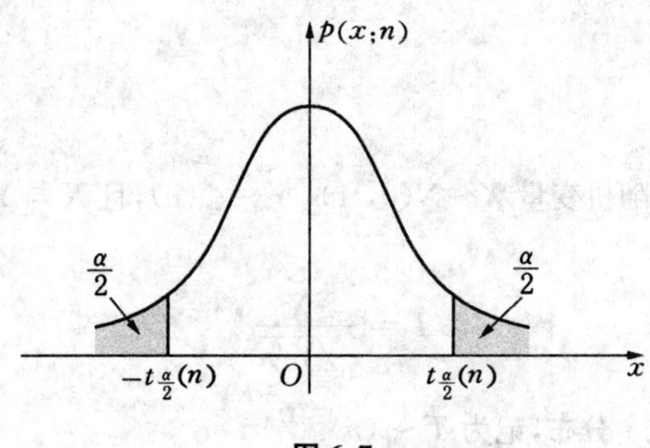


图 6.7

例如,对于 $\alpha=0.05$, $n=9$,欲使得 $P\{|T|\geqslant t_{0.025}(9)\}=0.05$,查 $t$ 分布表得临界值 $t_{0.025}(9)=2.26$.

不加证明地给出下面定理.

**定理 6.3** 设 $X_1, X_2, \cdots, X_n$ 是取自正态总体 $N(\mu, \sigma^2)$ 的一个样本,则

$$T=\frac{\bar{X}-\mu}{S/\sqrt{n}}\sim t(n-1), \tag{6.8}$$

其中,$\bar{X}$, $S$ 分别为总体 $X$ 的样本均值和样本标准差.

**定理 6.4** 设 $X_1, X_2, \cdots, X_{n_1}$ 和 $Y_1, Y_2, \cdots, Y_{n_2}$ 是分别取自正态总体 $X\sim N(\mu_1, \sigma_1^2)$ 和 $Y\sim N(\mu_2, \sigma_2^2)$ 的两个独立样本,$\bar{X}$ 和 $S_1^2$ 为总体 $X$ 的样本均值和样本方差,$\bar{Y}$ 和 $S_2^2$ 为总体 $Y$ 的样本均值和样本方差,则

(1) $$U=\frac{(\bar{X}-\bar{Y})-(\mu_1-\mu_2)}{\sqrt{\sigma_1^2/n_1+\sigma_2^2/n_2}}\sim N(0, 1); \tag{6.9}$$

(2) 当 $\sigma_1^2=\sigma_2^2$ 时,有

$$T=\frac{(\bar{X}-\bar{Y})-(\mu_1-\mu_2)}{\sqrt{\frac{(n_1-1)S_1^2+(n_2-1)S_2^2}{n_1+n_2-2}}\sqrt{\frac{1}{n_1}+\frac{1}{n_2}}}\sim t(n_1+n_2-2). \quad (6.10)$$

## 四、F 分布

**定义 6.10**　设随机变量 $X$ 与 $Y$ 相互独立，且 $X\sim\chi^2(n_1)$，$Y\sim\chi^2(n_2)$，则称随机变量

$$F=\frac{X/n_1}{Y/n_2}$$

服从自由度为$(n_1, n_2)$的 **F 分布**，其中 $n_1$ 称为第一自由度，$n_2$ 称为第二自由度，记为 $F\sim F(n_1, n_2)$.

若 $F\sim F(n_1, n_2)$，则其密度函数为

$$p(x;\ n_1,\ n_2)=\begin{cases}\dfrac{\Gamma\left(\dfrac{n_1+n_2}{2}\right)}{\Gamma\left(\dfrac{n_1}{2}\right)\Gamma\left(\dfrac{n_2}{2}\right)}\cdot\dfrac{\dfrac{n_1}{n_2}\left(\dfrac{n_1}{n_2}x\right)^{\frac{n_1}{2}-1}}{\left(1+\dfrac{n_1}{n_2}x\right)^{\frac{n_1+n_2}{2}}}, & x>0,\\ 0, & x\leqslant 0.\end{cases}$$

$F$ 分布的密度函数的图形如图 6.8 所示.

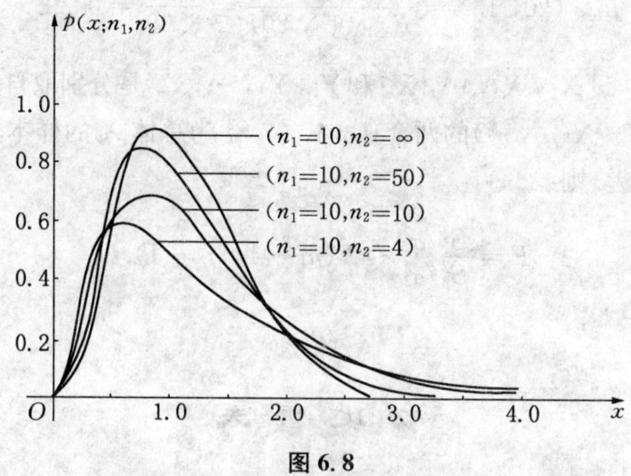


**图 6.8**

对于给定的 $\alpha(0<\alpha<1)$ 及 $n_1$ 和 $n_2$，可查 $F$ 分布表，得临界值 $F_\alpha(n_1, n_2)$（见图 6.9）满足：

$$P\{F > F_\alpha(n_1, n_2)\} = \alpha.$$

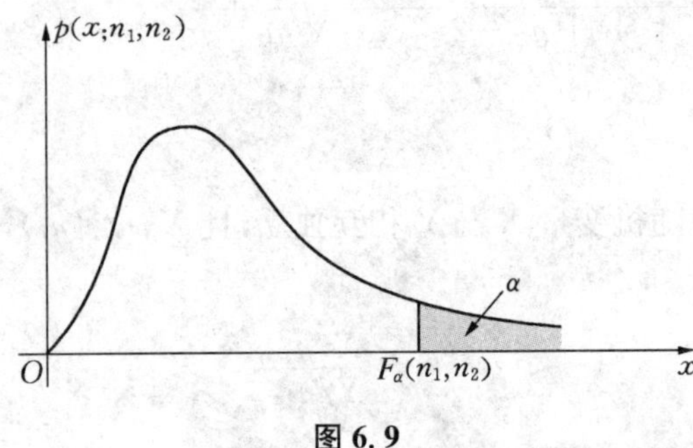


图 6.9

例如,对于 $\alpha = 0.01$, $n_1 = 20$, $n_2 = 15$,欲使得 $P\{F > F_{0.01}(20, 15)\} = 0.01$,查 $F$ 分布表,得 $F_{0.01}(20, 15) = 3.37$.

如果 $\alpha$ 的值接近 1,不能直接从 $F$ 分布表查得临界值,此时可利用关系式

$$F_{1-\alpha}(n_1, n_2) = \frac{1}{F_\alpha(n_2, n_1)}, \tag{6.11}$$

查表求得临界值.

例如,对于 $\alpha = 0.99$, $n_1 = 20$, $n_2 = 15$,要使得 $P\{F > F_{0.99}(20, 15)\} = 0.99$,先查 $F$ 分布表,得 $F_{0.01}(15, 20) = 3.09$,再由(6.10)式得

$$F_{0.99}(20, 15) = \frac{1}{F_{0.01}(15, 20)} = \frac{1}{3.09} = 0.32.$$

**定理 6.5** 设 $X_1, X_2, \cdots, X_{n_1}$ 和 $Y_1, Y_2, \cdots, Y_{n_2}$ 是分别取自正态总体 $X \sim N(\mu_1, \sigma_1^2)$ 和 $Y \sim N(\mu_2, \sigma_2^2)$ 的两个独立样本,$S_1^2$ 为总体 $X$ 的样本方差,$S_2^2$ 为总体 $Y$ 的样本方差,则

$$F = \frac{S_1^2/\sigma_1^2}{S_2^2/\sigma_2^2} \sim F(n_1 - 1, n_2 - 1). \tag{6.12}$$

**数学家简介**

## 切 比 雪 夫

帕夫努季·利沃维奇·切比雪夫(Pafnuty Ljvovich Chebyshev, 1821—1894)1821 年 5 月 16 日生于俄国卡卢加,1894 年 12 月 8 日卒于彼得堡.彼得堡数学学派的奠基人和当之无愧的领袖.

切比雪夫的左脚生来有残疾，因而童年时代的他经常独坐家中，养成了在孤寂中思索的习惯. 1837 年，年方 16 岁的切比雪夫进入莫斯科大学，成为哲学系下属的物理数学专业的学生. 在大学的最后一个学年，他递交了一篇题为“方程根的计算”的论文，在其中提出了一种建立在反函数的级数展开式基础之上的方程近似解法，因此获得该年度系里颁发的银质奖章. 大学毕业后，切比雪夫一面在莫斯科大学当助教，一面攻读硕士学位. 1845 年，他完成了硕士论文“试论概率论的基础分析”，并于次年夏天通过了答辩. 1846 年，切比雪夫接受了彼得堡大学的助教职务，从此开始了在这所大学教书与研究的生涯. 1849 年，他的博士论文“论同余式”在彼得堡大学通过了答辩，数天之后，他被告知荣获彼得堡科学院的最高数学荣誉奖. 切比雪夫于 1850 年升为副教授，1860 年升为教授. 1853 年，切比雪夫被选为彼得堡科学院候补院士，同时兼任应用数学部主席. 1856 年成为副院士. 1859 年成为院士. 1872 年，在他到彼得堡大学任教 25 周年之际，学校授予他功勋教授的称号. 1882 年，切比雪夫在彼得堡大学执教 35 年之后光荣退休.

35 年间，切比雪夫教授过数论、高等代数、积分运算、椭圆函数、有限差分、概率论、分析力学、傅里叶级数、函数逼近论、工程机械学等 10 余门课程. 他的讲课深受学生们欢迎. 李雅普诺夫评论道:“他的课程是精练的，他不注重知识的数量，而是热衷于向学生阐明一些最重要的观念. 他的讲解是生动的、富有吸引力的，总是充满了对问题和科学方法之重要意义的奇妙评论.”

切比雪夫是在概率论门庭冷落的年代从事这门学问的. 他一开始就抓住了古典概率论中具有基本意义的问题，即那些“几乎一定要发生的事件”的规律——大数定律. 历史上的第一个大数定律是由雅各布·贝努里提出来的，后来普阿松又提出了一个条件更宽的陈述，除此之外在这方面没有什么进展. 相反，由于有些数学家过分强调概率论在伦理科学中的作用，甚至企图以此来阐明“隐蔽着的神的秩序”，又加上理论工具的不充分和古典概率定义自身的缺陷，当时欧洲一些正统的数学家往往把它排除在精密科学之外. 1845 年，切比雪夫在其硕士论文中借助 $\ln(1+x)$ 的麦克劳林展开式，对雅各布·贝努里大数定律作了精细的分析和严格的证明. 一年之后，他又发表了“概率论中基本定理的初步证明”一文，文中继而给出了普阿松形式的大数定律的证明. 1866 年，切比雪夫发表了“论平均数”一文，进一步讨论了作为大数定律极限值的平均数问题. 1887 年，他发表了更为重要的“关于概率的两个定理”一文，开始对随机变量和收敛到正态分布的条件，即中心极限定理进行讨论.

切比雪夫在概率论、解析数论和函数逼近论领域的开创性工作从根本上改变了法国、德国等传统数学大国的数学家们对俄国数学的看法.他曾先后6次出国考察或进行学术交流.他与法国数学界联系甚为密切,曾3次赴巴黎出席法国科学院的年会.他于1860年、1871年与1873年分别当选为法兰西科学院、柏林皇家科学院的通讯院士与意大利波隆那科学院的院士,1877年、1880年、1893年分别成为伦敦皇家学会、意大利皇家科学院与瑞典皇家科学院的外籍成员.

19世纪下半叶,俄国数学主要是在切比雪夫的领导下,首先在概率论、解析数论和函数逼近论这3个领域实现了突破.切比雪夫引出的一系列概念和研究题材为俄国以及后来苏联的数学家继承和发展.马尔柯夫对"矩方法"作了补充,圆满地解决了随机变量的和按正态收敛的条件问题.李雅普诺夫则发展了特征函数方法,从而引起中心极限定理研究向现代化方向上的转变.以20世纪30年代柯尔莫戈洛夫建立概率论的公理体系为标志,苏联在这一领域取得了无可争辩的领先地位.近代极限理论——无穷可分分布律的研究也经伯恩斯坦、辛钦等人之手而臻于完善,使切比雪夫所开拓的古典极限理论在20世纪成为抽枝发芽的繁茂大树.

现在,俄罗斯已经是一个数学发达的国家,俄罗斯数学界的领袖们仍以自己被称为切比雪夫和彼得堡学派的传人而自豪.

## 习 题 六

1. 已知总体 $X \sim N(\mu, \sigma^2)$,其中 $\sigma^2$ 已知,$\mu$ 未知.设 $(X_1, X_2, X_3)$ 是取自总体 $X$ 的样本.试问下面哪些是统计量,哪些不是统计量?

(1) $\frac{1}{4}(2X_1 + X_2 + X_3)$;

(2) $\frac{1}{\sigma^2}\sum_{i=1}^{3}(X_i - \overline{X})^2$;

(3) $X_3 + 3\mu$;

(4) $\sum_{i=1}^{3}(X_i - \mu)^2$;

(5) $X_2^2 + \sigma^2$;

(6) $\min(X_1, X_2, X_3)$.

2. 对以下两组样本值,计算样本均值和样本方差:

(1) 54, 78, 67, 66, 68, 70, 65, 67, 70, 69;

(2) 111.2, 112.0, 112.0, 113.4, 113.6, 112.9, 114.5.

3. 设总体 $X \sim B(1, p)$,若 $(X_1, X_2, \cdots, X_5)$ 是取自总体 $X$ 的样本.试写

出样本$(X_1, X_2, \cdots, X_5)$的联合分布律.

4. 设总体$X \sim U[a, b]$，$(X_1, X_2, \cdots, X_n)$是取自总体$X$的样本. 试写出样本$X_1, X_2, \cdots, X_n$的联合密度函数.

5. 设总体$X \sim N(\mu, \sigma^2)$，$(X_1, X_2, \cdots, X_n)$是取自总体$X$的样本. 试写出样本$(X_1, X_2, \cdots, X_n)$的联合密度函数.

6. 某地随机地挑选了 100 名中学生，测得它们的身高(单位：厘米)如表 6.5 所示. 试就下述数据作出直方图.

**表 6.5**

| 身　高 | 160～162 | 163～165 | 166～168 | 169～171 | 172～174 |
|---|---|---|---|---|---|
| 学生数 | 6 | 15 | 40 | 30 | 9 |

7. 某保险公司记录的 10 起火灾事故的损失数据如下(单位：万元)：

1.81, 0.71, 9.72, 4.13, 7.16, 19.13, 3.79, 4.72, 2.50, 5.98.

求样本分布函数$F_{10}(x)$.

8. 从正态总体$N(3.4, 6^2)$中抽取容量为$n$的样本，如果要求其样本均值位于区间$(1.4, 5.4)$内的概率不小于 0.95，问样本容量$n$至少应取多大?

9. 设$(X_1, X_2, \cdots, X_{20})$为总体$X \sim N(0, 0.4^2)$的一个样本，求$P\left\{\sum_{i=1}^{20} X_i^2 > 2\right\}$.

10. 查表写出下列各值：

$\chi^2_{0.99}(12)$；$\chi^2_{0.01}(12)$；$t_{0.05}(12)$；$t_{0.01}(12)$；$F_{0.05}(10, 12)$；$F_{0.95}(10, 12)$.

# 第七章 参数估计

在数理统计中，如何根据样本对总体的特征作出判断，这是统计推断的基本问题之一.在实际问题中，经常会遇到这样的情况，总体分布的类型知道，但总体分布中含有未知的参数，需要根据样本来估计未知参数，这就是参数估计问题.本章主要介绍参数估计的两种方法，即点估计和区间估计.

## §7.1 点估计

设总体 $X$ 的分布函数 $F(x, \theta)$ 的形式已知，$\theta$ 是待估计的未知参数，$X_1$，$X_2$，…，$X_n$ 是取自总体 $X$ 的样本.用样本的某一函数值作为总体中未知参数的估计值，叫做**点估计**，点估计问题就是构造一个合适的统计量 $f(X_1, X_2, \cdots, X_n)$ 来估计未知参数 $\theta$，称 $f(X_1, X_2, \cdots, X_n)$ 为 $\theta$ 的**估计量**，记作 $\hat{\theta}$.当样本取观测值 $(x_1, x_2, \cdots, x_n)$ 时，$\hat{\theta}$ 的取值 $f(x_1, x_2, \cdots, x_n)$ 称为 $\theta$ 的**估计值**.

下面介绍两种常用的点估计方法：矩估计法和极大似然估计法.

### 一、矩估计法

矩估计法是最古老的点估计的方法之一，它由英国统计学家皮尔逊于 1894 年提出，其基本思想是用样本矩作为相应的总体矩的估计，用样本矩的函数估计相应的总体矩的函数.如常用样本均值 $\overline{X}$ 估计总体 $X$ 的数学期望 $EX$，用样本方差 $S^2$ 估计总体 $X$ 的方差 $DX$.

**例 1** 假设新生儿体重 $X$(单位：克)服从正态分布 $N(\mu, \sigma^2)$，现测量 10 名新生儿体重，得数据如下：

3 100，3 480，2 520，3 700，2 520，3 200，2 800，3 800，3 020，3 260.

求参数 $\mu$ 与 $\sigma^2$ 的矩估计.

解 由于 $\mu$ 与 $\sigma^2$ 分别是总体 $X$ 的数学期望与方差，因此它们的矩估计分别

是样本均值和样本方差，即

$$\begin{aligned}\hat{\mu} &= \bar{x} = \frac{1}{10}\sum_{i=1}^{10} x_i \\ &= \frac{1}{10}(3\,100 + 3\,480 + 2\,520 + 3\,700 + 2\,520 + 3\,200 \\ &\quad + 2\,800 + 3\,800 + 3\,020 + 3\,260) \\ &= 3\,140,\end{aligned}$$

$$\begin{aligned}\hat{\sigma}^2 &= s^2 = \frac{1}{9}\sum_{i=1}^{10}(x_i - \bar{x})^2 \\ &= \frac{1}{9}[(3\,100 - 3\,140)^2 + (3\,480 - 3\,140)^2 + (2\,520 - 3\,140)^2 \\ &\quad + (3\,700 - 3\,140)^2 + (2\,520 - 3\,140)^2 + (3\,200 - 3\,140)^2 \\ &\quad + (2\,800 - 3\,140)^2 + (3\,800 - 3\,140)^2 + (3\,020 - 3\,140)^2 \\ &\quad + (3\,260 - 3\,140)^2] \\ &= 198\,133.\end{aligned}$$

**例 2**　设 $X_1, X_2, \cdots, X_n$ 是取自总体 $X$ 的样本，$X$ 的密度函数为

$$p(x, \theta) = \begin{cases}\theta x^{\theta-1}, & 0 < x < 1, \\ 0, & 其他.\end{cases}$$

求未知参数 $\theta$ 的矩估计量.

解　总体 $X$ 的数学期望是

$$\begin{aligned}EX &= \int_{-\infty}^{+\infty} xp(x, \theta)\mathrm{d}x = \int_0^1 x\theta x^{\theta-1}\mathrm{d}x \\ &= \int_0^1 \theta x^{\theta}\mathrm{d}x = \frac{\theta}{\theta+1}.\end{aligned}$$

取样本均值 $\bar{X}$ 作为 $EX$ 的估计量，即

$$\frac{\theta}{\theta+1} = \bar{X},$$

于是

$$\hat{\theta} = \frac{\bar{X}}{1-\bar{X}}.$$

所以将 $\hat{\theta} = \frac{\bar{X}}{1-\bar{X}}$ 作为未知参数 $\theta$ 的估计量.

**例 3** 求事件 $A$ 发生概率 $p$ 的矩估计.

解 记事件 $A$ 发生的概率 $P(A)=p$，定义随机变量

$$X=\begin{cases}1, \text{在一次试验中} A \text{发生}, \\ 0, \text{在一次试验中} A \text{不发生},\end{cases}$$

则 $EX=p$. 对 $X$ 做 $n$ 次试验，观察到

$$X_i=\begin{cases}1, \text{在} i \text{次试验中} A \text{发生}, \\ 0, \text{在} i \text{次试验中} A \text{不发生},\end{cases} \quad i=1, 2, \cdots, n,$$

则 $p$ 的矩估计为

$$\hat{p}=\bar{X}=\frac{1}{n} \sum_{i=1}^{n} X_i.$$

这里 $\sum_{i=1}^{n} X_i$ 是 $n$ 次试验中事件 $A$ 发生的次数，因而 $\bar{X}$ 是 $n$ 次试验中事件 $A$ 发生的频率. 可见，频率是概率的矩估计.

## 二、极大似然估计法

极大似然方法是统计中最重要，应用最广泛的方法之一. 该方法最初由德国数学家高斯(C. F. Gauss)于 1821 年提出，但未得到重视，英国统计学家费歇尔(R. A. Fisher)于 1922 年再次提出了极大似然的思想并探讨了它的性质，使之得到广泛的研究和应用.

对于连续型总体 $X$，设它的密度函数为 $p(x, \theta)$，$\theta$ 为未知参数，$(X_1, X_2, \cdots, X_n)$ 是取自总体 $X$ 的样本，根据样本的独立性可知，样本 $(X_1, X_2, \cdots, X_n)$ 的联合密度函数为

$$p(x_1, \theta) p(x_2, \theta) \cdots p(x_n, \theta)=\prod_{i=1}^{n} p(x_i, \theta).$$

对于取定的一组样本观察值 $(x_1, x_2, \cdots, x_n)$，称

$$L(\theta)=\prod_{i=1}^{n} p(x_i, \theta)$$

为样本的**似然函数**.

对于离散型总体 $X$，设它的分布律为 $P\{X=x_i\}=p(x_i, \theta)$，$i=1, 2, \cdots$，对于取定的一组样本观察值 $(x_1, x_2, \cdots, x_n)$，其似然函数为

$$L(\theta)=p(x_1, \theta)p(x_2, \theta)\cdots p(x_n, \theta)=\prod_{i=1}^{n}p(x_i, \theta).$$

我们知道,概率大的事件一般比概率小的事件容易发生.当从总体中取到一组样本观察值$(x_1, x_2, \cdots, x_n)$时,可以认为取到这组观察值的概率较大,即似然函数的值$L(\theta)$较大.于是,可以这样来思考:把观察值$(x_1, x_2, \cdots, x_n)$看成结果,而参数值$\theta$看成是导致这结果的原因,正是这$\theta$使得$L(\theta)$的值较大,那么求出使得$L(\theta)$取得极大值的极大值点$\theta=\hat{\theta}$,用$\hat{\theta}$来估计未知参数$\theta$.这就是极大似然估计法,$\hat{\theta}$称为$\theta$的**极大似然估计**.

由于$\ln L(\theta)$与$L(\theta)$同时达到极大值,故只需求$\ln L(\theta)$的极大值点即可,这样处理往往会给计算带来很大方便.根据微积分中求极值的方法,要求参数$\theta$的极大似然估计,需要求解方程

$$\frac{\mathrm{d}\ln L(\theta)}{\mathrm{d}\theta}=0, \tag{7.1}$$

称这个方程为**似然方程**.

如果总体分布中含有$m$个未知参数$\theta_1, \theta_2, \cdots, \theta_m$,那么似然函数$L(\theta_1, \theta_2, \cdots, \theta_m)$是一个多元函数,根据求多元函数极值的方法,求解下列**似然方程组**:

$$\begin{cases}\dfrac{\partial\ln L(\theta_1, \theta_2, \cdots, \theta_m)}{\partial\theta_1}=0,\\ \dfrac{\partial\ln L(\theta_1, \theta_2, \cdots, \theta_m)}{\partial\theta_2}=0,\\ \cdots\cdots\cdots\cdots\\ \dfrac{\partial\ln L(\theta_1, \theta_2, \cdots, \theta_m)}{\partial\theta_m}=0,\end{cases} \tag{7.2}$$

可以得到$\theta_1, \theta_2, \cdots, \theta_m$的极大似然估计量$\hat{\theta}_1, \hat{\theta}_2, \cdots, \hat{\theta}_m$.

**例 4** 设总体$X$服从参数为$\lambda$的普阿松分布,其分布律为

$$P\{X=k\}=\frac{\lambda^k}{k!}\mathrm{e}^{-\lambda}\quad(k=0, 1, 2, \cdots, \lambda>0).$$

求未知参数$\lambda$的极大似然估计量.

解 设$(x_1, x_2, \cdots, x_n)$是一组样本观察值,其似然函数为

$$L(\lambda)=\prod_{i=1}^{n}\frac{\lambda^{x_i}}{x_i!}\mathrm{e}^{-\lambda}=\mathrm{e}^{-n\lambda}\frac{\lambda^{\sum\limits_{i=1}^{n}x_i}}{\prod\limits_{i=1}^{n}x_i!},$$

取对数得

$$\ln L(\lambda) = -n\lambda + \sum_{i=1}^{n} x_i \ln\lambda - \ln \prod_{i=1}^{n} x_i!.$$

求导得似然方程

$$\frac{\mathrm{d}\ln L(\lambda)}{\mathrm{d}\lambda} = -n + \frac{\sum_{i=1}^{n} x_i}{\lambda} = 0,$$

解得

$$\lambda = \frac{\sum_{i=1}^{n} x_i}{n} = \bar{x}.$$

所以参数 $\lambda$ 的极大似然估计量为 $\hat{\lambda} = \bar{X}$.

**例 5** 设总体 $X$ 服从参数为 $\lambda > 0$ 的指数分布,其密度函数为

$$p(x) = \begin{cases} \lambda e^{-\lambda x}, & x > 0, \\ 0, & x \leqslant 0. \end{cases}$$

求未知参数 $\lambda$ 的极大似然估计量.

解 设$(x_1, x_2, \cdots, x_n)$是一组样本观察值,其似然函数为

$$L(\lambda) = \begin{cases} \prod_{i=1}^{n} \lambda e^{-\lambda x_i} = \lambda^n e^{-\lambda \sum_{i=1}^{n} x_i}, & x_i > 0,\ i = 1, 2, \cdots, n, \\ 0, & \text{其他}. \end{cases}$$

记 $L_1(\lambda) = \lambda^n e^{-\lambda \sum_{i=1}^{n} x_i}$,取对数得

$$\ln L_1(\lambda) = n\ln\lambda - \lambda \sum_{i=1}^{n} x_i.$$

求导得似然方程为

$$\frac{\mathrm{d}\ln L_1(\lambda)}{\mathrm{d}\lambda} = \frac{n}{\lambda} - \sum_{i=1}^{n} x_i = 0,$$

解得

$$\lambda = \frac{n}{\sum_{i=1}^{n} x_i} = \frac{1}{\bar{x}}.$$

所以 $\hat{\lambda} = \frac{1}{\bar{X}}$ 是参数 $\lambda$ 的极大似然估计量.

**例 6** 求正态总体 $X \sim N(\mu, \sigma^2)$ 的未知参数 $\mu$ 和 $\sigma^2$ 的极大似然估计量.

解 $X$ 的密度函数为

$$p(x) = \frac{1}{\sqrt{2\pi}\sigma} e^{-\frac{(x-\mu)^2}{2\sigma^2}}.$$

设$(x_1, x_2, \cdots, x_n)$是一组样本观察值,其似然函数为

$$L(\mu, \sigma^2) = \prod_{i=1}^{n} \frac{1}{\sqrt{2\pi}\sigma} e^{-\frac{(x_i-\mu)^2}{2\sigma^2}}$$

$$= \left(\frac{1}{\sqrt{2\pi}}\right)^n \left(\frac{1}{\sigma^2}\right)^{\frac{n}{2}} e^{-\frac{\sum_{i=1}^{n}(x_i-\mu)^2}{2\sigma^2}},$$

$$\ln L(\mu, \sigma^2) = -\frac{n}{2}\ln 2\pi - \frac{n}{2}\ln \sigma^2 - \frac{\sum_{i=1}^{n}(x_i-\mu)^2}{2\sigma^2}.$$

似然方程组为

$$\begin{cases} \dfrac{\partial \ln L(\mu, \sigma^2)}{\partial \mu} = \dfrac{\sum_{i=1}^{n}(x_i-\mu)}{\sigma^2} = 0, \\ \dfrac{\partial \ln L(\mu, \sigma^2)}{\partial \sigma^2} = -\dfrac{n}{2} \cdot \dfrac{1}{\sigma^2} + \dfrac{\sum_{i=1}^{n}(x_i-\mu)^2}{2(\sigma^2)^2} = 0. \end{cases}$$

由第一个方程可得

$$\sum_{i=1}^{n}(x_i-\mu) = \sum_{i=1}^{n} x_i - n\mu = 0,$$

解得

$$\mu = \frac{\sum_{i=1}^{n} x_i}{n} = \bar{x}.$$

由第二个方程可得

$$\sigma^2 = \frac{1}{n}\sum_{i=1}^{n}(x_i-\bar{x})^2.$$

所以 $\mu$ 和 $\sigma^2$ 的极大似然估计量为

$$\hat{\mu} = \bar{X},\ \hat{\sigma}^2 = \frac{1}{n}\sum_{i=1}^{n}(X_i-\bar{X})^2.$$

**例 7** 求事件 $A$ 发生概率 $p$ 的极大似然估计量.

解 若事件 $A$ 发生的概率 $P(A)=p$, 定义随机变量

$$X=\begin{cases}1, & \text{在一次试验中 } A \text{ 发生,}\\ 0, & \text{在一次试验中 } A \text{ 不发生,}\end{cases}$$

则 $X\sim B(1,p)$,其分布律为

$$P\{X=x_i\}=p^{x_i}(1-p)^{1-x_i},\ x_i=0,1.$$

设$(x_1, x_2, \cdots, x_n)$是一组样本观察值,则似然函数为

$$L(p)=\prod_{i=1}^{n}p^{x_i}(1-p)^{1-x_i}=p^{\sum\limits_{i=1}^{n}x_i}(1-p)^{n-\sum\limits_{i=1}^{n}x_i}.$$

取对数并求导得似然方程

$$\frac{\mathrm{d}\ln L(p)}{\mathrm{d}p}=\frac{\sum\limits_{i=1}^{n}x_i}{p}-\frac{n-\sum\limits_{i=1}^{n}x_i}{1-p}=0,$$

解得

$$p=\bar{x}=\frac{1}{n}\sum_{i=1}^{n}x_i,$$

从而

$$\hat{p}=\bar{X},$$

即频率是概率的极大似然估计量.

# §7.2 估计量的评价标准

从上一节的例子我们可以看到,同一个参数可以有不止一种估计量,于是自然会提出如何评价它们的优劣的问题. 下面介绍评价估计量优劣的标准和方法,常用的有 3 个准则.

## 一、无偏性

**定义 7.1** 设$\hat{\theta}$是总体 $X$ 的未知参数$\theta$ 的估计量,如果 $E\hat{\theta}=\theta$, 则称$\hat{\theta}$是参数 $\theta$ 的**无偏估计量**.

用估计量$\hat{\theta}$估计未知参数 $\theta$ 时,有时候可能偏高,有时候也可能偏低,无偏

估计表明这些正负偏差的加权平均为 0,即平均来说等于未知参数.

**例 1**　对任何总体 $X$,试证明:样本均值$\bar{X}$是总体均值 $EX=\mu$ 的无偏估计量,样本方差 $S^2$ 是总体方差 $DX=\sigma^2$ 的无偏估计量.

证明　因为

$$\begin{aligned} E\bar{X} &= E\left(\frac{1}{n}\sum_{i=1}^{n}X_i\right)=\frac{1}{n}\sum_{i=1}^{n}EX_i \\ &= \frac{1}{n}\sum_{i=1}^{n}EX=EX=\mu, \end{aligned}$$

所以样本均值$\bar{X}$是总体均值 $EX$ 的无偏估计量.

由于

$$\begin{aligned} D\bar{X} &= D\left(\frac{1}{n}\sum_{i=1}^{n}X_i\right)=\frac{1}{n^2}\sum_{i=1}^{n}DX_i \\ &= \frac{n\sigma^2}{n^2}=\frac{\sigma^2}{n}, \end{aligned}$$

根据 $DX=EX^2-(EX)^2$,可得

$$EX_i^2=DX_i+(EX_i)^2=\sigma^2+\mu^2,$$
$$E\bar{X}^2=D\bar{X}+(E\bar{X})^2=\frac{\sigma^2}{n}+\mu^2.$$

于是

$$\begin{aligned} E(S^2) &= E\left[\frac{1}{n-1}\sum_{i=1}^{n}(X_i-\bar{X})^2\right] \\ &= E\left[\frac{1}{n-1}\left(\sum_{i=1}^{n}X_i^2-n\bar{X}^2\right)\right] \\ &= \frac{1}{n-1}\left(\sum_{i=1}^{n}EX_i^2-nE\bar{X}^2\right) \\ &= \frac{1}{n-1}\left[n(\sigma^2+\mu^2)-n\left(\frac{\sigma^2}{n}+\mu^2\right)\right] \\ &= \sigma^2. \end{aligned}$$

所以样本方差 $S^2$ 是总体方差 $DX$ 的无偏估计量. ▌

## 二、有效性

我们知道,方差可以用来度量随机变量取值与其数学期望的离散程度.对于参数 $\theta$ 的两个无偏估计量 $\hat{\theta}_1$ 和 $\hat{\theta}_2$,为了进一步比较它们的优劣,引入有效性的概念.

**定义 7.2** 设 $\hat{\theta}_1$ 和 $\hat{\theta}_2$ 是总体 $X$ 的未知参数 $\theta$ 的两个无偏估计量,如果 $D\hat{\theta}_1 < D\hat{\theta}_2$,则称 $\hat{\theta}_1$ 较 $\hat{\theta}_2$ **有效**.

**例 2** 设 $(X_1, X_2)$ 是取自总体 $X$ 的样本,且 $EX=\mu$, $DX=\sigma^2$. 试验证估计量

$$\hat{\theta}_1=\frac{2}{3}X_1+\frac{1}{3}X_2,$$

$$\hat{\theta}_2=\frac{1}{4}X_1+\frac{3}{4}X_2,$$

$$\hat{\theta}_3=\frac{1}{2}X_1+\frac{1}{2}X_2$$

都是 $\mu$ 的无偏估计量,并比较哪一个最有效.

解 因为

$$E\hat{\theta}_1=E\left(\frac{2}{3}X_1+\frac{1}{3}X_2\right)=\frac{2}{3}EX_1+\frac{1}{3}EX_2=\mu,$$

$$E\hat{\theta}_2=E\left(\frac{1}{4}X_1+\frac{3}{4}X_2\right)=\frac{1}{4}EX_1+\frac{3}{4}EX_2=\mu,$$

$$E\hat{\theta}_3=E\left(\frac{1}{2}X_1+\frac{1}{2}X_2\right)=\frac{1}{2}EX_1+\frac{1}{2}EX_2=\mu,$$

所以 $\hat{\theta}_1$、$\hat{\theta}_2$ 和 $\hat{\theta}_3$ 都是 $\mu$ 的无偏估计量.

由于

$$D\hat{\theta}_1=D\left(\frac{2}{3}X_1+\frac{1}{3}X_2\right)=\frac{4}{9}DX_1+\frac{1}{9}DX_2=\frac{5}{9}\sigma^2,$$

$$D\hat{\theta}_2=D\left(\frac{1}{4}X_1+\frac{3}{4}X_2\right)=\frac{1}{16}DX_1+\frac{9}{16}DX_2=\frac{5}{8}\sigma^2,$$

$$D\hat{\theta}_3=D\left(\frac{1}{2}X_1+\frac{1}{2}X_2\right)=\frac{1}{4}DX_1+\frac{1}{4}DX_2=\frac{1}{2}\sigma^2,$$

因此

$$D\hat{\theta}_3<D\hat{\theta}_1<D\hat{\theta}_2.$$

所以,$\hat{\theta}_3$ 最有效.

## 三、一致性

**定义 7.3** 设 $\hat{\theta}$ 是总体 $X$ 的未知参数 $\theta$ 的估计量,$n$ 是样本容量. 如果对于任意的 $\varepsilon>0$,有

$$\lim_{n\to\infty} P\{|\hat{\theta}-\theta|<\varepsilon\}=1,$$

则称$\hat{\theta}$是$\theta$的**一致估计量**.

满足一致性的估计量$\hat{\theta}$,当样本容量$n$充分大时,其观察值与真实参数无限靠近.

## §7.3 区间估计

点估计是用一个点(即一个数)去估计未知参数,虽然这很直观,也很方便.但是,点估计只提供了$\theta$的一个近似值,并没有反映这种近似值的精确度,也无法提供误差的大小.因此,我们希望估计出一个真实参数所在的范围,并知道这个范围包含参数真值的概率有多大,称这样的参数估计为**区间估计**.区间估计是一种很常用的估计形式,其好处是把可能的误差用醒目的形式标了出来.

区间估计的具体做法是,构造两个统计量$\hat{\theta}_1(X_1, X_2, \cdots, X_n)$及$\hat{\theta}_2(X_1, X_2, \cdots, X_n)$($\hat{\theta}_1<\hat{\theta}_2$),用区间($\hat{\theta}_1$, $\hat{\theta}_2$)来估计未知参数$\theta$的可能取值范围,同时要求这个估计尽量可靠,即$\theta$落在区间($\hat{\theta}_1$, $\hat{\theta}_2$)内的概率要尽可能大.

**定义 7.4** 设$(X_1, X_2, \cdots, X_n)$是取自总体$X$的样本,$\theta$为总体分布中的未知参数,$\hat{\theta}_1(X_1, X_2, \cdots, X_n)$和$\hat{\theta}_2(X_1, X_2, \cdots, X_n)$为两个统计量.对给定的$\alpha(0<\alpha<1)$,若

$$P\{\hat{\theta}_1<\theta<\hat{\theta}_2\}=1-\alpha,$$

则称区间($\hat{\theta}_1$, $\hat{\theta}_2$)为**置信区间**,称$\hat{\theta}_1$及$\hat{\theta}_2$分别为置信区间的**上、下限**,称$1-\alpha$为**置信度**.

应当注意的是,置信区间($\hat{\theta}_1$, $\hat{\theta}_2$)是一个随机区间,它可能包含未知参数$\theta$,也可能不包含未知参数$\theta$. $P\{\hat{\theta}_1<\theta<\hat{\theta}_2\}=1-\alpha$表明,置信区间($\hat{\theta}_1$, $\hat{\theta}_2$)以$1-\alpha$的概率包含$\theta$.置信度表示区间估计的可靠度,置信度越接近1越好.区间长度表示估计的范围,即估计的精度,区间长度越短越好.显然,置信区间的长度和置信度是相互制约的,扩大置信区间可以提高置信度,反之则降低置信度.在实际问题中,我们总是在保证可靠度的前提下,尽可能提高精度.$\alpha$表示参数被估计不准的概率,常取$\alpha=0.05$或$0.01$.

参数的区间估计,在不同条件下有许多种类型.对于来自于一个正态总体的样本$(X_1, X_2, \cdots, X_n)$,我们依据该样本,对正态总体的期望$\mu$和方差$\sigma^2$作如下的区间估计.

## 一、正态总体均值的区间估计

设总体 $X \sim N(\mu, \sigma^2)$，$(X_1, X_2, \cdots, X_n)$是取自总体 $X$ 的样本.

1. 方差 $\sigma^2$ 已知，求 $\mu$ 的置信区间

引入统计量

$$U = \frac{\bar{X} - \mu}{\sigma / \sqrt{n}}.$$

由(6.6)式得到

$$U = \frac{\bar{X} - \mu}{\sigma / \sqrt{n}} \sim N(0, 1).$$

对于给定的置信度 $1-\alpha$，查标准正态分布表确定临界值 $u_{\frac{\alpha}{2}}$（见图 7.1），使其满足：

$$P\left\{\left|\frac{\bar{X} - \mu}{\sigma / \sqrt{n}}\right| < u_{\frac{\alpha}{2}}\right\} = 1 - \alpha,$$

即

$$P\left\{\bar{X} - u_{\frac{\alpha}{2}} \cdot \frac{\sigma}{\sqrt{n}} < \mu < \bar{X} + u_{\frac{\alpha}{2}} \cdot \frac{\sigma}{\sqrt{n}}\right\} = 1 - \alpha,$$

从而参数 $\mu$ 的置信度为 $1-\alpha$ 的置信区间为

$$\left(\bar{X} - u_{\frac{\alpha}{2}} \cdot \frac{\sigma}{\sqrt{n}}, \bar{X} + u_{\frac{\alpha}{2}} \cdot \frac{\sigma}{\sqrt{n}}\right). \tag{7.3}$$

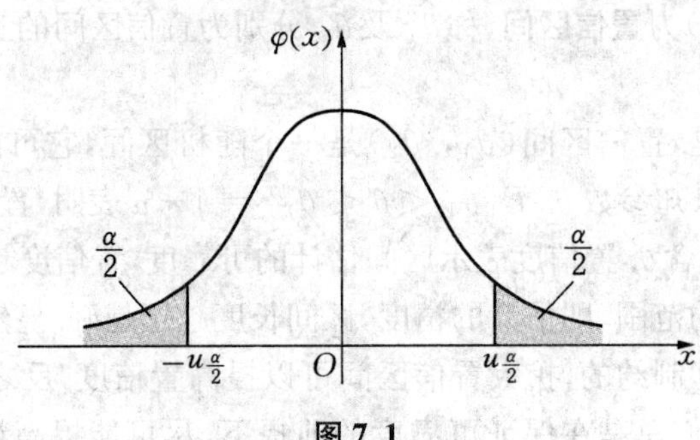


图 7.1

**例 1** 某工厂生产一批滚球，其直径 $X$ 服从 $N(\mu, 0.05)$，现从中随机地抽取 6 个，测得直径如下(单位:毫米)：

15.1，14.8，15.2，14.9，14.6，15.1.

求参数 $\mu$ 的置信度为 0.95 的置信区间.

解　依题意，$1-\alpha=0.95$，$\alpha=0.05$，$n=6$，$\sigma=\sqrt{0.05}$. 根据 $\Phi(u_{\frac{\alpha}{2}})=1-\frac{\alpha}{2}=0.975$，查表得 $u_{\frac{\alpha}{2}}=u_{0.025}=1.96$. 由样本观察值计算得

$$\bar{x}=\frac{1}{6}(15.1+14.8+15.2+14.9+14.6+15.1)=15.$$

于是

$$u_{\frac{\alpha}{2}}\cdot\frac{\sigma}{\sqrt{n}}=1.96\cdot\frac{\sqrt{0.05}}{\sqrt{6}}\approx 0.2.$$

所以，$\mu$ 的置信度为 0.95 的置信区间为 $(15-0.2,\ 15+0.2)$，即置信区间为 $(14.8,\ 15.2)$.

2. 方差 $\sigma^2$ 未知，求 $\mu$ 的置信区间

因为 $\sigma^2$ 未知，所以用样本方差 $S^2$ 来代替它. 引入统计量

$$T=\frac{\bar{X}-\mu}{S/\sqrt{n}},$$

由(6.8)式可得

$$T=\frac{\bar{X}-\mu}{S/\sqrt{n}}\sim t(n-1).$$

对于给定的置信度 $1-\alpha$，查 $t$ 分布表确定临界值 $t_{\frac{\alpha}{2}}(n-1)$（见图 7.2)，使其满足：

$$P\left\{\left|\frac{\bar{X}-\mu}{S/\sqrt{n}}\right|<t_{\frac{\alpha}{2}}(n-1)\right\}=1-\alpha,$$

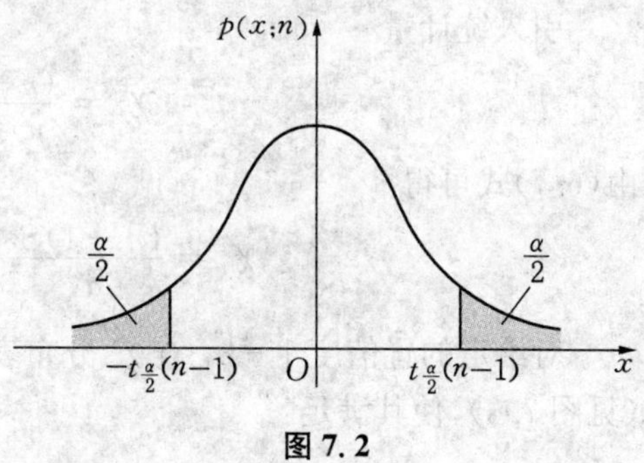

图 7.2

即

$$P\left\{\bar{X}-t_{\frac{\alpha}{2}}(n-1)\cdot\frac{S}{\sqrt{n}}<\mu<\bar{X}+t_{\frac{\alpha}{2}}(n-1)\cdot\frac{S}{\sqrt{n}}\right\}=1-\alpha,$$

从而参数 $\mu$ 的置信度为 $1-\alpha$ 的置信区间为

$$\left(\bar{X}-t_{\frac{\alpha}{2}}(n-1)\cdot\frac{S}{\sqrt{n}},\ \bar{X}+t_{\frac{\alpha}{2}}(n-1)\cdot\frac{S}{\sqrt{n}}\right). \tag{7.4}$$

**例 2**　随机地从一批钉子中抽取 16 枚，测得其长度(单位:厘米)为

2.14, 2.10, 2.13, 2.15, 2.13, 2.12, 2.13, 2.10,

2.15, 2.12, 2.14, 2.10, 2.13, 2.11, 2.14, 2.11.

假设钉长服从正态分布,试求总体均值 $\mu$ 的置信度为 0.95 的置信区间.

解　依题意, $1-\alpha=0.95$, $\alpha=0.05$, $n=16$, 查表得 $t_{\frac{\alpha}{2}}(n-1)=t_{0.025}(15)=2.13$. 由样本观察值计算得

$$\bar{x}=\frac{1}{16}(2.14+2.10+\cdots+2.14+2.11)=2.125,$$

$$s^2=\frac{1}{15}[(2.14-2.125)^2+\cdots+(2.11-2.125)^2]=0.000\,29,$$

$$s=0.017.$$

于是

$$t_{\frac{\alpha}{2}}(n-1)\cdot\frac{S}{\sqrt{n}}=2.125\cdot\frac{0.017}{4}=0.009.$$

所以, $\mu$ 的置信度为 0.95 的置信区间为 $(2.125-0.009,\ 2.125+0.009)$, 即置信区间为 $(2.116,\ 2.134)$.

## 二、正态总体方差的区间估计

引入统计量

$$\chi^2=\frac{(n-1)S^2}{\sigma^2}.$$

由(6.7)式可得

$$\chi^2=\frac{(n-1)S^2}{\sigma^2}\sim\chi^2(n-1).$$

对给定的置信度 $1-\alpha$, 查 $\chi^2$ 分布表确定临界值 $\chi^2_{\frac{\alpha}{2}}(n-1)$ 和 $\chi^2_{1-\frac{\alpha}{2}}(n-1)$ (见图 7.3),使其满足:

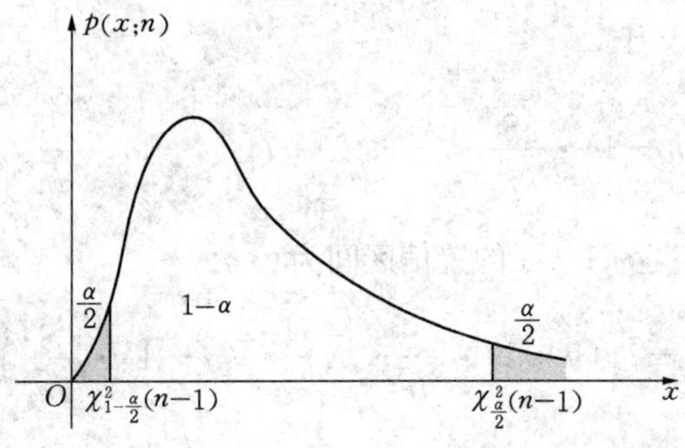


图 7.3

$$P\left\{\chi^2_{1-\frac{\alpha}{2}}(n-1) < \frac{(n-1)S^2}{\sigma^2} < \chi^2_{\frac{\alpha}{2}}(n-1)\right\} = 1-\alpha,$$

即

$$P\left\{\frac{(n-1)S^2}{\chi^2_{\frac{\alpha}{2}}(n-1)} < \sigma^2 < \frac{(n-1)S^2}{\chi^2_{1-\frac{\alpha}{2}}(n-1)}\right\} = 1-\alpha,$$

从而参数 $\sigma^2$ 的置信度为 $1-\alpha$ 的置信区间为

$$\left(\frac{(n-1)S^2}{\chi^2_{\frac{\alpha}{2}}(n-1)}, \frac{(n-1)S^2}{\chi^2_{1-\frac{\alpha}{2}}(n-1)}\right). \tag{7.5}$$

**例 3**　冷抽铜丝的折断力服从正态分布. 现从一批铜丝中任取 10 根，测试折断力，得数据为

578, 572, 570, 568, 572, 570, 570, 596, 584, 572.

求方差 $\sigma^2$ 的置信度为 0.95 的置信区间.

解　依题意，$1-\alpha=0.95$，$\alpha=0.05$，$n=10$. 查表得 $\chi^2_{\frac{\alpha}{2}}(n-1)=\chi^2_{0.025}(9)=19$，$\chi^2_{1-\frac{\alpha}{2}}(n-1)=\chi^2_{0.975}(9)=2.7$. 由样本观察值计算得

$$\bar{x}=\frac{1}{10}(578+572+\cdots+584+572)=575.2,$$

$$(n-1)s^2=[(578-575.2)^2+\cdots+(572-575.2)^2]=681.6.$$

由公式(7.5)可知，$\sigma^2$ 的置信度为 0.95 的置信区间为 $\left(\frac{681.6}{19}, \frac{681.6}{2.7}\right)$，即置信区间为(35.87, 252.44).

## 三、非正态总体均值的区间估计

前面讨论的区间估计都是在正态总体的假定下进行的，如果没有这一假定，通常很难得到随机变量的精确分布. 下面给出两种非正态总体均值的区间估计方法.

1. 总体分布未知时均值的置信区间

若总体方差 $\sigma^2$ 已知，则可以利用切比雪夫不等式进行估计.

设总体 $X$ 的均值为 $\mu$，方差为 $\sigma^2$ 且已知. 从中抽得样本$(X_1, X_2, \cdots, X_n)$. 因为 $E\bar{X}=\mu$, $D\bar{X}=\frac{\sigma^2}{n}$，所以由(5.2)式得

$$P\{|\bar{X}-E\bar{X}|<\varepsilon\}=P\{|\bar{X}-\mu|<\varepsilon\}\geqslant 1-\frac{D\bar{X}}{\varepsilon^2}=1-\frac{\sigma^2}{n\varepsilon^2}.$$

取 $\varepsilon = \frac{\sigma}{\sqrt{\alpha n}}$，有

$$P\left\{\bar{X} - \frac{\sigma}{\sqrt{\alpha n}} < \mu < \bar{X} + \frac{\sigma}{\sqrt{\alpha n}}\right\} \geqslant 1 - \alpha.$$

因此，均值 $\mu$ 的置信度为 $1-\alpha$ 的置信区间为

$$\left(\bar{X} - \frac{\sigma}{\sqrt{\alpha n}}, \bar{X} + \frac{\sigma}{\sqrt{\alpha n}}\right). \tag{7.6}$$

**例 4** 某工厂生产了一批产品，从中抽取 10 个进行某项指标试验，得数据如下：

1 050，1 100，1 080，1 120，1 200，1 250，1 040，1 130，1 300，1 200.

若已知该项指标的方差是 8，试找出这批产品该项指标均值的置信区间 $(\alpha = 0.05)$.

解 已知 $DX = 8$，$n = 10$，$\alpha = 0.05$. 由样本观察值计算得

$$\begin{aligned}\bar{x} = \frac{1}{10}(&1\,050 + 1\,100 + 1\,080 + 1\,120 + 1\,200 + 1\,250 \\ &+ 1\,040 + 1\,130 + 1\,300 + 1\,200) = 1\,147.\end{aligned}$$

于是

$$\frac{\sigma}{\sqrt{\alpha n}} = \sqrt{\frac{8}{0.05 \cdot 10}} = 4,$$

从而由公式(7.6)得，$\mu$ 的置信度为 0.95 的置信区间为 $(1\,147 - 4, 1\,147 + 4)$，即置信区间为$(1\,143, 1\,151)$.

2. 大样本下一般总体均值的置信区间

当样本容量较大时，由中心极限定理，我们可以得到随机变量的近似分布，从而确定近似的置信区间. 称这种方法为**大样本方法**.

设总体 $X$ 的均值为 $\mu$，方差为 $\sigma^2$，从中抽得样本$(X_1, X_2, \cdots, X_n)$. 因为样本相互独立且服从相同分布，由中心极限定理，当 $n$ 充分大时，统计量 $\frac{\bar{X}-\mu}{\sigma/\sqrt{n}}$ 近似服从标准正态分布. 所以对于给定的 $\alpha$：

若总体方差 $\sigma^2$ 已知，则当 $n$ 充分大时，可以近似地取

$$\left(\bar{X} - u_{\frac{\alpha}{2}} \cdot \frac{\sigma}{\sqrt{n}}, \bar{X} + u_{\frac{\alpha}{2}} \cdot \frac{\sigma}{\sqrt{n}}\right) \tag{7.7}$$

为 $\mu$ 的置信度为 $1-\alpha$ 的置信区间；

若总体方差 $\sigma^2$ 未知，用 $S^2$ 代替 $\sigma^2$，则当 $n$ 充分大时，可以近似地取

$$\left(\bar{X}-t_{\frac{\alpha}{2}}(n-1)\cdot\frac{S}{\sqrt{n}},\ \bar{X}+t_{\frac{\alpha}{2}}(n-1)\cdot\frac{S}{\sqrt{n}}\right) \tag{7.8}$$

为 $\mu$ 的置信度为 $1-\alpha$ 的置信区间.

(7.7)式、(7.8)式都要求 $n$ 很大，那么 $n$ 究竟应该取多大才好？许多应用实践表明，通常情况下，当 $n\geqslant 30$ 时，近似程度可以接受.

## 四、单边置信区间

上述讨论的置信区间都是双边的，而在很多实际问题中并不需要做双边估计，只要估计单边的置信下限或置信上限，称这种估计为**单边区间估计**.

单边区间估计的方法与双边区间估计相似. 下面我们仅列出一种，其余情形类似，读者可以自行推导.

设总体 $X\sim N(\mu,\sigma^2)$，$\sigma^2$ 已知，从中抽得样本 $X_1, X_2, \cdots, X_n$. 由于

$$U=\frac{\bar{X}-\mu}{\sigma/\sqrt{n}}\sim N(0,1),$$

因此，对于给定的置信度 $1-\alpha$，查标准正态分布表确定临界值 $u_\alpha$，使其满足：

$$P\left\{\frac{\bar{X}-\mu}{\sigma/\sqrt{n}}<u_\alpha\right\}=1-\alpha,$$

即

$$P\left\{\mu>\bar{X}-u_\alpha\cdot\frac{\sigma}{\sqrt{n}}\right\}=1-\alpha,$$

从而参数 $\mu$ 的置信度为 $1-\alpha$ 的置信区间为

$$\left(\bar{X}-u_\alpha\cdot\frac{\sigma}{\sqrt{n}},+\infty\right).$$

## 数学家简介

### 马　尔　柯　夫

安德烈·安德列耶维奇·马尔柯夫(Andrei Andreevich Markov, 1856—1922)1856 年 6 月出生于俄国梁赞，卒于 1922 年 7 月. 是一位 19 世纪末至 20 世

纪初对俄国科学和民主进步事业都作出巨大贡献的数学家.

1874 年,马尔柯夫考入彼得堡大学数学系,1878 年,他以优异成绩毕业并留校任教,他的毕业论文"以连分数解微分方程"获得当年系里的金质奖. 两年后他完成了"关于双正定二次型"的硕士论文,并正式给学生开课. 又过了两年,他开始考虑博士论文,后以"关于连分数的某些应用"于 1884 年通过正式答辩. 1886 年,马尔柯夫就已成为彼得堡大学的副教授,1893 年成为教授.

在彼得堡大学,切比雪夫身边集结了一大批富有激情和才华的俄罗斯数学家,他们独特的风格与在若干领域里的开拓性工作引起了全世界数学家的瞩目,一个属于俄罗斯的数学学派在彼得堡大学悄然崛起. 青年马尔柯夫如饥似渴地向前辈们学习,很快成为这个数学团体中的一个新的重要成员,并成为彼得堡数学学派的杰出代表和中坚分子. 马尔柯夫等人在代数数论方面的工作与切比雪夫在解析数论方面的工作一起,确立了彼得堡数学学派在数论领域的领先地位. 但他并不以此为满足,而是很快地把目标转向一系列更广的数学题材,特别是在经典分析领域做出了新的贡献.

把概率论从濒临衰亡的境地挽救出来,恢复其作为一门数学学科的地位,并把它推进到现代化的门槛,这是彼得堡数学学派为人类作出的伟大贡献. 切比雪夫、马尔柯夫和李雅普诺夫师生 3 人为此付出了艰辛的劳动,其中尤以马尔柯夫的工作最多. 据统计,他一生发表的概率论方面的文章或专著共有 25 篇(部)之多,切比雪夫和李雅普诺夫在概率论方面的论文各为 4 篇和 2 篇. 大约从 1883 年起,马尔柯夫就开始考虑概率论中的基本问题了. 19 世纪的八九十年代,他主要是沿着切比雪夫开创的方向,致力于独立随机变量和古典极限理论的研究,从而改进和完善了大数定律和中心极限定理.

马尔柯夫在 20 世纪初开始考虑相依随机变量序列的规律,并从中选出了最重要的一类加以研究. 1906 年他在"大数定律关于相依变量的扩展"一文中,第一次提到这种如同锁链般环环相扣的随机变量序列,其中某个变量会以多大的概率取什么值,完全由它前面的一个变量来决定,而与它更前面的那些变量无关. 这就是被后人称为马尔柯夫链的著名概率模型. 也是在这篇论文里,马尔柯夫建立了这种链的大数定律. 人类历史上第一个从理论上提出并加以研究的过程模型是马尔柯夫链,它是马尔柯夫对概率论乃至人类思想发展作出的又一伟大贡献.

马尔柯夫链的引入,在物理、化学、天文、生物、经济、军事等科学领域都产生了连锁性的反应,很快地涌现出一系列新的课题、新的理论和新的学科,并揭开了概率论中一个重要分支——随机过程理论蓬勃发展的序幕.

马尔柯夫的代表作《概率演算》不但是概率论学科中不朽的经典文献，而且可以看成是一篇唯物主义者的战斗檄文．马尔柯夫是一个刚正不阿的学者，一个不畏强暴的勇士，一个坚定的无神论者和民主运动的斗士．

## 习　题　七

1. 已知某种灯管的寿命 $X \sim N(\mu, \sigma^2)$，在一批该种灯管中随机地抽取 10 只测得寿命(单位:小时)如下：

$$1\,067, 919, 1\,196, 785, 1\,126, 936, 918, 1\,156, 920, 948.$$

求参数 $\mu$ 与 $\sigma^2$ 的矩估计.

2. 设总体 $X$ 的分布律如表 7.1 所示，其中 $\theta\left(0<\theta<\frac{1}{2}\right)$ 是未知参数，求 $\theta$ 的矩估计量.

**表 7.1**

| $X$ | 0 | 1 | 2 | 3 |
|---|---|---|---|---|
| $P$ | $\theta^2$ | $2\theta(1-\theta)$ | $\theta^2$ | $1-2\theta$ |

3. 设总体 $X \sim U[0, a]$，求未知参数 $a$ 的矩估计量.

4. 设总体 $X$ 的密度函数为

$$p(x)=\begin{cases}\dfrac{6x}{\theta^3}(\theta-x), & 0<x \leqslant \theta, \\ 0, & \text{其他}.\end{cases}$$

求未知参数 $\theta$ 的矩估计量.

5. 设总体 $X$ 的分布律为

$$P\{X=k\}=p(1-p)^{k-1} \quad (k=1, 2, \cdots),$$

其中 $p$ 为未知参数，$X_1, X_2, \cdots, X_n$ 为总体 $X$ 的样本，求参数 $p$ 的极大似然估计量.

6. 设总体 $X$ 的密度函数为

$$p(x, \theta)=\begin{cases}\dfrac{x}{\theta} \mathrm{e}^{-\frac{x^2}{2\theta}}, & x>0, \\ 0, & x \leqslant 0,\end{cases} \quad \theta>0.$$

求未知参数 $\theta$ 的极大似然估计量.

7. 假设样本 $X_1, X_2, \cdots, X_n$ 取自总体 $X$, $X$ 的密度函数是

$$p(x)=\begin{cases}\dfrac{\beta^m}{(m-1)!}x^{m-1}\mathrm{e}^{-\beta x}, & x>0,\\ 0, & x\leqslant 0,\end{cases}$$

其中参数 $m$ 是已知正整数,而参数 $\beta>0$ 未知,求未知参数 $\beta$ 的极大似然估计量.

8. 设总体 $X$ 的密度函数为

$$p(x)=\begin{cases}(\theta+1)x^{\theta}, & 0<x<1,\\ 0, & \text{其他},\end{cases}$$

其中,$\theta>-1$ 是未知参数,$X_1, X_2, \cdots, X_n$ 为总体 $X$ 的样本,分别用矩估计法和极大似然估计法求参数 $\theta$ 的估计量.

9. 证明在样本的一切线性组合中,$\bar{X}$是总体期望 $\mu$ 的无偏估计中有效的估计量.

10. 若总体 $X$ 的数学期望、方差分别为 $E(X)=\mu$, $D(X)=\sigma^2$, $X_1, X_2, X_3$ 为取自总体 $X$ 的样本,现给出两个估计量:

$$\hat{\theta}_1=\frac{1}{5}X_1+\frac{3}{10}X_2+\frac{1}{2}X_3,\ \hat{\theta}_2=\frac{1}{3}X_1+\frac{1}{3}X_2+\frac{1}{3}X_3.$$

试:

(1) 证明它们都是 $\mu$ 的无偏估计量;

(2) 比较这两个估计量的有效性.

11. 若总体 $X$ 的期望 $E(X)=\mu$, 试比较总体期望 $\mu$ 的两个无偏估计:

$$\bar{X}=\frac{1}{n}\sum_{i=1}^{n}X_i,\ Y=\frac{\sum\limits_{i=1}^{n}a_iX_i}{\sum\limits_{i=1}^{n}a_i}\ \left(\sum_{i=1}^{n}a_i\neq 0\right)$$

的有效性.

12. 从一台机床加工的零件中,随机地抽取 5 个,测得其直径如下(单位:毫米):

14.6, 15.1, 14.9, 15.2, 15.1.

如果零件直径的方差是 0.05,试求零件平均直径的置信区间($\alpha=0.05$).

13. 如果上题中,该零件直径服从正态分布,其他条件不变,试以 0.95 的置

信度对平均直径进行区间估计.

14. 已知灯泡寿命 $X \sim N(\mu, 50^2)$,现从一批灯泡中抽出 25 个检验,得平均寿命 $\bar{x} = 500$ 小时,试以 0.95 的置信度对灯泡的平均寿命进行区间估计.

15. 若总体 $X$ 的标准差是 3,从中抽取 40 个个体,其样本平均数 $\bar{x} = 642$,求总体期望的置信区间($\alpha = 0.05$).

16. 人的身高服从正态分布,从初一女生中随机抽取 6 名,测其身高如下(单位:厘米):

$$149, 158.5, 152.5, 165, 157, 142.$$

求初一女生平均身高的置信区间($\alpha = 0.05$).

17. 某种电子元件的使用寿命服从正态分布.从中随机抽取 15 个进行检验,得平均使用寿命为 1 950 小时,标准差为 300 小时.试以 0.95 的置信度求这种电子元件的平均使用寿命的置信区间.

18. 从总体中抽取 61 个个体,其样本均值 $\bar{x} = 120.2$,样本标准差 $s = 15.2$,求总体期望的置信区间($\alpha = 0.05$).

19. 随机地取某种炮弹 9 发做试验,测得炮口速度的样本标准差为 11(米/秒).设炮口速度服从正态分布,求这种炮弹速度的标准差 $\sigma$ 的置信度为 0.90 的置信区间.

20. 从正态分布总体 $X$ 中抽取了 26 个样本,它们的观测值是:

3 100, 3 480, 2 520, 2 520, 3 700, 2 800, 3 800, 3 020, 3 260,
3 140, 3 100, 3 160, 2 860, 3 100, 3 560, 3 320, 3 200, 3 420,
2 880, 3 440, 3 200, 3 260, 3 400, 2 760, 3 280, 3 300.

试求总体 $X$ 的数学期望和方差的置信区间($\alpha = 0.05$).

# 第八章 假设检验

假设检验是统计推断的另一个基本问题.假设检验是根据样本提供的信息来检验总体分布的参数或分布的形式具有某指定的特征.如果总体分布函数的类型已知,检验问题仅涉及总体分布的未知参数,这是参数假设检验问题;如果总体分布函数的类型未知,检验是对总体分布函数的类型或它的其他特征进行的,则称为非参数假设检验问题.本章仅介绍正态总体的参数假设检验问题.

## §8.1 假设检验的基本概念

先看一个例子.通过对这个例子的分析,引入假设检验的一些基本概念.

**例 1** 按照国家标准,某种产品的次品率不得超过 1%.现在从批量为 200 件的一批产品中任取 5 件,发现 5 件中含有次品.试问:这批产品的次品率 $p$ 是否符合国家标准?

在本例中,我们要根据样本的信息,来判断产品的次品率 $p$ 是否超过 1%.首先假设次品率 $p$ 是符合国家标准的(称为**原假设 $H_0$**),即

$$H_0: p \leqslant 0.01.$$

要作出判断,就需要有一个准则.经验告诉我们:一个概率很小的事件,在一次试验中几乎是不可能发生的.如果小概率事件在一次试验中发生了,这就与经验相矛盾了.那么,就可以认为假设是错误的.所以,我们先要确定一个小概率的标准(记为 $\alpha$).然后,我们根据样本的信息,计算抽样结果发生的概率.

譬如,我们取 $\alpha = 0.05$, 在 $H_0$ 成立的条件下,200 件产品最多只有 2 件次品.设事件 $A$ 表示“从 200 件产品中任取 5 件,含有次品”,于是

$$\begin{aligned} P(A) &= 1 - P(\bar{A}) = 1 - \frac{C_{198}^5}{C_{200}^5} \\ &= 0.0495 < 0.05. \end{aligned}$$

这样 $P(A) < \alpha$，我们认为小概率事件发生了. 因此有理由怀疑假设 $H_0$ 的正确性，从而，在这种情况下拒绝 $H_0$ 较合理，认为 $p > 0.01$，即次品率 $p$ 超过了国家标准.

若取 $\alpha = 0.01$，则有 $P(A) > \alpha$，我们认为小概率事件未发生. 因此没有理由怀疑假设 $H_0$ 的正确性，此时接受 $H_0$ 较合理，认为 $p < 0.01$，即这批产品的次品率 $p$ 符合国家标准.

上面这种处理问题的统计方法称为**假设检验**. 假设检验所采用的是一种类似于反证法的思想方法. 即先假定 $H_0$ 成立，然后，在 $H_0$ 成立的条件下进行推断或演算，若得到了矛盾，则拒绝 $H_0$；若没有得到矛盾，则接受 $H_0$. 但是，这里的矛盾并不是形式逻辑上的矛盾，或者说不是绝对成立的矛盾，而只是与我们的经验相矛盾. 在假设检验中，我们根据的是"小概率事件在一次试验中几乎是不可能发生"的**实际推断原理**. 而实际推断原理是经验的，或者说是主观的. 在假设检验中，给定的小概率 $\alpha$ 也是经验的，它与问题的性质和人们对问题性质的理解有关. 例如，在例 1 中，如果产品是纽扣，那么，$\alpha = 0.05$ 可以是小概率，当然 $\alpha = 0.01$ 也是小概率，但检验的结论却是不同的. 而如果产品是降落伞，那么，人们是不会认可 0.05 是小概率的. 因此，在假设检验之前必须根据具体情况，给定一个合理的数值 $\alpha(0 < \alpha < 1)$ 作为小概率事件的标准，称 $\alpha$ 为**显著性水平**.

在进行假设检验时，通过样本对总体进行推断. 由于样本的随机性，假设检验结论有可能是错误的. 假设检验的错误可以分为两类.

**第一类错误** 如果原假设 $H_0$ 为真，而我们做出了拒绝 $H_0$ 的判断，也称为**弃真**错误. 显然，显著性水平 $\alpha$ 是犯第一类错误的概率，即 $P\{$拒绝 $H_0 \mid H_0$ 为真$\} = \alpha$.

**第二类错误** 如果原假设 $H_0$ 不真，而我们做出了接受 $H_0$ 的判断，也称为**纳伪**错误. 犯第二类错误的概率记为 $\beta$，则 $P\{$接受 $H_0 \mid H_0$ 不真$\} = \beta$.

在样本容量 $n$ 固定时，$\alpha$ 变大，则 $\beta$ 变小；反之，$\alpha$ 变小，则 $\beta$ 变大. 要使 $\alpha$，$\beta$ 同时变小，是不可能的，除非样本容量 $n$ 无限增大，这是不实际的. 在实际应用中，通常只能控制犯第一类错误的概率 $\alpha$，$\alpha$ 一般取 0.01，0.05 或 0.10.

假设检验的一般步骤：

(1) 根据实际问题提出统计假设 $H_0$；

(2) 选取合适的统计量. 构造的统计量必须与统计假设有关，并且在 $H_0$ 成立的条件下，能确定统计量的分布；

(3) 选择显著性水平 $\alpha$，确定临界值；

(4) 根据临界值,把样本空间分成两个互不相交的区域,其中一个由接受原假设 $H_0$ 的样本值的全体组成,称为**接受域**;反之,称为**拒绝域**.

(5) 作出判断. 根据样本观察值计算统计量的值,若统计量的值落入拒绝域,则拒绝原假设 $H_0$;反之,则接受原假设 $H_0$.

## §8.2 单个正态总体的假设检验

由中心极限定理,我们知道实际问题中的许多随机变量都近似地服从正态分布,所以,经常会遇到正态总体参数的检验. 本节介绍单个正态总体参数的假设检验,在以下假设检验中,设 $(X_1, X_2, \cdots, X_n)$ 是从正态总体 $N(\mu, \sigma^2)$ 中抽取的容量为 $n$ 的样本,样本均值与方差分别是

$$\bar{X}=\frac{1}{n}\sum_{i=1}^{n}X_i,\ S^2=\frac{1}{n-1}\sum_{i=1}^{n}(X_i-\bar{X})^2.$$

我们分下列几种情况分别讨论.

### 一、方差 $\sigma^2=\sigma_0^2$ 已知, 检验假设 $H_0: \mu=\mu_0$

检验步骤如下:

(1) 提出假设 $H_0: \mu=\mu_0$;

(2) 选取统计量

$$U=\frac{\bar{X}-\mu_0}{\sigma_0/\sqrt{n}}, \tag{8.1}$$

当 $H_0$ 成立时,由(6.6)式知,$U\sim N(0, 1)$;

(3) 对于给定的显著性水平 $\alpha$,查标准正态分布表确定临界值 $u_{\frac{\alpha}{2}}$(见图 8.1),使其满足

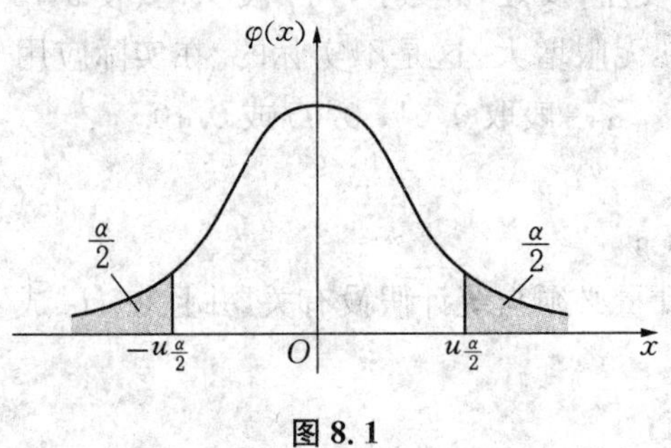

图 8.1

$$P\{|U|\geqslant u_{\frac{\alpha}{2}}\}=\alpha,$$

即 $\Phi(u_{\frac{\alpha}{2}})=1-\frac{\alpha}{2}$, 得拒绝域为 $|u|\geqslant u_{\frac{\alpha}{2}}$;

(4) 根据样本观察值计算 $U$ 的观察值 $u$;

(5) 做出判断. 若 $|u|\geqslant u_{\frac{\alpha}{2}}$, 则

拒绝 $H_0$；若 $|u| < u_{\frac{\alpha}{2}}$，则接受 $H_0$.

这种利用服从正态分布的 $U$ 统计量的检验法称为 **$U$ 检验法**.

**例 1** 某食品厂自动包装机的装包量 $X \sim N(\mu, 12^2)$，每包的标准重量为 500 克，为了检验包装机工作是否正常，现随机抽验装好的 9 包食品，测得其重量(单位:克)为

$$514, 508, 516, 498, 506, 517, 505, 510, 507.$$

试问自动包装机的工作是否正常(显著性水平 $\alpha = 0.05$)?

解 根据题意，$\sigma = 12$, $n = 9$，需要检验假设

$$H_0: \mu = 500.$$

选用统计量

$$U = \frac{\bar{X} - 500}{12/\sqrt{9}},$$

当 $H_0$ 成立时，$U \sim N(0, 1)$.

对于 $\alpha = 0.05$，查标准正态分布表，可得临界值 $u_{\frac{\alpha}{2}} = u_{0.025} = 1.96$.

根据样本观测值，计算得 $\bar{x} = 509$，计算 $U$ 的观测值

$$u = \frac{\bar{X} - 500}{12/\sqrt{9}} = \frac{509 - 500}{12/3} = 2.25.$$

因为 $|u| = 2.25 > u_{0.025} = 1.96$，所以拒绝 $H_0$，认为自动包装机的工作不正常.

在本例中，我们提出的原假设是：$H_0: \mu = 500$，其拒绝域分布在接受域的两侧，我们称这类假设检验为**双侧假设检验**. 但是在有些问题中，我们还会提出如下形式的原假设：

$$H_0: \mu \leqslant \mu_0 \text{ 或 } H_0: \mu \geqslant \mu_0,$$

称这样的假设检验为**单侧假设检验**.

$U$ 检验法的双侧假设检验的临界值为 $u_{\frac{\alpha}{2}}$，而单侧假设检验的临界值为 $u_\alpha$. 当检验假设 $H_0: \mu \leqslant \mu_0$ 时，拒绝域为 $u \geqslant u_\alpha$；当检验假设 $H_0: \mu \geqslant \mu_0$ 时，拒绝域为 $u \leqslant -u_\alpha$.

**例 2** 假设某品牌的香烟中的尼古丁含量(单位:毫克)服从正态分布 $N(\mu, 2.4^2)$，现在随机地从该品牌的香烟中抽取 20 支，测得其尼古丁含量的平均值 $\bar{x} = 18.6$ 毫克，取显著性水平 $\alpha = 0.05$，我们能否认为该品牌的香烟的尼古丁含量不超过 17.5 毫克?

解　这是单侧假设检验,根据题意,$\sigma=2.4$, $n=20$. 提出假设

$$H_0: \mu \leqslant 17.5,$$

选用统计量

$$U=\frac{\bar{X}-17.5}{2.4/\sqrt{20}},$$

当 $H_0$ 成立时,$U \sim N(0, 1)$.

对于 $\alpha=0.05$,查标准正态分布表,可得临界值 $u_\alpha=u_{0.05}=1.65$.

根据 $\bar{x}=18.6$,计算 $U$ 的观测值:

$$u=\frac{\bar{x}-17.5}{2.4/\sqrt{20}}=\frac{18.6-17.5}{2.4/\sqrt{20}}=2.053.$$

因为 $u=2.053>u_\alpha=u_{0.05}=1.65$,所以拒绝 $H_0$,认为该品牌香烟的尼古丁含量超过 17.5 毫克.

## 二、方差 $\sigma^2$ 未知,检验假设 $H_0: \mu=\mu_0$

检验步骤如下:

(1) 提出假设 $H_0: \mu=\mu_0$;

(2) 选取统计量

$$T=\frac{\bar{X}-\mu_0}{S/\sqrt{n}}, \tag{8.2}$$

当 $H_0$ 成立时,由(6.8)式知 $T \sim t(n-1)$;

(3) 对于给定的显著性水平 $\alpha$,查自由度为 $n-1$ 的 $t$ 分布表,可得临界值 $t_{\frac{\alpha}{2}}(n-1)$ (见图 8.2),它满足:

$$P\{|T| \geqslant t_{\frac{\alpha}{2}}(n-1)\}=\alpha,$$

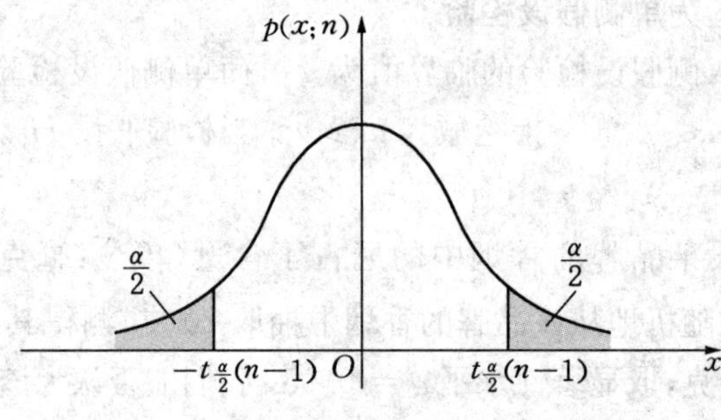


图 8.2

得拒绝域为 $|t| \geqslant t_{\frac{\alpha}{2}}(n-1)$；

(4) 根据样本观察值计算 $T$ 的观察值 $t$；

(5) 作出判断. 若 $|t| \geqslant t_{\frac{\alpha}{2}}(n-1)$，则拒绝 $H_0$；若 $|t| < t_{\frac{\alpha}{2}}(n-1)$，则接受 $H_0$.

这种利用服从 $t$ 分布的 $T$ 统计量的检验法称为 $T$ **检验法**.

$T$ 检验法的双侧假设检验的临界值为 $t_{\frac{\alpha}{2}}(n-1)$，而单侧假设检验的临界值为 $t_{\alpha}(n-1)$. 当检验假设为 $H_0: \mu \leqslant \mu_0$ 时，拒绝域为 $t \geqslant t_{\alpha}(n-1)$；当检验假设为 $H_0: \mu \geqslant \mu_0$ 时，拒绝域为 $t \leqslant -t_{\alpha}(n-1)$.

**例 3** 某厂的维尼龙纤度 $X \sim N(1.36, \sigma^2)$，某日抽取 6 根纤维，测得其纤度为

$$1.35, 1.41, 1.48, 1.41, 1.40, 1.41.$$

试问该厂维尼龙纤度的均值有无显著变化 ($\alpha = 0.05$)？

解 这是 $\sigma$ 未知对 $\mu$ 的双侧假设检验，提出假设

$$H_0: \mu = 1.36;$$

选用统计量

$$T = \frac{\bar{X} - 1.36}{S/\sqrt{6}},$$

当 $H_0$ 成立时，$T \sim t(5)$.

对于 $\alpha = 0.05$，查自由度为 5 的 $t$ 分布表，可得临界值 $t_{\frac{\alpha}{2}}(5) = t_{0.025}(5) = 2.571$.

根据样本观察值计算得 $\bar{x} = 1.41$，$s = 0.041$，于是统计量 $T$ 的观测值为

$$t = \frac{\bar{x} - 1.36}{s/\sqrt{6}} = \frac{1.41 - 1.36}{0.041/\sqrt{6}} \approx 2.987.$$

因为 $|t| = 2.987 > t_{0.025}(5) = 2.571$，所以拒绝 $H_0$，即认为该厂维尼龙纤度的均值有显著变化.

## 三、检验假设 $H_0: \sigma^2 = \sigma_0^2$

检验步骤如下：

(1) 提出假设 $H_0: \sigma^2 = \sigma_0^2$；

(2) 选取统计量

$$\chi^2 = \frac{(n-1)S^2}{\sigma_0^2}, \tag{8.3}$$

当 $H_0$ 成立时,由(6.7)式知 $\chi^2 \sim \chi^2(n-1)$;

(3) 对于给定的显著性水平 $\alpha$,查自由度为 $n-1$ 的 $\chi^2$ 分布表,可得临界值 $\chi^2_{1-\frac{\alpha}{2}}(n-1)$, $\chi^2_{\frac{\alpha}{2}}(n-1)$ (见图 8.3),它满足:

$$P\{\chi^2 \geqslant \chi^2_{\frac{\alpha}{2}}(n-1)\} = P\{\chi^2 \leqslant \chi^2_{1-\frac{\alpha}{2}}(n-1)\} = \frac{\alpha}{2};$$

(4) 根据样本观察值计算 $\chi^2$ 的观察值 $\chi^2$;

(5) 做出判断. 若 $\chi^2 \leqslant \chi^2_{1-\frac{\alpha}{2}}(n-1)$ 或 $\chi^2 \geqslant \chi^2_{\frac{\alpha}{2}}(n-1)$, 则拒绝 $H_0$;若 $\chi^2_{1-\frac{\alpha}{2}}(n-1) < \chi^2 < \chi^2_{\frac{\alpha}{2}}(n-1)$, 则接受 $H_0$.

这种利用服从 $\chi^2$ 分布的统计量 $\chi^2$ 的检验法称为 $\chi^2$ **检验法**.

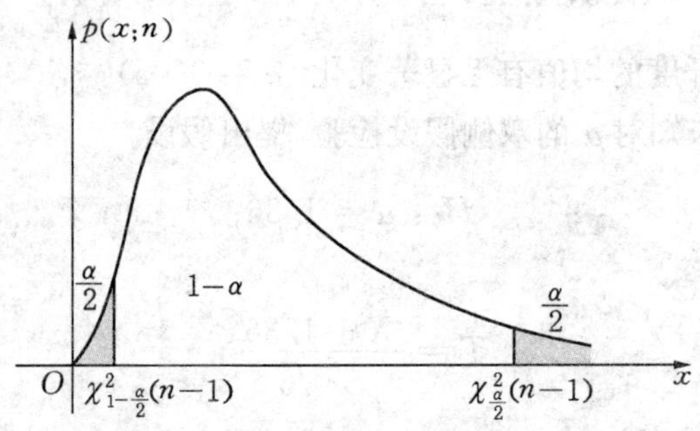


**图 8.3**

$\chi^2$ 检验法的双侧假设检验的临界值为 $\chi^2_{1-\frac{\alpha}{2}}(n-1)$ 与 $\chi^2_{\frac{\alpha}{2}}(n-1)$, 而单侧假设检验的临界值为 $\chi^2_{\alpha}(n-1)$ 与 $\chi^2_{1-\alpha}(n-1)$. 当检验假设 $H_0: \sigma^2 \leqslant \sigma_0^2$ 时,拒绝域为 $\chi^2 \geqslant \chi^2_{\alpha}$; 当检验假设 $H_0: \sigma^2 \geqslant \sigma_0^2$ 时,拒绝域为 $\chi^2 \leqslant \chi^2_{1-\alpha}$.

**例 4** 某种导线的电阻 $X \sim N(\mu, 0.005^2)$. 现从新生产的一批导线中随机抽 9 根,测其电阻,得 $s = 0.008$ 欧姆. 对显著性水平 $\alpha = 0.05$, 能否认为这批导线的电阻的标准差仍为 0.005?

解 根据题意,提出假设

$$H_0: \sigma^2 = 0.005^2.$$

选取统计量

$$\chi^2 = \frac{(n-1)S^2}{\sigma_0^2} = \frac{8S^2}{0.005^2}.$$

当 $H_0$ 成立时, $\chi^2 \sim \chi^2(8)$.

对于给定的显著性水平 0.05，查自由度为 8 的 $\chi^2$ 分布表，可得临界值：

$$\chi^2_{1-\frac{\alpha}{2}}(n-1)=\chi^2_{0.975}(8)=2.18,\ \chi^2_{\frac{\alpha}{2}}(n-1)=\chi^2_{0.025}(8)=17.54.$$

根据 $s=0.008$，计算 $\chi^2$ 的观察值：

$$\chi^2=\frac{8\cdot 0.008^2}{0.005^2}=20.48.$$

因为 $\chi^2=20.48>\chi^2_{0.025}(8)=17.54$，所以拒绝 $H_0$，即认为这批导线的电阻的标准差不是 0.005.

进一步，我们可以用单侧假设检验来判断这批导线的电阻的标准差是否超过 0.005，即提出假设

$$H_0: \sigma^2\leqslant 0.005^2.$$

对于给定的显著性水平 0.05，单侧假设检验的临界值为

$$\chi^2_\alpha(n-1)=\chi^2_{0.05}(8)=15.5.$$

因为 $\chi^2=20.48>\chi^2_{0.05}(n-1)=15.5$，则拒绝 $H_0$，即认为这批导线的电阻的标准差超过了 0.005.

单个正态总体参数的假设检验汇总于表 8.1.

**表 8.1**

| 条 件 | $H_0$ | 统计量 | 临 界 值 | 拒绝域 |
|---|---|---|---|---|
| $\sigma^2=\sigma_0^2$ | $\mu=\mu_0$ | $U=\dfrac{\overline{X}-\mu_0}{\sigma_0/\sqrt{n}}$ | $u_{\frac{\alpha}{2}}$ 满足 $\Phi\left(u_{\frac{\alpha}{2}}\right)=1-\frac{\alpha}{2}$ | $\lvert u\rvert\geqslant u_{\frac{\alpha}{2}}$ |
| | $\mu\leqslant\mu_0$ | | $u_\alpha$ 满足 $\Phi(u_\alpha)=1-\alpha$ | $u\geqslant u_\alpha$ |
| | $\mu\geqslant\mu_0$ | | | $u\leqslant -u_\alpha$ |
| $\sigma^2$ 未知 | $\mu=\mu_0$ | $T=\dfrac{\overline{X}-\mu_0}{S/\sqrt{n}}$ | $t_{\frac{\alpha}{2}}(n-1)$ 满足 $P\{\lvert T\rvert\geqslant t_{\frac{\alpha}{2}}(n-1)\}=\alpha$ | $\lvert t\rvert\geqslant t_{\frac{\alpha}{2}}$ |
| | $\mu\leqslant\mu_0$ | | $t_\alpha(n-1)$ 满足 $P\{T\geqslant t_\alpha(n-1)\}=\alpha$ | $t\geqslant t_\alpha$ |
| | $\mu\geqslant\mu_0$ | | | $t\leqslant -t_\alpha$ |
| | $\sigma^2=\sigma_0^2$ | $\chi^2=\dfrac{(n-1)S^2}{\sigma_0^2}$ | $\chi^2_{1-\frac{\alpha}{2}}(n-1)$，$\chi^2_{\frac{\alpha}{2}}(n-1)$ 满足 $P\{\chi^2\geqslant\chi^2_{\frac{\alpha}{2}}(n-1)\}=P\{\chi^2\leqslant\chi^2_{1-\frac{\alpha}{2}}(n-1)\}=\frac{\alpha}{2}$ | $\chi^2\geqslant\chi^2_{\frac{\alpha}{2}}$ 或 $\chi^2\leqslant\chi^2_{1-\frac{\alpha}{2}}$ |

续表

| 条　件 | $H_0$ | 统计量 | 临　界　值 | 拒绝域 |
|---|---|---|---|---|
| | $\sigma^2 \leqslant \sigma_0^2$ | $\chi^2 = \dfrac{(n-1)S^2}{\sigma_0^2}$ | $\chi_\alpha^2(n-1)$ 满足 $P\{\chi^2 \geqslant \chi_\alpha^2(n-1)\} = \alpha$ | $\chi^2 \geqslant \chi_\alpha^2$ |
| | $\sigma^2 \geqslant \sigma_0^2$ | | $\chi_{1-\alpha}^2(n-1)$ 满足 $P\{\chi^2 \leqslant \chi_{1-\alpha}^2(n-1)\} = \alpha$ | $\chi^2 \leqslant \chi_{1-\alpha}^2$ |

## §8.3　两个正态总体的假设检验

在实际问题中使用假设检验时,会遇到两个正态总体的比较问题,即均值和方差的比较问题.例如,我们要比较甲、乙两厂的产品质量.如果把产品质量的指标看成两个正态总体,那么,比较它们的质量指标就变为比较两个正态总体的均值问题.而比较它们的产品质量是否稳定就为比较两个正态总体的方差问题.

设总体 $X \sim N(\mu_1, \sigma_1^2)$, $Y \sim N(\mu_2, \sigma_2^2)$,且 $X$ 与 $Y$ 相互独立,又设$(X_1, X_2, \cdots, X_{n_1})$和$(Y_1, Y_2, \cdots, Y_{n_2})$为分别取自 $X$ 和 $Y$ 相互独立的样本.样本均值与方差分别为

$$\bar{X} = \frac{1}{n_1}\sum_{i=1}^{n_1} X_i, \bar{Y} = \frac{1}{n_2}\sum_{i=1}^{n_2} Y_i,$$

$$S_1^2 = \frac{1}{n_1-1}\sum_{i=1}^{n_1}(X_i - \bar{X})^2,$$

$$S_2^2 = \frac{1}{n_2-1}\sum_{i=1}^{n_2}(Y_i - \bar{Y})^2.$$

### 一、方差 $\sigma_1^2$, $\sigma_2^2$ 已知时,检验假设 $H_0: \mu_1 = \mu_2$

检验步骤如下:

(1) 提出假设: $H_0: \mu_1 = \mu_2$;

(2) 选取统计量

$$U = \frac{\bar{X} - \bar{Y}}{\sqrt{\dfrac{\sigma_1^2}{n_1} + \dfrac{\sigma_2^2}{n_2}}}, \tag{8.4}$$

当 $H_0$ 成立时，由(6.9)式知 $U \sim N(0, 1)$；

(3) 对于给定的显著性水平 $\alpha$，查标准正态分布表得临界值 $u_{\frac{\alpha}{2}}$(见图 8.1)，使其满足：

$$P(|U| \geqslant u_{\frac{\alpha}{2}}) = \alpha;$$

(4) 根据样本观察值计算统计量 $U$ 的观察值 $u$；

(5) 做出判断. 当 $|u| \geqslant u_{\frac{\alpha}{2}}$ 时，拒绝 $H_0$；当 $|u| < u_{\frac{\alpha}{2}}$ 时，接受 $H_0$.

这里又一次用到了 $U$ 检验法.

类似单个正态总体假设检验，两个正态总体单侧假设检验的临界值为 $u_\alpha$. 当检验假设 $H_0: \mu_1 \leqslant \mu_2$ 时，拒绝域为 $u \geqslant u_\alpha$；当检验假设 $H_0: \mu_1 \geqslant \mu_2$ 时，拒绝域为 $u \leqslant -u_\alpha$.

**例 1** 设甲、乙两煤矿的含碳率分别为：$X \sim N(\mu_1, 7.5)$ 和 $Y \sim N(\mu_2, 2.6)$，现从两矿中抽取样本分析其含碳率(%)如下：

甲矿：24.3，20.8，23.7，21.3，17.4；

乙矿：18.2，16.9，20.2，19.7.

问：甲、乙两矿采煤的含碳率的期望值 $\mu_1$ 和 $\mu_2$ 有无显著差异($\alpha = 0.05$)?

解 已知 $n_1 = 5$，$n_2 = 4$，$\sigma_1^2 = 7.5$，$\sigma_2^2 = 2.6$. 提出假设

$$H_0: \mu_1 = \mu_2;$$

选取统计量

$$U = \frac{\bar{X} - \bar{Y}}{\sqrt{\frac{\sigma_1^2}{n_1} + \frac{\sigma_2^2}{n_2}}},$$

当 $H_0$ 成立时，$U \sim N(0, 1)$.

对于给定的显著性水平 0.05，查标准正态分布表得临界值 $u_{\frac{\alpha}{2}} = u_{0.025} = 1.96$.

根据样本观察值计算得

$$\bar{x} = 21.5,\ \bar{y} = 18,$$

$$u = \frac{\bar{x} - \bar{y}}{\sqrt{\frac{\sigma_1^2}{n_1} + \frac{\sigma_2^2}{n_2}}} = \frac{21.5 - 18.0}{\sqrt{\frac{7.5}{5} + \frac{2.6}{4}}} = 2.39.$$

因为 $|u| = 2.39 > u_{0.025} = 1.96$，所以，拒绝 $H_0$，认为 $\mu_1 \neq \mu_2$，即甲、乙两煤矿所采煤的含碳率的期望值 $\mu_1$ 和 $\mu_2$ 有显著性差异.

进一步,我们可以用单侧假设检验来判断甲煤矿所采煤的含碳率的期望 $\mu_1$ 是否超过乙煤矿所采煤的含碳率的期望 $\mu_2$,即提出假设

$$H_0: \mu_1 \leqslant \mu_2.$$

对于给定的显著性水平 0.05,单侧假设检验的临界值为 $u_{0.05} = 1.65$,因为 $u = 2.39 > u_{0.05} = 1.65$,则拒绝 $H_0$,即认为甲煤矿所采煤的含碳率的期望超过乙煤矿所采煤的含碳率的期望.

## 二、方差 $\sigma_1^2$, $\sigma_2^2$ 未知,但 $\sigma_1^2 = \sigma_2^2$ 时,检验假设 $H_0: \mu_1 = \mu_2$

检验步骤如下:

(1) 提出假设 $H_0: \mu_1 = \mu_2$;

(2) 选取统计量

$$T = \frac{\bar{X} - \bar{Y}}{\sqrt{\frac{(n_1 - 1)S_1^2 + (n_2 - 1)S_2^2}{n_1 + n_2 - 2}} \sqrt{\frac{1}{n_1} + \frac{1}{n_2}}}, \tag{8.5}$$

在 $H_0$ 成立时,由(6.10)式知 $T \sim t(n_1 + n_2 - 2)$;

(3) 对于给定的显著性水平 $\alpha$,查自由度为 $(n_1 + n_2 - 2)$ 的 $t$ 分布表得临界值 $t_{\frac{\alpha}{2}}(n_1 + n_2 - 2)$(见图 8.2),使其满足:

$$P(|T| \geqslant t_{\frac{\alpha}{2}}(n_1 + n_2 - 2)) = \alpha;$$

(4) 根据样本观察值计算统计量 $T$ 的观察值 $t$;

(5) 做出判断:当 $|t| \geqslant t_{\frac{\alpha}{2}}(n_1 + n_2 - 2)$ 时,拒绝 $H_0$;否则,接受 $H_0$.

这里又一次用到了 $T$ 检验法.

应当注意:在上面的讨论中,如果 $\sigma_1^2 \neq \sigma_2^2$,则统计量 $T \sim t(n_1 + n_2 - 2)$ 不成立.但是,在实际应用中,只要我们能够确定 $\sigma_1^2$ 和 $\sigma_2^2$ 相差不大,上面的检验法还是可行的.

类似单个正态总体假设检验,两个正态总体单侧假设检验的临界值为 $t_\alpha(n_1 + n_2 - 2)$. 当检验假设 $H_0: \mu_1 \leqslant \mu_2$ 时,拒绝域为 $t \geqslant t_\alpha(n_1 + n_2 - 2)$;当检验假设 $H_0: \mu_1 \geqslant \mu_2$ 时,拒绝域为 $t \leqslant -t_\alpha(n_1 + n_2 - 2)$.

**例 2** 假设有甲、乙两种药品,试验者要比较它们在病人服用 2 小时后,血液中药的含量是否相同,为此分两组进行试验.药品甲对应甲组,药品乙对应乙组.现从甲组随机地抽取 8 位病人,从乙组抽取 6 位病人.测得他们服药 2 小时后血液中药的浓度分别为

甲组：1.23，1.42，1.41，1.62，1.55，1.51，1.60，1.76；

乙组：1.76，1.41，1.87，1.49，1.67，1.81.

设甲、乙两种药品在病人服用2小时后，血液中药的浓度分别为 $X \sim N(\mu_1, \sigma^2)$ 和 $Y \sim N(\mu_2, \sigma^2)$. 问：在病人血液中这两种药的浓度是否有显著差异 $(\alpha = 0.1)$？

解　已知道 $n_1 = 8$，$n_2 = 6$，$\sigma_1^2 = \sigma_2^2 = \sigma^2$. 提出假设

$$H_0: \mu_1 = \mu_2.$$

选取统计量

$$T = \frac{\bar{X} - \bar{Y}}{\sqrt{\dfrac{(8-1)S_1^2 + (6-1)S_2^2}{8+6-2}}\sqrt{\dfrac{1}{8} + \dfrac{1}{6}}}.$$

当 $H_0$ 成立时，$T \sim t(12)$.

对于给定的显著性水平0.1，查 $t$ 分布表，可得临界值 $t_{\frac{\alpha}{2}}(12) = t_{0.05}(12) = 1.78$.

根据样本观察值计算得

$$\bar{x} = 1.51，s_1^2 = 0.025\,82，\bar{y} = 1.67，s_2^2 = 0.335\,4，$$

$$t = \frac{\bar{x} - \bar{y}}{\sqrt{\dfrac{7s_1^2 + 5s_2^2}{12}}\sqrt{\dfrac{1}{8} + \dfrac{1}{6}}} = \frac{1.51 - 1.67}{\sqrt{\dfrac{7 \cdot 0.025\,82 + 5 \cdot 0.335\,4}{12}}\sqrt{\dfrac{1}{8} + \dfrac{1}{6}}} = -0.753.$$

因为 $|t| = 0.753 < t_{0.05}(12) = 1.78$，所以接受 $H_0$，认为 $\mu_1 = \mu_2$，即在病人血液中这两种药的浓度没有显著差异.

## 三、检验假设 $H_0: \sigma_1^2 = \sigma_2^2$

检验步骤如下：

(1) 提出假设 $H_0: \sigma_1^2 = \sigma_2^2$；

(2) 选取统计量

$$F = \frac{S_1^2}{S_2^2}, \tag{8.6}$$

在 $H_0$ 成立时，由(6.12)式知 $F \sim F(n_1 - 1, n_2 - 1)$；

(3) 对于给定的显著性水平 $\alpha$，查自由度为 $(n_1 - 1, n_2 - 1)$ 的 $F$ 分布表得临界值 $F_{1-\frac{\alpha}{2}}(n_1 - 1, n_2 - 1)$ 和 $F_{\frac{\alpha}{2}}(n_1 - 1, n_2 - 1)$（见图8.4），使其满足：

$$P\{F \leqslant F_{1-\frac{\alpha}{2}}(n_1 - 1, n_2 - 1)\} = P\{F \geqslant F_{\frac{\alpha}{2}}(n_1 - 1, n_2 - 1)\} = \frac{\alpha}{2},$$

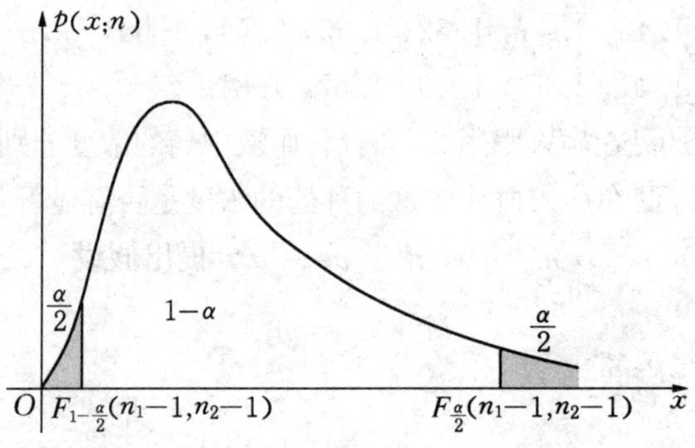


**图 8.4**

其中

$$F_{1-\frac{\alpha}{2}}(n_1-1,\ n_2-1)=\frac{1}{F_{\frac{\alpha}{2}}(n_2-1,\ n_1-1)};\tag{8.7}$$

(4) 根据样本观察值计算统计量 $F$ 的观察值 $f$;

(5) 做出判断:当 $f\leqslant F_{1-\frac{\alpha}{2}}(n_1-1,\ n_2-1)$ 或 $f\geqslant F_{\frac{\alpha}{2}}(n_1-1,\ n_2-1)$ 时,拒绝 $H_0$;否则接受 $H_0$.

由于检验用的统计量服从 $F$ 分布,因此此检验法称为 **$F$ 检验法**.

类似单个正态总体假设检验,两个正态总体单侧假设检验的临界值为 $F_{1-\alpha}(n_1-1,\ n_2-1)$ 与 $F_\alpha(n_1-1,\ n_2-1)$. 当检验假设 $H_0$: $\sigma_1^2\leqslant\sigma_2^2$ 时,拒绝域为 $f\geqslant F_\alpha(n_1-1,\ n_2-1)$; 当检验假设 $H_0$: $\sigma_1^2\geqslant\sigma_2^2$ 时,拒绝域为 $f\leqslant F_{1-\alpha}(n_1-1,\ n_2-1)$.

**例 3** 某一橡胶配方中,原用氧化锌 5 克,现减为 1 克. 现在分别对两种配方各作一批试验,测得橡胶的伸长率如表 8.2 所示. 问:两种配方的伸长率的总体标准差是否相等 ($\alpha=0.1$)?

**表 8.2**

| $X$(用氧化锌 5 克) | 540 | 533 | 525 | 520 | 545 | 531 | 541 | 529 | 534 | |
|---|---|---|---|---|---|---|---|---|---|---|
| $Y$(用氧化锌 1 克) | 565 | 577 | 580 | 575 | 556 | 542 | 560 | 532 | 570 | 561 |

解 已知道 $n_1=9$, $n_2=10$. 提出假设

$$H_0:\ \sigma_1^2=\sigma_2^2.$$

选取统计量

$$F=\frac{S_1^2}{S_2^2},$$

在 $H_0$ 成立时,$F \sim F(8, 9)$.

对于给定的显著性水平 0.1,查 $F$ 分布表得临界值 $F_{\frac{\alpha}{2}}(8, 9) = F_{0.05}(8, 9) = 3.23$, $F_{\frac{\alpha}{2}}(9, 8) = F_{0.05}(9, 8) = 3.39$. 由(8.7)式得

$$F_{1-\frac{\alpha}{2}}(8, 9) = F_{0.95}(8, 9) = \frac{1}{F_{0.05}(9, 8)} = \frac{1}{3.39} = 0.295.$$

根据样本观察值计算得

$$s_1^2 = 71.84,\ s_2^2 = 263.11,$$

$$f = \frac{s_1^2}{s_2^2} = \frac{71.84}{263.11} = 0.273.$$

因为 $F = 0.273 < F_{0.95}(9, 8) = 0.295$,所以,拒绝 $H_0$,认为 $\sigma_1 \neq \sigma_2$,即两种配方的伸长率的总体标准差不相等.

两个正态总体参数的假设检验汇总于表 8.3.

**表 8.3**

| 条件 | $H_0$ | 统计量 | 临界值 | 拒绝域 |
| --- | --- | --- | --- | --- |
| $\sigma_1^2, \sigma_2^2$ 已知 | $\mu_1 = \mu_2$ | $U = \dfrac{\overline{X} - \overline{Y}}{\sqrt{\dfrac{\sigma_1^2}{n_1} + \dfrac{\sigma_2^2}{n_2}}}$ | $u_{\frac{\alpha}{2}}$ 满足 $\Phi\left(u_{\frac{\alpha}{2}}\right) = 1 - \dfrac{\alpha}{2}$ | $\lvert u \rvert \geqslant u_{\frac{\alpha}{2}}$ |
| | $\mu_1 \leqslant \mu_2$ | | $u_\alpha$ 满足 $\Phi(u_\alpha) = 1 - \alpha$ | $u \geqslant u_\alpha$ |
| | $\mu_1 \geqslant \mu_2$ | | | $u < -u_\alpha$ |
| $\sigma_1^2 = \sigma_2^2$ 但未知 | $\mu_1 = \mu_2$ | $T = \dfrac{\overline{X} - \overline{Y}}{\sqrt{(n_1-1)S_1^2 + (n_2-1)S_2^2}} \cdot \sqrt{\dfrac{n_1 n_2 (n_1 + n_2 - 2)}{n_1 + n_2}}$ | $t_{\frac{\alpha}{2}}(n_1 + n_2 - 2)$ 满足 $P\{\lvert T \rvert \geqslant t_{\frac{\alpha}{2}}(n_1 + n_2 - 2)\} = \alpha$ | $\lvert t \rvert \geqslant t_{\frac{\alpha}{2}}$ |
| | $\mu_1 \leqslant \mu_2$ | | $t_{\frac{\alpha}{2}}(n_1 + n_2 - 2)$ 满足 $P\{T \geqslant t_\alpha(n_1 + n_2 - 2)\} = \alpha$ | $t \geqslant t_\alpha$ |
| | $\mu_1 \geqslant \mu_2$ | | | $t \leqslant -t_\alpha$ |
| | $\sigma_1^2 = \sigma_2^2$ | $F = \dfrac{S_1^2}{S_2^2}$ | $F_{1-\frac{\alpha}{2}}$, $F_{\frac{\alpha}{2}}$ 满足 $P\{F \geqslant F_{\frac{\alpha}{2}}(n_1 - 1, n_2 - 1)\} = P\{F \leqslant F_{1-\frac{\alpha}{2}}(n_1 - 1, n_2 - 1)\} = \dfrac{\alpha}{2}$ | $f \geqslant F_{\frac{\alpha}{2}}$ 或 $f \leqslant F_{1-\frac{\alpha}{2}}$ |
| | $\sigma_1^2 \leqslant \sigma_2^2$ | | $F_\alpha$ 满足 $P\{F \geqslant F_\alpha(n_1 - 1, n_2 - 1)\} = \alpha$ | $f \geqslant F_\alpha$ |
| | $\sigma_1^2 \geqslant \sigma_2^2$ | | $F_{1-\alpha}$ 满足 $P\{F \leqslant F_{1-\alpha}(n_1 - 1, n_2 - 1)\} = \alpha$ | $f \leqslant F_{1-\alpha}$ |

## 数学家简介

### 辛　钦

亚历山大·辛钦(Alexander Jakovlevich Khinchin, 1894—1959) 1894 年 7 月 19 日生于莫斯科附近的康德罗沃,1959 年 11 月 18 日卒于莫斯科. 他是原苏联数学家、现代概率论的奠基者之一. 他在函数的度量理论、数论、概率论、信息论等方面都有重要的研究成果. 在分析学、数论及概率论和统计学、力学的应用方面也有重要贡献.

辛钦 1916 年毕业于莫斯科大学并留校从事教学工作,1922—1927 年在莫斯科数学力学研究所工作,1927 年成为教授,1932—1934 年任该所所长. 1935 年获物理数学博士学位. 1939 年当选为苏联科学院通讯院士,同年调到该院斯切克洛夫数学研究所工作. 1944 年当选为俄罗斯教育科学院院士. 1941 年获原苏联国家奖金,并多次获列宁勋章、劳动红旗勋章、荣誉勋章和其他奖章. 他还是俄罗斯教育科学院院士.

辛钦是莫斯科概率论学派的创始人之一. 他最早的概率论成果是贝努里试验序列的重对数律,它源于数论,是莫斯科概率论学派的开端,直到现在重对数律仍然是概率论的重要研究课题之一. 关于独立随机变量序列,他首先与柯尔莫戈洛夫讨论了随机变量级数的收敛性,他证明了辛钦弱大数律、随机变量的无穷小三角列的极限分布类与无穷可分分布类相同. 他还研究了分布律的算术问题和大偏差极限问题. 他提出了平稳随机过程理论,这种随机过程在任何一段相同的时间间隔内的随机变化形态都相同. 他提出并证明了严格平稳过程的一般遍历定理,首次给出了宽平稳过程的概念并建立了它的谱理论基础. 他还研究了概率极限理论与统计力学基础的关系,并将概率论方法广泛应用于统计物理学的研究.

辛钦共发表 150 多部关于数学和数学史论著. 在数学中以他的姓氏命名的有:辛钦定理、辛钦不等式、辛钦积分、辛钦条件、辛钦可积函数、辛钦转换原理、辛钦单峰性准则等等,而其中以他的姓氏命名的定理有多种. 他十分重视数学教育和人才的培养,潜心编著了多本思路清晰、引人入胜、突出论题本质风格的教材和专著,其中《数学分析简明教程》、《连分数》、《费尔马定理》、《公用事业理论的数学方法》都已被译成中文在我国出版.

## 习　题　八

1. 已知某炼铁厂的铁水含碳量服从正态分布 $N(4.55, 0.108^2)$,现在测定了 9 炉铁水,其平均含碳量为 4.484,如果估计方差没有变化,可否认为现在生产的铁水平均含碳量为 4.55($\alpha = 0.05$)?

2. 假定某年级学生的数学考试成绩服从正态分布 $N(\mu, 12^2)$. 现从该年级学生中随机抽取 100 人,测得平均分数为 76. 可否认为该年级学生数学考试的平均成绩在 74~78 分 ($\alpha = 0.05$)?

3. 用包装机包装白糖,假设每包白糖的净重服从正态分布,规定每包标准重量为 500 克,每天开工后,要检验所装糖的重量是否符合标准(500 克). 某日开工后,测得 9 包糖的重量如下(单位:克):

499.3, 498.7, 500.5, 501.2, 498.3, 499.7, 499.5, 502.1, 500.5.

问包装机的工作是否正常 ($\alpha = 0.05$)?

4. 从一批灯泡中抽取随机样本 50 个灯泡,测得其使用寿命的样本平均值 $\bar{x} = 1\,900$ 小时,样本标准差 $s = 490$ 小时,以 $\alpha = 0.01$ 的显著性水平,检验这批灯泡的平均使用寿命是否为 2 000 小时.

5. 已知某一试验,其温度服从正态分布 $N(\mu, \sigma^2)$,现在测量了温度的 5 个值为

$$1\,250, 1\,265, 1\,245, 1\,260, 1\,275.$$

问:是否可以认为 $\mu \leqslant 1\,277$($\alpha = 0.05$)?

6. 从一批保险丝中随机抽取 25 根,测其熔化时间(时间单位)为

$$42, 65, 75, 78, 87, 42, 45, 68, 72, 90, 19, 24, 80,$$
$$81, 81, 36, 54, 69, 77, 84, 42, 51, 57, 59, 78.$$

假定保险丝熔化时间服从正态分布,可否认为保险丝熔化时间的方差等于 500($\alpha = 0.05$)?

7. 某车间生产的铜丝的质量比较稳定,现从新生产的一批铜丝中抽取 10 根检查其折断力,得到数据如下(单位:千克):

$$578, 572, 570, 568, 572, 570, 570, 572, 596, 584.$$

问:是否可以认为铜丝折断力的方差不大于 70($\alpha = 0.05$)?

8. 设甲、乙厂生产同样的某种电子器件,其寿命 $X$, $Y$ 分别服从正态分布 $N(\mu_1, 84^2)$, $N(\mu_2, 96^2)$. 现从两厂生产的电子器件中各取 60 只,测得平均寿命甲厂为 1 295 小时,乙厂为 1 230 小时,问:两厂生产的电子器件寿命有无显著差异($\alpha = 0.05$)?

9. 某种羊毛在处理前后,各抽取样本,测得含脂率如下(%):

处理前:19, 18, 21, 30, 66, 42, 8, 12, 30, 27;

处理后:15, 13, 0, 7, 24, 24, 19, 4, 8, 20, 12.

假定羊毛处理前后含脂率服从正态分布,且标准差不变,那么处理后羊毛的含脂率有无显著变化($\alpha = 0.05$)?

10. 在漂白工艺中改变温度可能对针织品断裂强力产生影响,针织品断裂强度服从正态分布,在两种不同温度下分别作了8次试验,测得断裂强力的数据如下(单位:千克):

70 ℃: 20.5, 18.8, 19.8, 20.9, 21.5, 19.5, 21.0, 21.2;

80 ℃: 17.7, 20.3, 20.0, 18.8, 19.0, 20.1, 20.2, 19.1.

判断两种温度下的针织品的断裂强度有无显著差异($\alpha = 0.05$).

11. 两台车床生产同一种滚珠,滚珠的直径服从正态分布,从中分别抽取8个和9个产品,测得直径如下:

甲车床: 15.0, 14.5, 15.2, 15.5, 14.8, 15.1, 15.2, 14.8;

乙车床: 15.2, 15.0, 14.8, 15.2, 15.0, 15.0, 14.8, 15.1, 14.8.

比较两台车床生产的滚珠的直径的方差是否相等($\alpha = 0.05$).

12. 甲、乙两个铸造厂生产同一种铸件,假设两厂铸件的重量服从正态分布,测得重量如下(单位:千克):

甲厂: 93.3, 92.1, 94.7, 90.1, 95.6, 90.0, 94.7;

乙厂: 95.0, 94.9, 96.2, 95.1, 95.8, 96.3.

问:甲厂铸件重量的方差是否超过乙厂铸件重量的方差($\alpha = 0.05$)?

13. 为比较甲、乙两种安眠药的疗效,将20名患者分为两组,每组10人,如服药后延长的睡眠时间分别服从正态分布,其数据为(单位:小时):

甲组:5.5, 4.6, 4.4, 3.4, 1.9, 1.6, 1.1, 0.8, 0.1, −0.1;

乙组:3.7, 3.4, 2.0, 2.0, 0.8, 0.7, 0, −0.1, −0.2, −1.6.

问:这两种安眠药的疗效有无显著差异($\alpha = 0.05$)?

# 第九章 方差分析与回归分析

方差分析是鉴别各因素效应的一种有效的统计手段，回归分析是处理变量之间非确定性关系的一种方法. 方差分析和回归分析都是数理统计中具有广泛应用的内容. 本章将介绍常用的最基本的方差分析与回归分析的方法.

## §9.1 单因素方差分析

我们把生产实践与科学实验中要考察的指标称为**试验指标**，如产品的性能、成本、产量等. 影响指标的条件称为**因素**，用 $A$, $B$, $C$, …表示. 因素在试验中所取的不同状态称为**水平**，因素 $A$ 的不同水平用 $A_1$, $A_2$, …表示. 例如，一项作物栽培试验，在施氮肥量分别为 30 斤、50 斤、70 斤的不同情况下，考虑对产量的影响，这时施氮肥量就是因素，而 30 斤、50 斤、70 斤就是它的 3 个不同的水平. 又如，一项化工试验，要考虑低温、常温、高温 3 种不同温度及 4 个不同的压力：1 个大气压、5 个大气压、20 个大气压、50 个大气压对产品产量的影响，这时温度因素取 3 个水平，压力因素取 4 个水平.

在实际中，最简单的试验是只考虑单个因素对试验指标的影响，称为**单因素试验**. 多于一个因素影响的试验，称为**多因素试验**. 单因素方差分析就是讨论单因素试验的统计分析方法. 对于多因素试验的情况，分析的方法与两因素试验的方差分析是类似的，只不过是更加繁杂而已.

### 一、方差分析的基本思想

在给出单因素方差分析方法的数学模型之前，我们结合一个例子来介绍它的基本思想.

**例 1** 一项作物栽培试验，考虑施氮肥量在 30 斤、50 斤、70 斤、90 斤 4 个不同水平时，对作物产量的影响. 重复 3 次，得数据如表 9.1 所示. 问：施氮肥量这一因素对作物产量是否有显著影响？

表 9.1

| 因素水平 \ 重复序号 | 1 | 2 | 3 | 平均 |
|---|---|---|---|---|
| $A_1$ | 750 | 780 | 810 | 780 |
| $A_2$ | 790 | 765 | 815 | 790 |
| $A_3$ | 770 | 830 | 800 | 800 |
| $A_4$ | 810 | 830 | 790 | 810 |

在两种极端的情况下,这一问题直观上是很容易回答的.一种情况是,在不同施肥水平下,作物的平均产量相差很大(比如为 200 斤、400 斤、700 斤、1 000 斤),那么,可以肯定施肥量对产量有显著影响.另一种情况是,在不同施肥水平下,作物的平均产量相差甚微(比如为 600 斤、599 斤、601 斤、610 斤),那么,可以肯定施肥量对产量提高不起作用.

大量的情况是介于上面两种情况之间的,直观上不容易回答.由给出的数据看,在 4 种不同的水平下,平均产量有差异,大体上施肥越多,产量越高.但是,由于随机误差的存在,即使在同一水平下不同区域的产量数据的波动也不小,这样自然会对上述看法有怀疑,平均产量的差异是否会由随机误差引起的,与施肥量关系不大呢?

解决这一问题可以用显著性检验的方法.设在 $A_i$ 水平下的理论产量平均值为 $\mu_i$ $(i=1, 2, 3, 4)$,可以提出假设 $H_0: \mu_1=\mu_2=\mu_3=\mu_4$,即在各施肥水平下的平均产量间没有显著差异.如果我们能够构造一个可以用来检验这个假设的统计量 $F$,那么,这个问题就解决了.按照显著性检验的一般步骤,对给定的正数 $\alpha$,可以找到一个临界值 $F_\alpha$,使得 $P\{F \geqslant F_\alpha\}=\alpha$. 如果根据样本的观察值算出统计量 $F$ 的值大于 $F_\alpha$,则拒绝 $H_0$,认为平均产量间有显著差异;否则,就接受 $H_0$,认为平均产量间没有显著差异.

为了构造统计量 $F$,我们先具体分析如下.

设在水平 $A_i$ 下的产量为 $X_i$ $(i=1, 2, 3, 4)$,可以假设 $X_i \sim N(\mu_i, \sigma^2)$,其中 $\mu_i$,$\sigma^2$ 均未知.这样,在 $A_1$ 水平下,3 次重复所得的一组数据(750, 780, 810)就是从总体 $X_1$ 取得的容量为 3 的样本$(X_{11}, X_{12}, X_{13})$的一组观察值.因此,我们可以用样本均值

$$\bar{X}_{1\cdot}=\frac{1}{3}(X_{11}+X_{12}+X_{13})$$

和样本方差

$$S_1^2=\frac{1}{3-1}\sum_{j=1}^{3}(X_{1j}-\bar{X}_{1.})^2$$

分别去估计 $\mu_1$ 和 $\sigma^2$.

类似地,可用

$$\bar{X}_{i.}=\frac{1}{3}(X_{i1}+X_{i2}+X_{i3}),\ i=2,\ 3,\ 4,$$

$$S_i^2=\frac{1}{3-1}\sum_{j=1}^{3}(X_{ij}-\bar{X}_{i.})^2,\ i=2,\ 3,\ 4$$

估计 $\mu_i$ 和 $\sigma^2$. 由于 $S_i^2$ $(i=1,\ 2,\ 3,\ 4)$均是 $\sigma^2$ 的无偏估计,因此

$$E\left(\frac{1}{4}\sum_{i=1}^{4}S_i^2\right)=E\left[\frac{1}{4}\cdot\frac{1}{3-1}\sum_{i=1}^{4}\sum_{j=1}^{3}(X_{ij}-\bar{X}_{i.})^2\right]=\sigma^2.$$

若记 $S_E^2=\sum_{i=1}^{4}\sum_{j=1}^{3}(X_{ij}-\bar{X}_{i.})^2$,则 $\frac{1}{4(3-1)}S_E^2$ 是 $\sigma^2$ 的无偏估计. 这个平方和反映了随机误差的大小.

当 $X_i\sim N(\mu_i,\ \sigma^2)$时, $\bar{X}_{i.}=\frac{1}{3}\sum_{j=1}^{3}X_{ij}\sim N\left(\mu_i,\ \frac{\sigma^2}{3}\right)$. 若假设 $\mu_1=\mu_2=\mu_3=\mu_4=\mu$(即不同的施肥量对产量没有显著影响),则对于所有的 $i$,有 $\bar{X}_{i.}\sim N\left(\mu,\ \frac{\sigma^2}{3}\right)$. 由于

$$\bar{X}=\frac{1}{4}(\bar{X}_{1.}+\bar{X}_{2.}+\bar{X}_{3.}+\bar{X}_{4.}),$$

因此

$$E\left[\frac{1}{4-1}\sum_{i=1}^{4}(\bar{X}_{i.}-\bar{X})^2\right]=\frac{\sigma^2}{3},$$

则

$$E\left[\frac{3}{4-1}\sum_{i=1}^{4}(\bar{X}_{i.}-\bar{X})^2\right]=\sigma^2.$$

若记 $S_A^2=3\sum_{i=1}^{4}(\bar{X}_{i.}-\bar{X})^2$,则$\frac{S_A^2}{3}$是 $\sigma^2$ 的无偏估计. 它主要反映了 $A$ 的不同水平下平均产量间的差异.

因此,当假设 $H_0$: $\mu_1=\mu_2=\mu_3=\mu_4$ 成立时,$\frac{1}{4-1}S_A^2$ 和$\frac{1}{4(3-1)}S_E^2$ 均是 $\sigma^2$ 的无偏估计,所以它们应该相差不大,或者说它们的商

$$F=\frac{S_A^2/(4-1)}{S_E^2/4(3-1)}$$

不能太大.如果由观察值算出的 $F$ 的值过大,则拒绝假设 $H_0$,即认为不同的施肥量对产量有显著影响.

如何判断 $F$ 的值是否过大,应该有一个标准(临界值).为此必须知道在 $H_0$ 成立的条件下,$F$ 所服从的分布.下面我们从单因素方差分析的数学模型开始,给出完整的数学描述.

## 二、数学模型

对因素 $A$ 的 $m$ 个水平重复地进行 $k$ 次试验,数据如表 9.2 所示,其中 $X_{ij}$ 表示在第 $i$ 个水平下进行的第 $j$ 次试验的可能结果.记

$$\bar{X}_{i\cdot}=\frac{1}{k}\sum_{j=1}^{k}X_{ij}\quad(i=1,2,\cdots,m),\tag{9.1}$$

$$\bar{X}=\frac{1}{m}\sum_{i=1}^{m}\bar{X}_{i\cdot}=\frac{1}{mk}\sum_{i=1}^{m}\sum_{j=1}^{k}X_{ij}.\tag{9.2}$$

1. 假设前提

假设:各个水平 $A_i$ $(i=1,2,\cdots,m)$下的样本 $X_{i1},X_{i2},\cdots,X_{ik}$ 来自具有相同方差 $\sigma^2$、均值分别为 $\mu_i$ $(i=1,2,\cdots,m)$的正态总体 $N(\mu_i,\sigma^2)$,且不同水平 $A_i$ 下的样本之间相互独立.

**表 9.2**

| 重复序号 / 因素水平 | 1 | 2 | … | $k$ | 平均 |
|---|---|---|---|---|---|
| $A_1$ | $X_{11}$ | $X_{12}$ | … | $X_{1k}$ | $\bar{X}_{1\cdot}$ |
| $A_2$ | $X_{21}$ | $X_{22}$ | … | $X_{2k}$ | $\bar{X}_{2\cdot}$ |
| … | … | … | … | … | … |
| $A_m$ | $X_{m1}$ | $X_{m2}$ | … | $X_{mk}$ | $\bar{X}_{m\cdot}$ |

2. 统计假设

如果要检验的因素 $A$ 对试验的结果无显著影响,则试验的全部结果 $X_{ij}$ 应来自同一个正态总体.因此,提出统计假设:所有的 $X_{ij}$ $(i=1,2,\cdots,m;\ j=1,2,\cdots,k)$ 都取自同一正态总体 $N(\mu,\sigma^2)$,即 $H_0$: $\mu_1=\mu_2=\cdots=\mu_m=\mu$.

3. 检验方法

如果 $H_0$ 成立，那么，$m$ 个总体间无显著差异. 由 $m$ 个样本组成的 $m\times k$ 个观察结果可以看成取自同一总体 $N(\mu,\sigma^2)$ 的容量为 $m\times k$ 的样本. 各 $X_{ij}$ 间的差异只是由于随机误差引起的. 如果 $H_0$ 不成立，那么，在所有的 $X_{ij}$ 的总差异中，除了随机误差引起的差异之外，还应包含由于因素 $A$ 的不同水平所产生的差异，在总的差异平方和中把这两种差异分开，然后进行比较：

$$\begin{aligned}\sum_{i=1}^{m}\sum_{j=1}^{k}(X_{ij}-\bar{X})^2&=\sum_{i=1}^{m}\sum_{j=1}^{k}(X_{ij}-\bar{X}_{i\cdot}+\bar{X}_{i\cdot}-\bar{X})^2\\&=\sum_{i=1}^{m}\sum_{j=1}^{k}(X_{ij}-\bar{X}_{i\cdot})^2+\sum_{i=1}^{m}\sum_{j=1}^{k}(\bar{X}_{i\cdot}-\bar{X})^2\\&\quad+2\sum_{i=1}^{m}\sum_{j=1}^{k}(X_{ij}-\bar{X}_{i\cdot})(\bar{X}_{i\cdot}-\bar{X}).\end{aligned}$$

因为

$$\sum_{i=1}^{m}\sum_{j=1}^{k}(X_{ij}-\bar{X}_{i\cdot})(\bar{X}_{i\cdot}-\bar{X})=\sum_{i=1}^{m}(\bar{X}_{i\cdot}-\bar{X})\sum_{j=1}^{k}(X_{ij}-\bar{X}_{i\cdot})=0,$$

所以

$$\sum_{i=1}^{m}\sum_{j=1}^{k}(X_{ij}-\bar{X})^2=\sum_{i=1}^{m}\sum_{j=1}^{k}(X_{ij}-\bar{X}_{i\cdot})^2+\sum_{i=1}^{m}k(\bar{X}_{i\cdot}-\bar{X})^2.$$

若分别记

$$S_T^2=\sum_{i=1}^{m}\sum_{j=1}^{k}(X_{ij}-\bar{X})^2,$$

$$S_E^2=\sum_{i=1}^{m}\sum_{j=1}^{k}(X_{ij}-\bar{X}_{i\cdot})^2,$$

$$S_A^2=\sum_{i=1}^{m}k(\bar{X}_{i\cdot}-\bar{X})^2,$$

则

$$S_T^2=S_E^2+S_A^2.$$

称 $S_T^2$ 为**总偏差平方和**，它是总的样本方差的 $(m\times k-1)$ 倍，反映了全体样本之间的差异. 可见，总偏差平方和 $S_T^2$ 可分解成下列两项之和.

第一项 $S_E^2$，表示从 $m$ 个总体中的每一个总体所取的样本内部的偏差平方和，它反映了从总体 $X_i$ $(i=1,2,\cdots,m)$ 中选取一个容量为 $k$ 的样本所进行的重复试验产生的误差.这是由于随机误差引起的,称为**组内平方和或误差平方和**.由于它是 $S_T^2$ 与 $S_A^2$ 的差,因此,又称 $S_E^2$ 为**剩余平方和**.

第二项 $S_A^2$,表示从 $m$ 个总体中的每一个总体所取的样本均值$\overline{X}_{i\cdot}$与总的样本均值$\overline{X}$之间偏差的加权平方和.它反映了从 $m$ 个总体中每一个总体所取的样本之间的差异.这是由于因素 $A$ 的不同水平而引起的,称为样本的**组间平方和或偏差平方和**.

为检验假设 $H_0$,选取统计量

$$F=\frac{S_A^2/(m-1)}{S_E^2/m(k-1)}. \tag{9.3}$$

当 $H_0$ 成立时,所有的 $X_{ij}$ 都服从 $N(\mu,\sigma^2)$,且它们之间又相互独立.可以证明 $F\sim F(m-1,m(k-1))$.

对于给定的显著性水平 $\alpha$,可以查表确定临界值 $F_\alpha(m-1,m(k-1))$,使其满足:

$$P\left\{\frac{S_A^2/(m-1)}{S_E^2/m(k-1)}>F_\alpha(m-1,m(k-1))\right\}=\alpha.$$

根据样本观察值计算统计量 $F$ 的值 $f$,如果 $f>F_\alpha(m-1,m(k-1))$,则拒绝 $H_0$,认为因素 $A$ 对试验结果有显著性影响;相反,若 $f\leqslant F_\alpha(m-1,m(k-1))$,则接受 $H_0$,认为因素 $A$ 对试验结果无显著性影响.

在具体计算时,常用如表 9.3 所示的方差分析表.

**表 9.3**

| 方差来源 | 偏差平方和 | 自由度 | 统计量 | 临界值 |
|---|---|---|---|---|
| 组间 | $S_A^2=\sum_{i=1}^{m}k(\overline{X}_{i\cdot}-\overline{X})^2$ | $m-1$ | | |
| 组内 | $S_E^2=\sum_{i=1}^{m}\sum_{j=1}^{k}(X_{ij}-\overline{X}_{i\cdot})^2$ | $m(k-1)$ | $F=\frac{S_A^2/(m-1)}{S_E^2/m(k-1)}$ | $F_\alpha(m-1,m(k-1))$ |
| 总和 | $S_T^2=\sum_{i=1}^{m}\sum_{j=1}^{k}(X_{ij}-\overline{X})^2$ | $m\cdot k-1$ | | |

如果表 9.3 中的数据不便于计算,可以把所有的 $X_{ij}$ 都减去一个常数.可以证明,这并不影响计算结果.

计算时可以采用下面几个公式:

$$S_T^2 = \sum_{i=1}^{m}\sum_{j=1}^{k}(X_{ij}-\overline{X})^2 = \sum_{i=1}^{m}\sum_{j=1}^{k}X_{ij}^2 - mk\overline{X}^2; \tag{9.4}$$

$$S_A^2 = \sum_{i=1}^{m}k(\overline{X}_{i\cdot}-\overline{X})^2 = k\sum_{i=1}^{m}\overline{X}_{i\cdot}^2 - mk\overline{X}^2; \tag{9.5}$$

$$S_E^2 = S_T^2 - S_A^2. \tag{9.6}$$

**例 2** 由同一种原料织成的一批布,用不同的印染工艺处理,然后进行缩水率试验.采用 5 种不同的工艺,每种工艺处理 4 块布样,测得缩水率的百分比如表 9.4 所示.若布的缩水率服从正态分布,不同工艺处理的布的缩水率方差相等,试考察不同工艺对布的缩水率有无显著影响($\alpha = 0.05$)?

**表 9.4**

| 试验批号 / 因素 $A_i$ | 1 | 2 | 3 | 4 |
|---|---|---|---|---|
| $A_1$ | 4.3 | 7.8 | 3.2 | 6.5 |
| $A_2$ | 6.1 | 7.3 | 4.2 | 4.1 |
| $A_3$ | 4.3 | 8.7 | 7.2 | 10.1 |
| $A_4$ | 6.5 | 8.3 | 8.6 | 8.2 |
| $A_5$ | 9.5 | 8.8 | 11.4 | 7.8 |

解 这是单因素方差分析问题,且 $m = 5$, $k = 4$. 先根据观察值计算表 9.5.

**表 9.5**

| 试验批号 / 因素 $A_i$ | 1 | 2 | 3 | 4 | $\overline{X}_{i\cdot}$ | $\sum_{i=1}^{m}\overline{X}_{i\cdot}^2$ | $\overline{X}$ | $\overline{X}^2$ | $\sum_{i=1}^{m}\sum_{j=1}^{k}X_{ij}^2$ |
|---|---|---|---|---|---|---|---|---|---|
| $A_1$ | 4.3 | 7.8 | 3.2 | 6.5 | 5.45 | | | | |
| $A_2$ | 6.1 | 7.3 | 4.2 | 4.1 | 5.425 | | | | |
| $A_3$ | 4.3 | 8.7 | 7.2 | 10.1 | 7.575 | 266.814 | 7.145 | 51.05 | 1 115.63 |
| $A_4$ | 6.5 | 8.3 | 8.6 | 8.2 | 7.9 | | | | |
| $A_5$ | 9.5 | 8.8 | 11.4 | 7.8 | 9.375 | | | | |

再将计算结果填入方差分析表中得表 9.6.

表 9.6

| 方差来源 | 偏差平方和 | 自由度 | 统计量 | 临界值 |
| --- | --- | --- | --- | --- |
| 组间 | $S_A^2 = 46.236$ | 4 | | |
| 组内 | $S_E^2 = 48.374$ | 15 | $f = \dfrac{46.236/4}{48.374/15} = 3.58$ | $F_{0.05}(4, 15) = 3.06$ |
| 总和 | $S_T^2 = 94.61$ | 19 | | |

由表 9.6 可知,由于 $f = 3.58 > F_{0.05}(4, 15) = 3.06$,则拒绝 $H_0$,因此认为不同工艺对布的缩水率有显著的影响. 但是看到 $f$ 的值超过临界值 $F_\alpha$ 不多,也可以再进行一次抽样,然后再做结论. 实际上,这是扩大了样本容量,以减少第二类错误风险 $\beta$.

## §9.2 双因素方差分析

上面我们讨论了单因素的方差分析,即只考虑一个因素对所考察的随机变量 $X$ 是否有影响的问题. 如果要同时考虑两个因素对所考察的随机变量 $X$ 是否有影响的问题,则要讨论双因素的方差分析.

设因素 $A$ 有 $l$ 个水平 $A_1, A_2, \cdots, A_l$,因素 $B$ 有 $m$ 个水平 $B_1, B_2, \cdots, B_m$,对因素 $A$ 及 $B$ 的各个水平的一对配合 $(A_i, B_j)$ $(i = 1, 2, \cdots, l;\ j = 1, 2, \cdots, m)$ 只进行一次试验,得到 $l \times m$ 个结果 $X_{ij}$,把可能的结果列成表,如表 9.7 所示.

表 9.7

| B 水平 / A 水平 | $B_1$ | $B_1$ | $\cdots$ | $B_m$ |
| --- | --- | --- | --- | --- |
| $A_1$ | $X_{11}$ | $X_{12}$ | $\cdots$ | $X_{1m}$ |
| $A_2$ | $X_{21}$ | $X_{22}$ | $\cdots$ | $X_{2m}$ |
| $\cdots$ | $\cdots$ | $\cdots$ | $\cdots$ | $\cdots$ |
| $A_l$ | $X_{l1}$ | $X_{l2}$ | $\cdots$ | $X_{lm}$ |

假设 $X_{ij} \sim N(\mu_{ij}, \sigma^2)$ $(i = 1, 2, \cdots, l;\ j = 1, 2, \cdots, m)$,即所有的 $X_{ij}$ 有相同的标准差 $\sigma$,但数学期望 $\mu_{ij}$ 可能不同,且各个 $X_{ij}$ 是相互独立的.

我们需要根据这些结果 $X_{ij}$ 来判断因素 $A$ 或因素 $B$ 的各水平对试验结果的

影响是否显著. 如果因素 $A$ 的影响不显著,可以归结为对于假设 $H_{0A}$: $\mu_{1j}=\mu_{2j}\cdots=\mu_{lj}$ $(j=1, 2, \cdots, m)$ 的检验. 类似地,如果因素 $B$ 的影响不显著,我们应该检验假设 $H_{0B}$: $\mu_{i1}=\mu_{i2}\cdots=\mu_{im}$ $(i=1, 2, \cdots, l)$ 是否成立.

与单因素方差分析类似,记第 $i$ 行观察值的平均值为 $\bar{X}_{i\cdot}$,即

$$\bar{X}_{i\cdot}=\frac{1}{m}\sum_{j=1}^{m}X_{ij}\quad(i=1, 2, \cdots, l);\tag{9.7}$$

记第 $j$ 列观察值的平均值为 $\bar{X}_{\cdot j}$,即

$$\bar{X}_{\cdot j}=\frac{1}{l}\sum_{i=1}^{l}X_{ij}\quad(j=1, 2, \cdots, m).\tag{9.8}$$

于是,全体观察值的总平均值为

$$\bar{X}=\frac{1}{lm}\sum_{i=1}^{l}\sum_{j=1}^{m}X_{ij}=\frac{1}{l}\sum_{i=1}^{l}\bar{X}_{i\cdot}=\frac{1}{m}\sum_{j=1}^{m}\bar{X}_{\cdot j}.\tag{9.9}$$

把全体观察值 $X_{ij}$ 对总平均值 $\bar{X}$ 的总偏差平方和

$$S_T^2=\sum_{i=1}^{l}\sum_{j=1}^{m}(X_{ij}-\bar{X})^2$$

进行分解:

$$\begin{aligned}
S_T^2&=\sum_{i=1}^{l}\sum_{j=1}^{m}(X_{ij}-\bar{X})^2\\
&=\sum_{i=1}^{l}\sum_{j=1}^{m}[(\bar{X}_{i\cdot}-\bar{X})+(\bar{X}_{\cdot j}-\bar{X})+(X_{ij}-\bar{X}_{i\cdot}-\bar{X}_{\cdot j}+\bar{X})]^2\\
&=\sum_{i=1}^{l}\sum_{j=1}^{m}(\bar{X}_{i\cdot}-\bar{X})^2+\sum_{i=1}^{l}\sum_{j=1}^{m}(\bar{X}_{\cdot j}-\bar{X})^2+\sum_{i=1}^{l}\sum_{j=1}^{m}(X_{ij}-\bar{X}_{i\cdot}-\bar{X}_{\cdot j}+\bar{X})^2\\
&\quad+2\sum_{i=1}^{l}\sum_{j=1}^{m}(\bar{X}_{i\cdot}-\bar{X})(\bar{X}_{\cdot j}-\bar{X})+2\sum_{i=1}^{l}\sum_{j=1}^{m}(\bar{X}_{i\cdot}-\bar{X})(X_{ij}-\bar{X}_{i\cdot}-\bar{X}_{\cdot j}+\bar{X})\\
&\quad+2\sum_{i=1}^{l}\sum_{j=1}^{m}(\bar{X}_{\cdot j}-\bar{X})(X_{ij}-\bar{X}_{i\cdot}-\bar{X}_{\cdot j}+\bar{X}).
\end{aligned}$$

可以证明上式中最后 3 项都等于零,那么

$$S_T^2=m\sum_{i=1}^{l}(\bar{X}_{i\cdot}-\bar{X})^2+l\sum_{j=1}^{m}(\bar{X}_{\cdot j}-\bar{X})^2+\sum_{i=1}^{l}\sum_{j=1}^{m}(X_{ij}-\bar{X}_{i\cdot}-\bar{X}_{\cdot j}+\bar{X})^2.$$

分别记

$$S_A^2 = m \sum_{i=1}^{l} (\bar{X}_{i\cdot} - \bar{X})^2,$$

称为因素 $A$ 的**偏差平方和**,它反映了因素 $A$ 的不同水平所引起的系统误差;记

$$S_B^2 = l \sum_{j=1}^{m} (\bar{X}_{\cdot j} - \bar{X})^2,$$

称为因素 $B$ 的**偏差平方和**,它反映了因素 $B$ 的不同水平所引起的系统误差;记

$$S_E^2 = \sum_{i=1}^{l} \sum_{j=1}^{m} (X_{ij} - \bar{X}_{i\cdot} - \bar{X}_{\cdot j} + \bar{X})^2,$$

称为**误差平方和**,它反映了由于各种随机因素而所引起的试验误差. 于是总偏差平方和 $S_T^2$ 可写成

$$S_T^2 = S_A^2 + S_B^2 + S_E^2.$$

为检验假设 $H_{0A}$,选取统计量

$$F_A = \frac{S_A^2/(l-1)}{S_E^2/(l-1)(m-1)} = \frac{(m-1)S_A^2}{S_E^2}, \tag{9.10}$$

可以证明,当 $H_{0A}$成立时,$F_A \sim F(l-1,\ (l-1)(m-1))$.

对于给定的显著性水平 $\alpha$,可以查表确定临界值 $F_{A\alpha}(l-1,\ (l-1)(m-1))$ 满足:

$$P\left\{\frac{(m-1)S_A^2}{S_E^2} > F_{A\alpha}(l-1,\ (l-1)(m-1))\right\} = \alpha.$$

根据样本观察值计算统计量 $F_A$ 的值 $f_A$,如果 $f_A > F_{A\alpha}(l-1,\ (l-1)(m-1))$,则拒绝 $H_{0A}$,认为因素 $A$ 对试验结果有显著影响;否则,接受 $H_{0A}$,认为因素 $A$ 对试验结果无显著影响.

类似地,选取统计量

$$F_B = \frac{S_B^2/(m-1)}{S_E^2/(l-1)(m-1)} = \frac{(l-1)S_B^2}{S_E^2} \tag{9.11}$$

来检验假设 $H_{0B}$,可以证明,当 $H_{0B}$成立时,$F_B \sim F(m-1,\ (l-1)(m-1))$.

对于给定的显著性水平 $\alpha$,可以通过查表得临界值 $F_{B\alpha}(m-1,\ (l-1)(m-1))$,使其满足:

$$P\left\{\frac{(l-1)S_B^2}{S_E^2} > F_{B\alpha}(m-1,\ (l-1)(m-1))\right\} = \alpha.$$

根据样本观察值计算统计量 $F_B$ 的值 $f_B$，如果 $f_B > F_{B\alpha}(m-1, (l-1)(m-1))$，则拒绝 $H_{0B}$，认为因素 $B$ 对试验结果有显著影响；否则，接受 $H_{0B}$，认为因素 $B$ 对试验结果无显著影响.

计算时也可以采用下面几个公式：

$$S_T^2 = \sum_{i=1}^{l}\sum_{j=1}^{m}(X_{ij}-\bar{X})^2 = \sum_{i=1}^{l}\sum_{j=1}^{m}X_{ij}^2 - lm\bar{X}^2; \tag{9.12}$$

$$S_A^2 = \sum_{i=1}^{l}m(\bar{X}_{i\cdot}-\bar{X})^2 = m\sum_{i=1}^{l}\bar{X}_{i\cdot}^2 - lm\bar{X}^2; \tag{9.13}$$

$$S_B^2 = \sum_{j=1}^{m}l(\bar{X}_{\cdot j}-\bar{X})^2 = l\sum_{j=1}^{m}\bar{X}_{\cdot j}^2 - lm\bar{X}^2; \tag{9.14}$$

$$S_E^2 = S_T^2 - S_A^2 - S_B^2. \tag{9.15}$$

在具体计算时，常用如表 9.8 所示的双因素方差分析表.

**表 9.8**

| 方差来源 | 偏差平方和 | 自由度 | 统计量 | 临界值 |
|---|---|---|---|---|
| 因素 $A$ | $S_A^2$ | $l-1$ | $F_A = \frac{(m-1)S_A^2}{S_E^2}$ | $F_{A\alpha}(l-1, (l-1)(m-1))$ |
| 因素 $B$ | $S_B^2$ | $m-1$ | $F_B = \frac{(l-1)S_B^2}{S_E^2}$ | $F_{B\alpha}(m-1, (l-1)(m-1))$ |
| 误差 | $S_E^2$ | $(l-1)(m-1)$ | | |
| 总和 | $S_T^2$ | $l\cdot m-1$ | | |

**例 1**　为了了解 3 种不同配比的饲料对仔猪生长效用的差异，对 3 种不同品种的猪各选 3 头进行试验，分别测得其 3 个月间体重的增加量如表 9.9 所示. 假定猪的体重的增加量服从正态分布，且各种配比的方差相等，试分析不同饲料与不同品种猪的生长有无显著影响($\alpha=0.05$).

**表 9.9**

| 因素 $B$(猪品种) / 因素 $A$(饲料) | $B_1$ | $B_2$ | $B_3$ |
|---|---|---|---|
| $A_1$ | 51 | 56 | 45 |
| $A_2$ | 53 | 57 | 49 |
| $A_3$ | 52 | 58 | 47 |

解　这是双因素方差分析问题，且 $l=m=3$. 根据观察值计算得

$$\bar{X}_{1\cdot}=50.67,\ \bar{X}_{2\cdot}=53,\ \bar{X}_{3\cdot}=52.33,\ \bar{X}_{\cdot 1}=52,\ \bar{X}_{\cdot 2}=57,\ \bar{X}_{\cdot 3}=47,$$

$$\sum_{i=1}^{m}\bar{X}_{i\cdot}^2=8\,114.88,\ \sum_{j=1}^{l}\bar{X}_{\cdot j}^2=8\,162,\ \bar{X}=52,\ \bar{X}^2=2\,704,$$

$$\sum_{i=1}^{m}\sum_{j=1}^{k}X_{ij}^2=2\,449\,852,$$

$$S_T^2=\sum_{i=1}^{l}\sum_{j=1}^{m}X_{ij}^2-lm\bar{X}^2=162,\ S_A^2=m\sum_{i=1}^{l}\bar{X}_{i\cdot}^2-lm\bar{X}^2=8.666\,6,$$

$$S_B^2=l\sum_{j=1}^{m}\bar{X}_{\cdot j}^2-lm\bar{X}^2=150,\ S_E^2=S_T^2-S_A^2-S_B^2=3.333\,3.$$

于是可得双因素方差分析表(见表 9.10).

**表 9.10**

| 方差来源 | 偏差平方和 | 自由度 | 统计量 | 临界值 |
|---|---|---|---|---|
| 因素 $A$ | $S_A^2=8.666\,6$ | 2 | $f_A=\dfrac{2\cdot 8.666\,6}{3.333\,3}=5.2$ | $F_{A0.05}(2,4)=6.94$ |
| 因素 $B$ | $S_B^2=150$ | 2 | $f_B=\dfrac{2\cdot 150}{3.333\,3}=90$ | $F_{B0.05}(2,4)=6.94$ |
| 误差 | $S_E^2=3.333\,3$ | 4 | | |
| 总和 | $S_T^2=162$ | 8 | | |

因为，$f_A=5.2<F_{A0.05}(2,4)=6.94$，则接受 $H_{0A}$，说明不同的饲料对猪的体重的增长没有显著影响；$f_B=90>F_{B0.05}(2,4)=6.94$，则拒绝 $H_{0B}$，说明品种的差异对猪的体重的增长的影响显著.

关于双因素方差分析，我们仅讨论了无重复试验的情况，即对于因素 $A$ 和因素 $B$ 的各个水平的每一种配合只进行一次试验. 关于双因素重复试验的情况，本章不作讨论，感兴趣的读者可以参阅其他更详尽的数理统计书籍.

## §9.3　一元线性回归分析

### 一、回归分析的基本概念

在现实世界中，经常出现一些变量，它们相互联系，互相依存，因而它们之间存在着一定的关系. 一般说来，变量之间的关系大致可以分为两类：第一类是确

定性关系，也就是我们所熟悉的函数关系；第二类是非确定性关系，例如，农作物的单位面积产量与施肥量之间有密切的关系，但是这两个变量之间的关系却不能用确定的函数关系来表达.通常称这样的关系为**相关关系**.

确定性关系与相关关系之间往往无法截然区分.一方面，由于测量误差等随机因素的影响，确定性关系在实际中往往通过相关关系表现出来；另一方面，当人们对客观事物的内部规律了解得更加深刻的时候，相关关系又可能转化为确定性关系.

对于相关关系，虽然不能找出变量之间精确的函数表达式，但是通过大量的观测数据，我们可以发现它们之间存在一定的统计规律性，这种联系称为**统计相关**.数理统计中研究相关关系及进行统计分析的一种有效方法就是**回归分析**.

设有两个变量 $X$ 和 $Y$，其中 $X$ 是可以精确测量或控制的非随机变量，而 $Y$ 是随机变量，$X$ 的变化会引起 $Y$ 的相应变化，但它们之间的变化关系是不确定的.如果当 $X$ 取得任一可能值 $x$ 时，$Y$ 相应地服从一定的概率分布，则称随机变量 $Y$ 与变量 $X$ 之间存在着相关关系.

如果进行 $n$ 次独立试验测得试验数据如表 9.11 所示.其中 $x_i$ 表示变量 $X$ 在第 $i$ 次试验中的观察值，$y_i$ 表示随机变量 $Y$ 相应的观察值.通常把点$(x_i,\ y_i)$ $(i=1,\ 2,\ \cdots,\ n)$画在直角坐标平面上，得到**散点图**，如图 9.1 所示.

**表 9.11**

| $X$ | $x_1$ | $x_2$ | $\cdots$ | $x_n$ |
|---|---|---|---|---|
| $Y$ | $y_1$ | $y_2$ | $\cdots$ | $y_n$ |

问题是，如何根据这些观察值用“最佳的、确定的”函数 $\hat{y}=f(x)$ 来表达变量 $Y$ 与 $X$ 之间的相关关系？我们称$f(x)$为 $Y$ 对 $X$ 的**回归函数**，称 $\hat{y}=f(x)$ 为 $Y$ 对 $X$ 的**回归方程**.一般地，找出回归函数 $f(x)$是困难的，因此通常限制$f(x)$为某一类型的函数.而函数$f(x)$的类型通常由被研究问题的假设来确定.如果没有任何理由可以确定$f(x)$的类型，则可根据在试验结果中得到的散点图来确定.

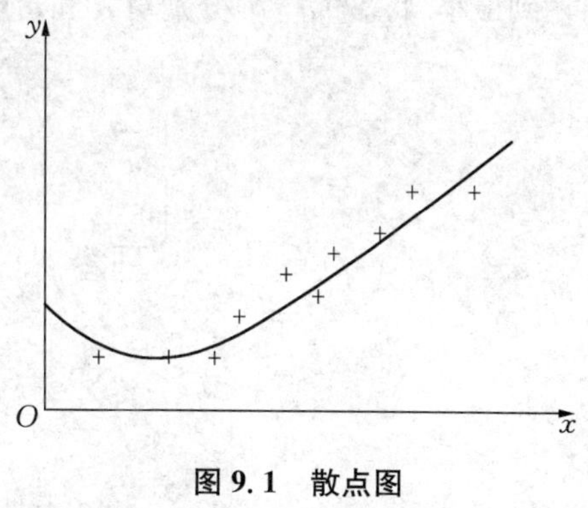


**图 9.1 散点图**

一旦确定了 $f(x)$的类型,就可以设

$$f(x)=f(x;\ \alpha_1,\ \alpha_2,\ \cdots,\ \alpha_k),$$

其中 $\alpha_1,\ \alpha_2,\ \cdots,\ \alpha_k$ 为未知参数,则问题就归结为:如何根据试验数据合理地选择参数 $\alpha_1,\ \alpha_2,\ \cdots,\ \alpha_k$ 的值,使得方程

$$\hat{y}=f(x;\ \alpha_1,\ \alpha_2,\ \cdots,\ \alpha_k)$$

在一定意义下"最佳地"表现变量 $Y$ 与 $X$ 之间的相关关系?

解决这种问题通常利用**最小二乘法**,即要求选取 $f(x;\ \alpha_1,\ \alpha_2,\ \cdots,\ \alpha_k)$中的参数,使得观察值 $y_i$ 与相应的函数值 $\hat{y}_i=f(x_i;\ \alpha_1,\ \alpha_2,\ \cdots,\ \alpha_k)$ $(i=1,\ 2,\ \cdots,\ n)$的偏差平方和 $\sum\limits_{i=1}^{n}(y_i-\hat{y}_i)^2$ 达到最小.

## 二、线性回归方程

如果根据试验数据得到点$(x_i,\ y_i)$ $(i=1,\ 2,\ \cdots,\ n)$的散点图大致地散布在某一条直线的附近,那么,可以认为变量 $Y$ 与 $X$ 之间存在着线性相关关系.于是,可以用线性方程

$$\hat{y}=a+bx \tag{9.16}$$

来描述 $Y$ 与 $X$ 之间的关系,其中未知参数 $a$ 和 $b$ 可用最小二乘法来确定.根据最小二乘法原理,求 $a$ 和 $b$,使偏差平方和

$$S^2(a,\ b)=\sum_{i=1}^{n}(y_i-\hat{y}_i)^2=\sum_{i=1}^{n}(y_i-a-bx_i)^2$$

达到最小.将 $S^2(a,\ b)$分别对 $a$ 和 $b$ 求偏导数,并令其等于零,有

$$\begin{cases}\sum\limits_{i=1}^{n}(y_i-a-bx_i)=0,\\ \sum\limits_{i=1}^{n}(y_i-a-bx_i)x_i=0,\end{cases}$$

即

$$\begin{cases}na+\left(\sum\limits_{i=1}^{n}x_i\right)b=\sum\limits_{i=1}^{n}y_i,\\ \left(\sum\limits_{i=1}^{n}x_i\right)a+\left(\sum\limits_{i=1}^{n}x_i^2\right)b=\sum\limits_{i=1}^{n}x_iy_i.\end{cases}$$

由此不难求得 $a,\ b$ 的估计值$\hat{a},\ \hat{b}$:

$$\begin{cases}\hat{a}=\bar{y}-\hat{b}\bar{x},\\ \hat{b}=\dfrac{l_{xy}}{l_{xx}},\end{cases}\tag{9.17}$$

其中

$$\bar{x}=\frac{1}{n}\sum_{i=1}^{n}x_i,\ \bar{y}=\frac{1}{n}\sum_{i=1}^{n}y_i,$$

$$l_{xx}=\sum_{i=1}^{n}(x_i-\bar{x})^2=\sum_{i=1}^{n}x_i^2-n\bar{x}^2,$$

$$l_{xy}=\sum_{i=1}^{n}(x_i-\bar{x})(y_i-\bar{y})=\sum_{i=1}^{n}x_iy_i-n\bar{x}\bar{y}.$$

得到所求的线性方程

$$\hat{y}=\hat{a}+\hat{b}x.$$

称这个方程为 $Y$ 关于 $X$ 的**线性回归方程**，称 $\hat{b}$ 为**回归系数**，称对应的直线为**回归直线**.

为了进一步分析的需要，记

$$l_{yy}=\sum_{i=1}^{n}(y_i-\bar{y})^2=\sum_{i=1}^{n}y_i^2-n\bar{y}^2.$$

**例 1**　在考察硝酸钠 $NaNO_3$ 的可溶性程度时，对不同的温度，观察它在 100 毫升的水中溶解的 $NaNO_3$ 的重量，得观察数据如表 9.12 所示. 试求 $NaNO_3$ 在 100 毫升的水中溶解的重量关于温度的一元线性回归方程.

**表 9.12**

| 温度(℃)$x_i$ | 0 | 4 | 10 | 15 | 21 | 29 | 36 | 51 | 68 |
|---|---|---|---|---|---|---|---|---|---|
| $NaNO_3$ 重(克)$y_i$ | 66.7 | 71.0 | 76.3 | 80.6 | 85.7 | 92.9 | 99.4 | 113.6 | 125.1 |

解　已知 $n=9$，根据观察数据计算，得

$\bar{x}=26,\ \bar{y}=90.144\,4,$

$\sum_{i=1}^{n}x_i^2=10\,144,\ \sum_{i=1}^{n}y_i^2=76\,218.17,\ \sum_{i=1}^{n}x_iy_i=24\,628.6,$

$l_{xx}=\sum_{i=1}^{n}x_i^2-n\bar{x}^2=4\,060,\ l_{xy}=\sum_{i=1}^{n}x_iy_i-n\bar{x}\cdot\bar{y}=3\,534.8.$

把它们代入(9.17)式，得

$$\hat{a}=67.507\,8,\ \hat{b}=0.870\,6.$$

因此,所求的一元线性回归方程为

$$\hat{y} = 67.5078 + 0.8706x.$$

## 三、线性相关性的检验

1. $F$ 检验法

虽然我们解决了如何根据试验数据来确定线性回归方程的问题.但是,实际上,对于任何两个变量 $X$ 和 $Y$ 的一组试验数据 $(x_i, y_i)$ $(i = 1, 2, \cdots, n)$,无论 $Y$ 与 $X$ 之间是否存在线性相关关系,我们都可以用上面的计算方法求出一元线性回归方程.显然,这样求出的线性回归方程当且仅当变量 $Y$ 与 $X$ 之间确实存在线性相关关系时,才是有意义的.

为了判断求出的线性回归方程是否真正有意义,我们必须判断 $Y$ 与 $X$ 之间是否存在线性相关关系.这种判别的过程,称为**相关性检验**,可以用假设检验的方法来解决.

我们用线性回归方程 $\hat{y} = \hat{a} + \hat{b}x$ 来描述变量 $Y$ 与 $X$ 之间的关系.设

$$y_i \sim N(\hat{a} + \hat{b}x_i, \sigma^2) \quad (i = 1, 2, \cdots, n).$$

考察观察值 $y_1, y_2, \cdots, y_n$ 的偏差平方和 $S_Y^2$:

$$S_Y^2 = \sum_{i=1}^{n}(y_i - \bar{y})^2.$$

它反映了观察值 $y_i$ 总的分散程度.对 $S_Y^2$ 进行分解,得到

$$\begin{aligned} S_Y^2 &= \sum_{i=1}^{n}[(\hat{y}_i - \bar{y}) + (y_i - \hat{y}_i)]^2 \\ &= \sum_{i=1}^{n}(y_i - \hat{y}_i)^2 + \sum_{i=1}^{n}(\hat{y}_i - \bar{y})^2 + 2\sum_{i=1}^{n}(\hat{y}_i - \bar{y})(y_i - \hat{y}_i) \\ &= \sum_{i=1}^{n}(\hat{y}_i - \bar{y})^2 + \sum_{i=1}^{n}(y_i - \hat{y}_i)^2. \end{aligned}$$

分别记

$$S_R^2 = \sum_{i=1}^{n}(\hat{y}_i - \bar{y})^2,$$

称为**回归平方和**,它是回归值 $\hat{y}_1, \hat{y}_2, \cdots, \hat{y}_n$ 的偏差平方和,反映了回归值 $\hat{y}_i$ 的分散程度,这种分散是由于 $Y$ 与 $X$ 之间的线性相关关系引起的;记

$$S_E^2 = \sum_{i=1}^{n}(y_i - \hat{y}_i)^2$$

称为**剩余平方和**,它是回归方程偏差平方和 $S^2(a, b)$的最小值,反映了观察值 $y_i$ 偏离回归直线的程度,这种偏离是由于观测误差等随机因素引起的.

于是,偏差平方和可写成

$$S_Y^2 = S_R^2 + S_E^2.$$

因为只有在 $b \neq 0$ 的时候,$Y$ 与 $X$ 之间存在线性相关关系,所以,为了检验 $Y$ 与 $X$ 之间的线性相关关系是否显著,就是检验假设

$$H_0: b = 0.$$

为此,选取统计量

$$F = \frac{S_R^2}{S_E^2/(n-2)}, \tag{9.18}$$

可以证明:当 $H_0$ 成立时, $F \sim F(1, n-2)$.

对于给定的显著性水平 $\alpha$,可以通过查 $F$ 分布表得临界值 $F_\alpha(1, n-2)$, 使其满足:

$$P\left\{\frac{(n-2)S_R^2}{S_E^2} > F_\alpha(1, n-2)\right\} = \alpha.$$

根据样本观察值计算统计量 $F$ 的值 $f$,如果 $f > F_\alpha(1, n-1)$, 则拒绝 $H_0$,即认为 $Y$ 与 $X$ 之间线性相关关系显著;反之,如果 $f \leqslant F_\alpha(1, n-1)$, 则接受 $H_0$,即认为 $Y$ 与 $X$ 之间不存在线性相关关系. 但也有可能 $Y$ 与 $X$ 之间存在非线性的相关关系.

由于

$$\begin{aligned} S_Y^2 &= \sum_{i=1}^n (y_i - \bar{y})^2 = l_{yy}, \\ S_R^2 &= \sum_{i=1}^n (\hat{y}_i - \bar{y})^2 = \sum_{i=1}^n (\hat{a} + \hat{b} x_i - \hat{a} - \hat{b}\bar{x})^2 \\ &= \hat{b}^2 \sum_{i=1}^n (x_i - \bar{x})^2 = \left(\frac{l_{xy}}{l_{xx}}\right)^2 l_{xx} \\ &= \frac{l_{xy}^2}{l_{xx}}, \end{aligned}$$

则

$$S_E^2 = S_Y^2 - S_R^2 = l_{yy} - \frac{l_{xy}^2}{l_{xx}}.$$

所以,我们可以列出线性回归的方差分析表,如表 9.13 所示.

表 9.13

| 方差来源 | 偏差平方和 | 自由度 | 统计量 | 临界值 |
| --- | --- | --- | --- | --- |
| 回归 | $S_R^2=\dfrac{l_{xy}^2}{l_{xx}}$ | 1 | | |
| 剩余 | $S_E^2=l_{yy}-\dfrac{l_{xy}^2}{l_{xx}}$ | $n-2$ | $F=\dfrac{S_R^2}{S_E^2/(n-2)}$ | $F_\alpha(1,n-2)$ |
| 总和 | $S_R^2=\dfrac{l_{xy}^2}{l_{xx}}$ | $n-1$ | | |

**例 2** 对本节例 1 利用 $F$ 检验法,检验 $NaNO_3$ 在 100 毫升的水中溶解的重量关于温度的线性相关关系是否显著($\alpha=0.01$).

解 $H_0: b=0$.

例 1 已经计算出:$l_{xx}=4\,060$, $l_{xy}=3\,534.8$. 进一步计算

$$l_{yy}=3\,084.05,$$

$$S_R^2=\frac{l_{xy}^2}{l_{xx}}=\frac{3\,534.8^2}{4\,060}=3\,077.54,$$

$$S_E^2=l_{yy}-\frac{l_{xy}^2}{l_{xx}}=3\,084.05-3\,077.54=6.51.$$

于是

$$f=\frac{S_R^2}{S_E^2/(n-2)}=\frac{3\,077.54}{6.51/(9-2)}=3\,309.18.$$

查 $F$ 分布表,得临界值 $F_{0.01}(1,7)=12.25$. 因为 $F=3\,309.18>F_{0.01}(1,7)=12.25$,所以拒绝 $H_0$,认为 $Y$ 与 $X$ 之间的线性相关关系显著.

2. 相关系数法

进行相关性的检验,也可以用相关系数法,其步骤如下:

(1) 检验假设 $H_0: b=0$;

(2) 选取相关系数为统计量

$$r=\frac{l_{xy}}{\sqrt{l_{xx}l_{yy}}};\tag{9.19}$$

(3) 对于给定的显著性水平 $\alpha$,查相关系数表,得临界值 $r_\alpha(n-2)$;

(4) 根据观察值计算相关系数 $r$ 的值,如果 $|r|>r_\alpha(n-2)$,则拒绝 $H_0$,即

认为 $Y$ 与 $X$ 之间存在线性相关关系；否则，接受 $H_0$，即认为 $Y$ 与 $X$ 之间不存在线性相关关系.

由于

$$r=\frac{l_{xy}}{\sqrt{l_{xx}l_{yy}}}=\sqrt{\frac{S_R^2}{S_Y^2}},$$

它反映了回归平方和 $S_R^2$ 在总平方和 $S_Y^2$ 中的比例，显然 $|r|$ 愈大，回归效果愈好，且 $S_R^2<S_Y^2$，因此，$|r|\leqslant 1$.

当 $r=0$ 时，有 $l_{xy}=0$，因此，$b=0$，说明 $Y$ 与 $X$ 之间没有线性相关关系.

当 $0<|r|<1$ 时，则说明 $Y$ 与 $X$ 之间存在一定的线性相关关系. 当 $r>0$ 时，有 $b>0$，称 $Y$ 与 $X$ 之间**正相关**(见图 9.2(a))；当 $r<0$ 时，有 $b<0$，称 $Y$ 与 $X$ 之间**负相关**(见图 9.2(b))；当 $|r|=1$ 时，由于 $S_E^2=l_{yy}(1-r^2)=0$，说明 $n$ 个观察值点 $(x_i, y_i)$ 全在回归直线上，这时 $Y$ 与 $X$ 之间存在确定的线性函数关系.

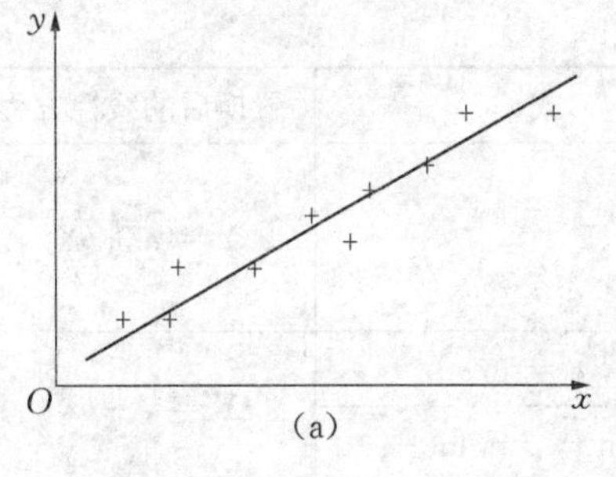

(a)

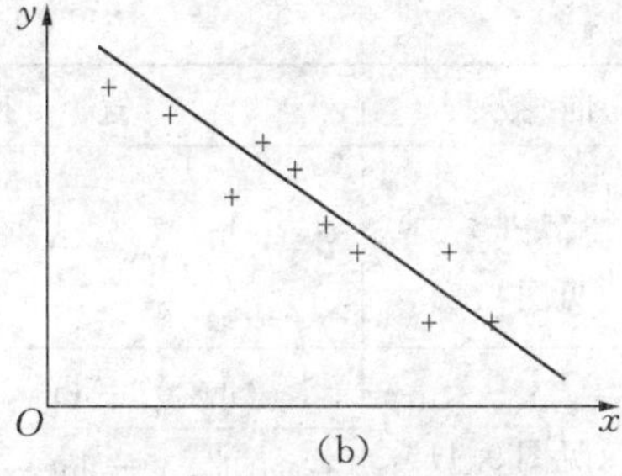

(b)

**图 9.2**

$|r|$ 大到什么程度时才可以认为 $Y$ 与 $X$ 之间的线性相关关系显著呢？通常认为：

当 $|r|\leqslant r_{0.05}$ 时，$Y$ 与 $X$ 之间的线性相关关系不显著，或者不存在线性相关关系；当 $r_{0.05}<|r|\leqslant r_{0.01}$ 时，$Y$ 与 $X$ 之间的线性相关关系显著；当 $|r|>r_{0.01}$ 时，$Y$ 与 $X$ 之间的线性相关关系特别显著.

**例 3** 对本节例 1 利用相关系数法检验 $NaNO_3$ 在 100 毫升的水中溶解的重量关于温度的线性相关关系是否显著($\alpha=0.01$).

解 $H_0: b=0$.

$$r=\frac{l_{xy}}{\sqrt{l_{xx}l_{yy}}}=\sqrt{\frac{S_R^2}{S_Y^2}}=\sqrt{\frac{3\,077.54}{3\,084.05}}=0.998\,9.$$

查相关系数表，得临界值 $r_{0.01}(7)=0.789$. 因为 $|r|=0.9989>r_{0.01}(7)=0.789$，故拒绝 $H_0$，即认为 $NaNO_3$ 在 100 毫升的水中溶解的重量关于温度的线性相关关系特别显著.

## §9.4 可线性化的回归方程

在实际问题中，变量之间的相关关系不一定都是线性的，因而不能用线性回归方程来描述它们之间的相关关系. 这时，可根据专业知识或散点图，选择适当的且更符合实际情况的回归方程. 为了确定其中的未知参数，可以通过变量置换，把非线性回归化为线性回归，然后用线性回归的方法来确定这些参数的值.

表 9.14 中列举了一些在经济领域中常用的曲线方程，并给出相应的化为线性回归的变量置换公式.

**表 9.14**

| 曲线方程 | 置换公式 | 置换后的线性方程 |
|---|---|---|
| $\frac{1}{y}=a+\frac{b}{x}$ (见图 9.3) | $Y=\frac{1}{y}\quad X=\frac{1}{x}$ | $Y=a+bX$ |
| $y=cx^b(x>0)$ (见图 9.4) | $c>0$ 时, $Y=\ln y,\ X=\ln x,\ a=\ln c$<br>$c<0$ 时, $Y=\ln(-y),\ X=\ln x,\ a=\ln(-c)$ | $Y=a+bX$ |
| $y=ce^{bx}$ (见图 9.5) | $c>0$ 时, $Y=\ln y,\ X=x,\ a=\ln c$<br>$c<0$ 时, $Y=\ln(-y),\ X=x,\ a=\ln(-c)$ | $Y=a+bX$ |
| $y=ce^{\frac{b}{x}}$ (见图 9.6) | $c>0$ 时, $Y=\ln y,\ X=\frac{1}{x},\ a=\ln c$<br>$c<0$ 时, $Y=\ln(-y),\ X=\frac{1}{x},\ a=\ln(-c)$ | $Y=a+bX$ |
| $y=a+b\ln x$ (见图 9.7) | $Y=y,\ X=\ln x$ | $Y=a+bX$ |
| $y=\frac{1}{a+be^{-x}}$ ($a$、$b>0$) (见图 9.8) | $Y=\frac{1}{y},\ X=e^{-x}$ | $Y=a+bX$ |

表 9.14 中曲线方程的图形分别如图 9.3～图 9.8 所示.

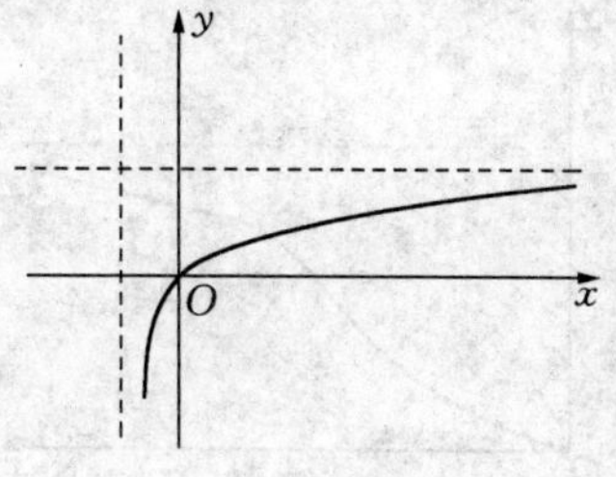

(a) $b>0$

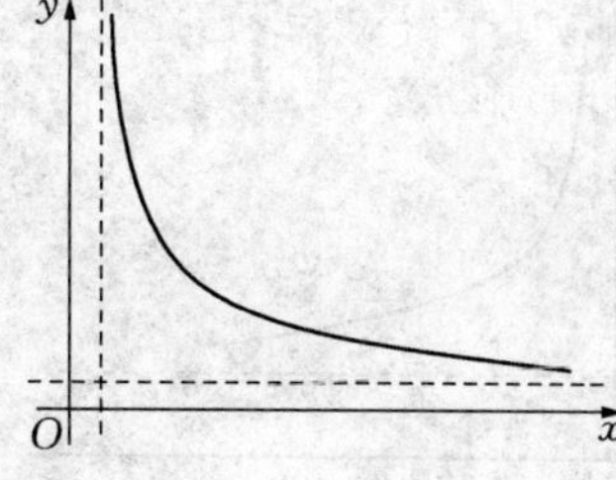

(b) $b<0$

**图 9.3**

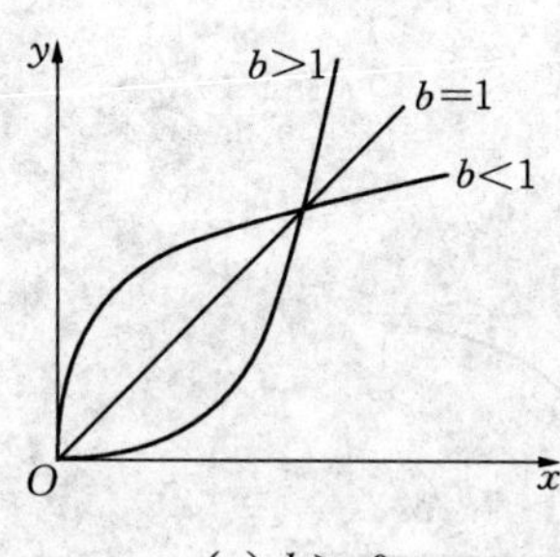

(a) $b>0$

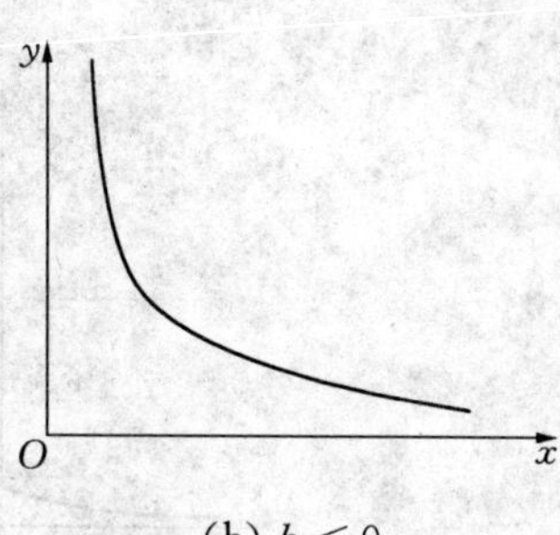

(b) $b<0$

**图 9.4**

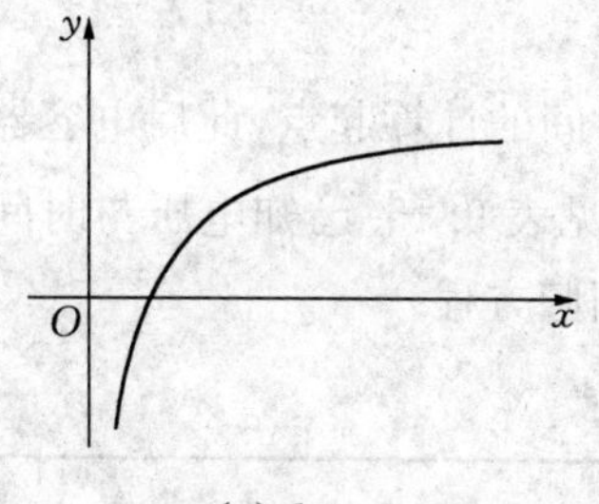

(a) $b>0$

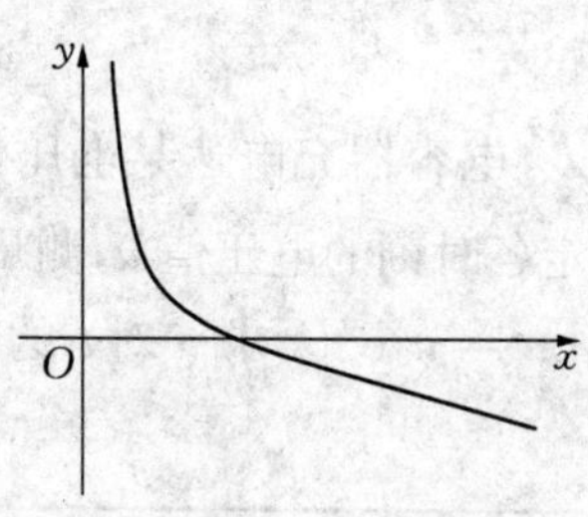

(b) $b<0$

**图 9.5**

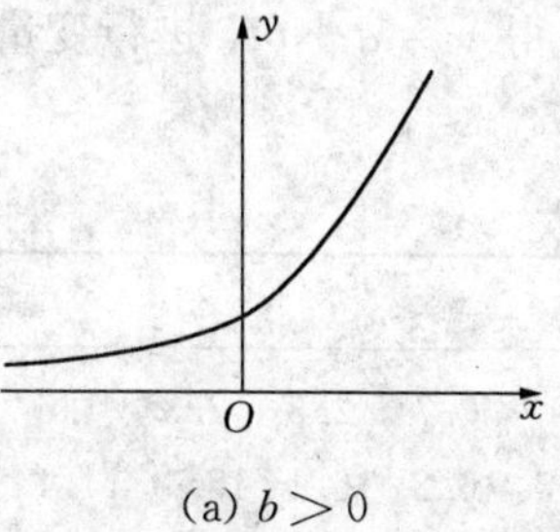

(a) $b>0$

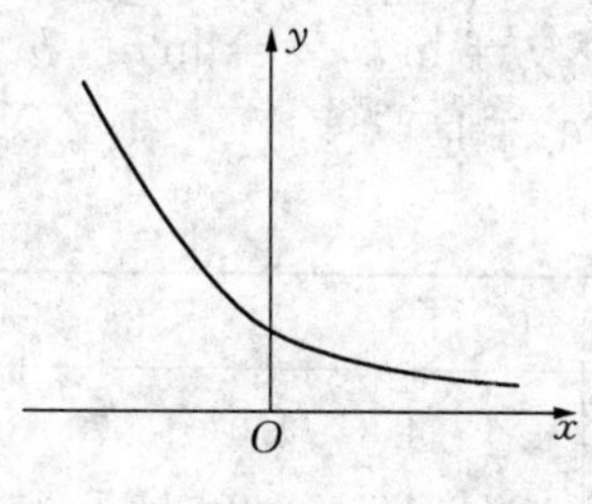

(b) $b<0$

**图 9.6**

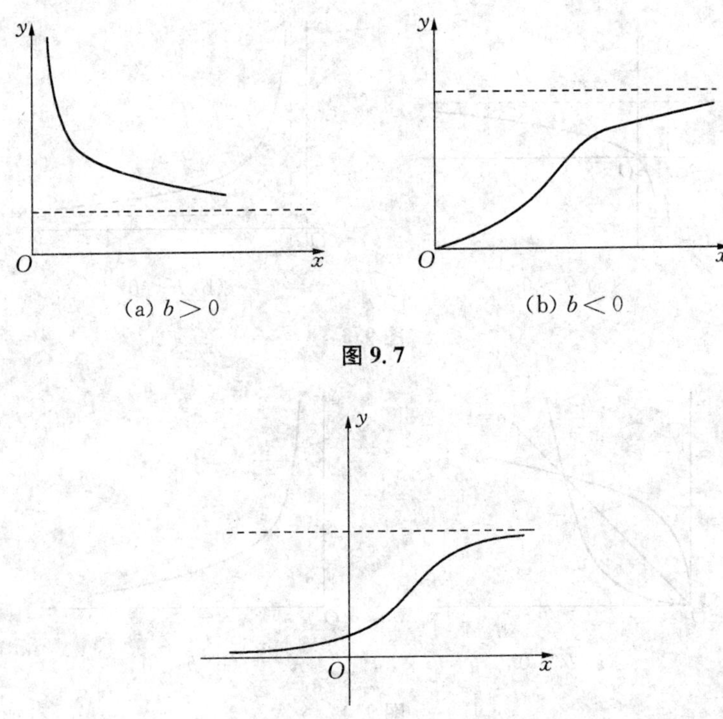


(a) $b>0$　　(b) $b<0$

图 9.7

图 9.8

**例 1** 电容器充电达某电压值为时间的计算起点,此后电容器串联一电阻放电,测定各时刻的电压值 $u$,测量结果见表 9.15. 已知电压与时间近似满足指数型关系 $u=u_0 e^{-ct}$, 求 $u$ 对 $t$ 的曲线回归方程.

表 9.15

| 时间 $t$(秒) | 0 | 1 | 2 | 3 | 4 | 5 | 6 | 7 | 8 | 9 | 10 |
|---|---|---|---|---|---|---|---|---|---|---|---|
| 电压 $u$(伏) | 100 | 75 | 55 | 40 | 30 | 20 | 15 | 10 | 10 | 5 | 5 |

解　令 $y=\ln u$, $a=\ln u_0$, $b=-c$, 得 $y=a+bt$. 进行变量置换并计算得到表 9.16. 于是

表 9.16

| $t_i$ | 0 | 1 | 2 | 3 | 4 | 5 | 6 | 7 | 8 | 9 | 10 | |
|---|---|---|---|---|---|---|---|---|---|---|---|---|
| $y_i=\ln u_i$ | 4.6 | 4.3 | 4.0 | 3.7 | 3.4 | 3.0 | 2.7 | 2.3 | 2.3 | 1.6 | 1.6 | 33.5 |
| $t_i y_i$ | 0 | 4.3 | 8.0 | 11.1 | 13.6 | 15 | 16.2 | 16.1 | 18.4 | 14.4 | 16 | 133.1 |
| $t_i^2$ | 0 | 1 | 4 | 9 | 16 | 25 | 36 | 49 | 64 | 81 | 100 | 385 |

$$\hat{b} = \frac{l_{ty}}{l_{tt}} = \frac{133.1 - 11 \cdot 5 \cdot 3.05}{385 - 11 \cdot 5 \cdot 5} = -0.315,$$

$$\hat{a} = \bar{y} - \hat{b}\,\bar{t} = 3.05 + 0.315 \cdot 5 = 4.625.$$

根据 $a = \ln u_0$，$b = -c$，得 $\hat{u}_0 = 100.9$，$\hat{c} = 0.315$，所以 $u$ 对 $t$ 的曲线回归方程为

$$u = 100.9\mathrm{e}^{0.315t}.$$

## 数学家简介

### 柯尔莫戈洛夫

安德烈·柯尔莫戈洛夫(Andrey Nikolaevich Kolmogorov，1903—1987)1903 年 4 月生于俄国顿巴夫，1987 年 10 月卒于前苏联莫斯科. 前苏联最伟大的数学家之一，也是 20 世纪最伟大的数学家之一，在实分析、泛函分析、概率论、动力系统等很多领域都有着开创性的贡献，而且培养出了一大批优秀的数学家.

1910 年他进入莫斯科一所文法学校预备班，很快对各科知识都表现出浓厚的兴趣，14 岁时他就开始自学高等数学，汲取了许多数学知识，并掌握了很多数学思想与方法. 1920 年进入莫斯科大学，先学习冶金，后来转学数学，并决心以数学为终身职业. 大学三年级时就发表了论文，表现出卓越的数学才能，载誉国际. 1929 年研究生毕业后，担任莫斯科大学数学力学研究所助理研究员. 1935 年获得前苏联首批博士学位. 1931 年起他担任莫斯科大学教授，并指导研究生. 1933 年担任莫斯科大学数学力学研究所所长，创建了概率论、数理统计、数理逻辑、概率统计方法等教研室，先后教过数学分析、常微分方程、复变函数论、概率论、数理逻辑和信息论等课程. 1939 年当选为原苏联科学院院士、主席团委员和数学研究所所长. 1954 年担任莫斯科大学数学力学系主任. 1966 年当选为原苏联教育科学院院士.

1924 年他念大学四年级时就和当时的数学家辛钦一起建立了关于独立随机变量的三级数定理. 1928 年他得到了随机变量序列服从大数定理的充要条件. 1929 年得到了独立同分布随机变量序列的重对数律. 1930 年得到了强大数定律的非常一般的充分条件. 1931 年发表了《概率论的解析方法》一文，奠定了马尔柯夫过程论的基础. 1932 年得到了含二阶矩的随机变量具有无穷可分分布律的充要条件. 1934 年出版了《概率论基本概念》一书，在世界上首

次以测度论和积分论为基础建立了概率论公理体系,他的公理化方法成为现代概率论的基础,使概率论成为严谨的数学分支,对概率论的迅速发展起了积极的作用.这是一部具有划时代意义的巨著,在科学史上写下了苏联数学史上最光辉的一页.1935 年提出了可逆对称马尔柯夫过程概念及其特征所服从的充要条件,这种过程成为统计物理、排队网络、模拟退火、人工神经网络、蛋白质结构的重要模型.1936—1937 年给出了可数状态马尔柯夫链状态分布.1939 年定义并得到了经验分布与理论分布最大偏差的统计量及其分布函数.1941 年他得到了平稳随机过程的预测和内插公式.1955—1956 年他和他的学生 Y. V. Prokhorov 开创了取值于函数空间上概率测度的弱极限理论,这个理论和前苏联数学家 A. B. Skorohod引入的 D 空间理论是弱极限理论的划时代成果.

他的研究范围广泛:基础数学、数理逻辑、实变函数论、微分方程、概率论、数理统计、信息论、泛函分析力学、拓朴学……以及数学在物理、化学、生物、地质、冶金、结晶学、人工神经网络中的广泛应用.他创建了一些新的数学分支——信息算法论、概率算法论和语言统计学等.

由于柯尔莫戈洛夫的卓越成就,他在国内外享有极高的声誉.他是美国、法国、民主德国、荷兰、波兰、芬兰等 20 多个科学院的外国院士,英国皇家学会外国会员,他是法国巴黎大学,波兰华沙大学等多所大学的名誉博士.1963 年获国际巴尔桑奖,1975 年获匈牙利奖章,1976 年获美国气象学会奖章、民主德国赫姆霍兹奖章,1980 年获世界最著名的沃尔夫奖.在国内,1941 年获国家奖,1951 年获苏联科学院切比雪夫奖,1963 年获苏维埃英雄称号,1965 年获列宁奖,1940 年获劳动红旗勋章,1944—1979 年获 7 枚列宁勋章、金星奖章及“在伟大的爱国战争中英勇劳动”奖章,1983 年获十月革命勋章,1986 年获原苏联科学院罗巴切夫斯基奖.

柯尔莫戈洛夫热爱生活,兴趣广泛,喜欢旅行、滑雪、诗歌、美术和建筑.他十分谦虚,从不夸耀自己的成就和荣誉.他淡泊名利,不看重金钱.他是一位具有高尚道德品质和崇高的无私奉献精神的科学巨人.

## 习 题 九

1. 把大片条件相同的土地分成 20 个小区,播种 4 种不同品种的小麦,进行产量对比试验,每一品种播种在 5 个小区地块上,共得到 20 个小区产量的独立观察值如表 9.17 所示.问:不同品种小麦的小区产量有无显著差异($\alpha = 0.01$)?

表 9.17

| 品种因素 \ 试验批号 | 一 | 二 | 三 | 四 | 五 |
|---|---|---|---|---|---|
| $A_1$ | 32.3 | 34.0 | 34.3 | 35.0 | 36.5 |
| $A_2$ | 33.3 | 33.0 | 36.3 | 36.9 | 34.5 |
| $A_3$ | 30.3 | 34.3 | 35.3 | 32.3 | 35.8 |
| $A_4$ | 29.3 | 26.0 | 29.8 | 28.0 | 28.8 |

2. 某农业科学试验站进行一项农作物施肥对比试验，用 5 种不同的施肥方案分别得到某种农作物的产量如表 9.18 所示. 问这 5 种施肥方案对农作物的产量是否有显著影响($\alpha = 0.05$)?

表 9.18

| 施肥方案 \ 试验批号 | 1 | 2 | 3 | 4 |
|---|---|---|---|---|
| $A_1$ | 67 | 67 | 55 | 42 |
| $A_2$ | 98 | 96 | 91 | 66 |
| $A_3$ | 60 | 69 | 50 | 35 |
| $A_4$ | 79 | 64 | 81 | 70 |
| $A_5$ | 90 | 70 | 79 | 88 |

3. 设有 3 台机器 $A$, $B$, $C$ 制造同一种产品，对每台机器的日产量各观察 5 天，得到数据如表 9.19 所示. 问 3 台机器的日产量之间是否存在显著差别($\alpha = 0.05$)?

表 9.19

| 机器 \ 试验批号 | 1 | 2 | 3 | 4 | 5 |
|---|---|---|---|---|---|
| $A$ | 41 | 48 | 41 | 49 | 57 |
| $B$ | 65 | 57 | 54 | 72 | 64 |
| $C$ | 45 | 51 | 56 | 48 | 48 |

4. 设 4 位工人独立地操作机器 $A_1$, $A_2$, $A_3$ 各一天，其日产量如表 9.20 所示. 问：不同的机器或工人之间在日产量上是否存在显著差别($\alpha = 0.05$)?

表 9.20

| 机器＼工人 | $B_1$ | $B_2$ | $B_3$ | $B_4$ |
|---|---|---|---|---|
| $A_1$ | 50 | 47 | 47 | 53 |
| $A_2$ | 53 | 54 | 57 | 58 |
| $A_3$ | 52 | 42 | 41 | 48 |

5. 试根据表 9.21 所示的试验记录表,分析出生月份和性别对新生儿体重有无显著影响($\alpha = 0.05$).

表 9.21

| 性别＼出生月份 | 1 | 2 | 3 | 4 | 5 | 6 | 7 | 8 | 9 | 10 | 11 | 12 |
|---|---|---|---|---|---|---|---|---|---|---|---|---|
| 男 | 3 084 | 3 020 | 3 306 | 3 294 | 3 306 | 3 312 | 3 170 | 3 694 | 3 340 | 3 328 | 3 354 | 3 210 |
| 女 | 3 186 | 3 159 | 3 200 | 2 906 | 3 368 | 2 834 | 3 114 | 3 168 | 3 119 | 3 234 | 3 074 | 3 360 |

6. 酿造厂有 3 名化验员,担任发酵粉的颗粒检验.今由 3 位化验员每天各自独立地从该厂所产的发酵粉中抽样一次,连续 10 天,每天检验其中所含颗粒的百分率,结果如表 9.22 所示.试分析 3 名化验员的化验技术之间和每天所抽样本之间有无显著差异($\alpha = 0.05$).

表 9.22

| 化验员＼化验时间 | $B_1$ | $B_2$ | $B_3$ | $B_4$ | $B_5$ | $B_6$ | $B_7$ | $B_8$ | $B_9$ | $B_{10}$ |
|---|---|---|---|---|---|---|---|---|---|---|
| $A_1$ | 10.1 | 4.7 | 3.1 | 3.0 | 7.8 | 8.2 | 7.8 | 6.0 | 4.9 | 3.4 |
| $A_2$ | 10.0 | 4.9 | 3.1 | 3.2 | 7.8 | 8.2 | 7.7 | 6.2 | 5.1 | 3.4 |
| $A_3$ | 10.2 | 4.8 | 3.0 | 3.0 | 7.8 | 8.4 | 7.8 | 6.1 | 5.0 | 3.3 |

7. 某商品在给定时期的价格 $p$ 与供应量 $Q$ 之间有下列一组观察数据(见表 9.23),试确定 $Q$ 对 $p$ 的回归直线方程.

表 9.23

| 价格 $p$ | 2 | 3 | 4 | 5 | 6 | 8 | 10 | 12 | 14 | 16 |
|---|---|---|---|---|---|---|---|---|---|---|
| 供应量 $Q$ | 15 | 20 | 25 | 30 | 35 | 45 | 60 | 80 | 80 | 110 |

8. 有人认为,企业的研究费用与它的利润水平之间存在着近似的线性关系,表 9.24 所示的资料能否证实这种论断($\alpha = 0.05$)?

表 9.24

| 年份 | 1985 年 | 1986 年 | 1987 年 | 1988 年 | 1989 年 | 1990 年 | 1991 年 | 1992 年 | 1993 年 | 1994 年 |
|---|---|---|---|---|---|---|---|---|---|---|
| 研究费用 | 10 | 10 | 8 | 8 | 8 | 12 | 12 | 12 | 11 | 11 |
| 利润（万元） | 100 | 150 | 200 | 180 | 250 | 300 | 280 | 310 | 320 | 300 |

9. 随机抽取了 12 个城市的居民家庭关于收入与食品支出的样本数据如表 9.25所示. 试判断食品支出与家庭收入之间是否存在线性相关关系，如果存在，求出食品支出与收入之间的回归直线方程($\alpha = 0.05$).

表 9.25

| 家庭收入 $m_i$(单位:元) | 82 | 93 | 105 | 130 | 144 | 150 | 160 | 180 | 200 | 270 | 300 | 400 |
|---|---|---|---|---|---|---|---|---|---|---|---|---|
| 每月食品支出 $y_i$(单位:元) | 75 | 85 | 92 | 105 | 120 | 120 | 130 | 145 | 156 | 200 | 200 | 240 |

10. 树的平均高度 $H$ 与树的胸径 $d$ 之间有密切联系，根据表 9.26 所示的资料求 $H$ 对 $d$ 的线性回归方程，并进行相关性检验($\alpha = 0.05$).

表 9.26

| 胸径 $d_i$(厘米) | 15 | 20 | 25 | 30 | 35 | 40 | 45 | 50 |
|---|---|---|---|---|---|---|---|---|
| 平均树高 $h_i$(米) | 13.9 | 17.1 | 20 | 22.4 | 24 | 25.6 | 27 | 28.3 |

11. 一册书的成本费 $y$ 与印刷的册数 $x$ 有关，统计结果如表 9.27 所示. 检验成本费 $y$ 与印刷册数的倒数 $1/x$ 之间是否存在显著的线性相关关系. 如果存在，求 $y$ 关于 $x$ 的回归方程($\alpha = 0.05$).

表 9.27

| $x_i$(千册) | 1 | 2 | 3 | 5 | 10 | 20 | 30 | 50 | 100 | 200 |
|---|---|---|---|---|---|---|---|---|---|---|
| $y_i$(元) | 10.15 | 5.52 | 4.08 | 2.85 | 2.11 | 1.62 | 1.41 | 1.30 | 1.21 | 1.15 |

12. 在彩色显影中，根据经验，形成染料光学密度 $y$ 与析出银的光学密度 $x$ 由

$$y = Ae^{\frac{b}{x}}\ (b < 0)$$

表示，测得试验数据如表 9.28 所示. 求回归方程.

表 9.28

| $x_i$ | 0.05 | 0.06 | 0.07 | 0.10 | 0.14 | 0.20 | 0.25 | 0.31 | 0.38 | 0.43 | 0.47 |
|---|---|---|---|---|---|---|---|---|---|---|---|
| $y_i$ | 0.10 | 0.14 | 0.23 | 0.37 | 0.59 | 0.79 | 1.00 | 1.12 | 1.19 | 1.25 | 1.29 |

# 附录 1 习题参考答案

## 习 题 一

### (A)

**1.** (1) $\{(i, j, k) \mid i, j, k = 1, 2, 3, 4, 5, 6\}$； (2) {红，白}； (3) $\{0, 1, 2, \cdots\}$； (4) $\{x \mid 0 < x < 2\}$； (5) $\{(x, y) \mid x, y > 0, x + y = l\}$.

**2.** (1) $\{3\}$； (2) $\{1, 2, 4, 5, 6, 7, 8, 9, 10\}$； (3) $\{1, 2, 6, 7, 8, 9, 10\}$； (4) $\{1, 2, 3, 6, 7, 8, 9, 10\}$.

**3.** 略.

**4.** (1) $A_1 \bar{A}_2 \bar{A}_3$； (2) $A_1 \bar{A}_2 \bar{A}_3 \cup \bar{A}_1 A_2 \bar{A}_3 \cup \bar{A}_1 \bar{A}_2 A_3$； (3) $A_1 \cup A_2 \cup A_3$； (4) $A_1 \bar{A}_2 \bar{A}_3 \cup \bar{A}_1 A_2 \bar{A}_3 \cup \bar{A}_1 \bar{A}_2 A_3 \cup \bar{A}_1 \bar{A}_2 \bar{A}_3$； (5) $A_1 \cup A_3$.

**5.** $\dfrac{C_{11}^5 \cdot 5!}{11^5}$.

**6.** (1) $\dfrac{C_1^1 C_4^2}{C_{10}^3} = 1/20$； (2) $\dfrac{C_1^1 C_5^2}{C_{10}^3} = 1/12$； (3) $\dfrac{C_1^1 C_3^2 + C_3^3}{C_{10}^3} = 1/30$.

**7.** $1/10^6$.

**8.** (1) $\dfrac{C_{26}^4}{C_{52}^4}$； (2) $\dfrac{C_{26}^2 C_{26}^2}{C_{52}^4}$； (3) $\dfrac{C_{13}^2 C_{39}^2}{C_{52}^4}$； (4) $\dfrac{C_4^1 C_{13}^4}{C_{52}^4}$.

**9.** $\dfrac{9 \times P_9^7}{9 \times 10^7} \approx 0.018$.

**10.** $\dfrac{7 \times 8 \times 9 \times 4 - 7 \times 8 \times 4}{10 \times 9 \times 8 \times 7} = \dfrac{41}{90}$.

**11.** (1) 0.3； (2) 0.1； (3) 0.6； (4) 0.8.

**12.** 0.7.

**13.** 3/8.

**14.** (1) 0.56； (2) 0.94； (3) 0.38.

**15.** (1) $1 - \dfrac{C_{N-M}^n}{C_N^n}$； (2) $(C_{N-M}^n + C_M^1 C_{N-M}^{n-1} + C_M^2 C_{N-M}^{n-2}) / C_N^n$.

**16.** (1) 19/58； (2) 19/28.

**17.** $\frac{a}{a+b}\cdot\frac{b}{a+b+c}\cdot\frac{b+c}{a+b+2c}$.

**18.** (1) 17/20 (2) 9/34.

**19.** 196/197.

**20.** (1) 0.4； (2) 0.485 6.

**21.** 略.

**22.** (1) 0.3； (2) 0.4.

**23.** (1) 0.329 2； (2) 0.868 3； (3) 0.460 9.

**(B)**

**1.** (1) $\{3, 4, 5, 6, \cdots, 18\}$； (2) $\{(\omega_1, \omega_2, \omega_3) \mid \omega_i = 0, 1\ (i = 1, 2, 3)\}$，其中 $\omega_i = \begin{cases} 0,\text{第 } i \text{ 个盒中无球}, \\ 1,\text{第 } i \text{ 个盒中有球}, \end{cases}$ $(i = 1, 2, 3)$； (3) $\{2, 3, 4, \cdots\}$；

**2.** (1) $\{1, 2, 3, 4, 6, 8\}$； (2) $\{2, 4\}$； (3) $\{1, 3, 5, 7\}$； (4) $\{1, 3\}$； (5) $\{6, 8\}$； (6) $\varnothing$； (7) $\varnothing$； (8) $\{1, 3\}$.

**3.** 略.

**4.** $1-\left(\frac{364}{365}\right)^{500}=0.746$.

**5.** $1-\frac{C_5^4 2^4}{C_{10}^4}=\frac{13}{21}$.

**6.** $\frac{C_6^1C_5^5+C_6^3C_5^3+C_6^5C_5^1}{C_{11}^6}=\frac{118}{231}$.

**7.** 略.

**8.** 0.5.

**9.** (1) $\frac{a+c}{a+b+c+d}$； (2) $\frac{1}{2}\left(\frac{a}{a+b}+\frac{c}{c+d}\right)$； (3) $\frac{a(c+1)}{a(c+1)+bc}$.

**10.** (1) $\frac{n}{n+m}\cdot\frac{a_1}{a_1+b_1}+\frac{m}{n+m}\cdot\frac{a_2}{a_2+b_2}$； (2) $\left(\frac{na_1}{a_1+b_1}\right)\Big/\left(\frac{na_1}{a_1+b_1}+\frac{ma_2}{a_2+b_2}\right)$.

**11.** 略.

**12.** 0.25.

**13.** 1/3.

**14.** 0.901.

**15.** $\frac{C_{2n}^n}{2^{2n}}$.

# 习 题 二

## (A)

**1.** 见表 1.

**表 1**

| $X$ | $-1$ | $0$ | $1$ |
|---|---|---|---|
| $P$ | $\frac{1}{6}$ | $\frac{1}{3}$ | $\frac{1}{2}$ |

**2.** $a=\frac{8}{7}$.

**3.** $a=e^{-\lambda}$.

**4.** 见表 2.

**表 2**

| $X$ | $0$ | $1$ | $2$ |
|---|---|---|---|
| $P$ | $\frac{12}{19}$ | $\frac{32}{95}$ | $\frac{3}{95}$ |

**5.** $P\{X=k\}=(1-p)^k p\,(k=0,1,2,\cdots)$.

**6.** $P\{X=k\}=C_3^k\left(\frac{2}{5}\right)^k\left(\frac{3}{5}\right)^{3-k}(k=0,1,2,3)$.

**7.** 0.820 2.

**8.** 5.

**9.** (1) 0.033 3; (2) 0.259.

**10.** 0.090 2.

**11.** 0.004 7.

**12.** (1) $c=2$; (2) $\frac{2}{5}$; (3) $F(x)=\begin{cases}0, & x<-1,\\ \frac{1}{4}, & -1\leqslant x<0,\\ \frac{5}{8}, & 0\leqslant x<1,\\ \frac{15}{16}, & 1\leqslant x<2,\\ 1, & x\geqslant 2.\end{cases}$

**13.** 见表 3.

**表 3**

| $X$ | $-1$ | 0 | 3 |
|---|---|---|---|
| $P$ | 0.1 | 0.3 | 0.6 |

**14.** (1) $a=\frac{1}{2}$; (2) $\frac{\sqrt{2}}{4}$; (3) $F(x)=\begin{cases}0, & x<-\frac{\pi}{2},\\ \frac{1}{2}\sin x+\frac{1}{2}, & -\frac{\pi}{2}\leqslant x<\frac{\pi}{2},\\ 1, & x\geqslant\frac{\pi}{2}.\end{cases}$

**15.** (1) $c=\frac{1}{2}$; (2) $\frac{1}{2}(1-\mathrm{e}^{-1})$; (3) $F(x)=\begin{cases}\frac{1}{2}\mathrm{e}^{x}, & x<0,\\ 1-\frac{1}{2}\mathrm{e}^{-x}, & x\geqslant 0.\end{cases}$

**16.** $a=-\frac{3}{2}$, $b=\frac{7}{4}$.

**17.** (1) $a=1$, $b=-1$; (2) $p(x)=\begin{cases}x\cdot\mathrm{e}^{-\frac{x^2}{2}}, & x\geqslant 0,\\ 0, & x<0;\end{cases}$ (3) $\frac{1}{4}$.

**18.** $\frac{1}{3}$.

**19.** (1) $P\{Y=k\}=C_5^k(\mathrm{e}^{-2})^k(1-\mathrm{e}^{-2})^{5-k}\ (k=0,1,2,3,4,5)$; (2) 0.516 7.

**20.** $c=\frac{1}{2}\ln 2$.

**21.** (1) $\frac{1}{2}$; (2) 0.006 2; (3) 0.066 8.

**22.** 0.2.

**23.** $h=184$.

**24.** (1) $a=111.84$; (2) $a=57.5$.

**25.** $p_1=p_2$.

**26.** (1) 见表 4; (2) 见表 5.

**表 4**

| $3X+1$ | $-5$ | $-2$ | 1 | 4 | 7 | 10 |
|---|---|---|---|---|---|---|
| $P$ | $\frac{1}{12}$ | $\frac{4}{9}$ | $\frac{1}{9}$ | $\frac{1}{6}$ | $\frac{1}{9}$ | $\frac{1}{12}$ |

**表 5**

| $\lvert X\rvert$ | 0 | 1 | 2 | 3 |
|---|---|---|---|---|
| $P$ | $\frac{1}{9}$ | $\frac{11}{18}$ | $\frac{7}{36}$ | $\frac{1}{12}$ |

**27.** (1) 见表 6； (2)见表 7.

**表 6**

| $\cos X$ | 1 | 0 | $-1$ |
|---|---|---|---|
| $P$ | $\frac{1}{4}$ | $\frac{1}{2}$ | $\frac{1}{4}$ |

**表 7**

| $\sin X$ | 0 | 1 |
|---|---|---|
| $P$ | $\frac{1}{2}$ | $\frac{1}{2}$ |

**28.** $p_Y(y)=\dfrac{3(1-y)^2}{\pi[1+(1-y)^6]}$.

**29.** $p_Y(y)=\begin{cases}e^{-y}, & y>0,\\ 0, & y\leqslant 0.\end{cases}$

**30.** $p_Y(y)=\begin{cases}\sqrt{\dfrac{2}{\pi}}e^{-\frac{y^2}{2}}, & y\geqslant 0,\\ 0, & y<0.\end{cases}$

**31.** 略.

**32.** $p_Y(y)=\dfrac{1}{8\sqrt{\pi}}e^{-\frac{(y-8)^2}{64}}$.

**(B)**

**1.** 0.531 2.

**2.** $\frac{65}{81}$.

**3.** 0.953 3.

**4.** 略.

**5.** (1) 0.94； (2) $C_n^2(0.94)^{n-2}(0.06)^2$.

**6.** (1) $\frac{1}{70}$； (2) 0.000 316.

**7.** 略.

**8.** $x_1=57.975$，$x_2=60.63$.

**9.** 见表 8.

**表 8**

| $Y$ | $-5$ | 3 | 10 |
|---|---|---|---|
| $P$ | 0.001 3 | 0.498 7 | 0.5 |

**10.** $p_Y(y)=\begin{cases}\dfrac{1}{4\sqrt{6\pi(y-1)}}\mathrm{e}^{-\frac{y-1}{96}}, & y\geqslant 1,\\ 0, & y<1.\end{cases}$

**11.** $p_Y(y)=\begin{cases}\dfrac{2\arccos y}{\pi^2\sqrt{1-y^2}}, & -1<y<1,\\ 0, & \text{其他}.\end{cases}$

**12.** $p_Y(y)=\begin{cases}\dfrac{2}{3}, & 0<y\leqslant 1,\\ \dfrac{1}{3}, & 1<y\leqslant 2,\\ 0, & \text{其他}.\end{cases}$

## 习　题　三

### (A)

**1.** (1) $A=\dfrac{\pi}{2}$, $B=\dfrac{\pi}{2}$；　(2) 9/16；　(3) $F_X(x)=\dfrac{1}{2}+\dfrac{1}{\pi}\arctan\dfrac{x}{2}$, $F_Y(y)=\dfrac{1}{2}+\dfrac{1}{\pi}\arctan\dfrac{y}{3}$.

**2.** 不能.

**3.** 略.

**4.** 见表 9、表 10.

**表 9**

| $X$ | 0 | 1 |
|---|---|---|
| $P$ | 0.3 | 0.7 |

**表 10**

| $Y$ | 0 | 1 |
|---|---|---|
| $P$ | 0.4 | 0.6 |

**5.** 见表 11.

**表 11**

| $X$ \ $Y$ | 0 | 1 | 2 | 3 | $p_{i\cdot}$ |
|---|---|---|---|---|---|
| 0 | 4/84 | 18/84 | 12/84 | 1/84 | 35/84 |
| 1 | 12/84 | 24/84 | 6/84 | 0 | 42/84 |
| 2 | 4/84 | 3/84 | 0 | 0 | 7/84 |
| $p_{\cdot j}$ | 20/84 | 45/84 | 18/84 | 1/84 | 1 |

**6.** 见表 12.

**表 12**

| X \ Y | −1 | 1 | 2 |
|---|---|---|---|
| 0 | 0 | 0 | 1/2 |
| 1.5 | 0 | 1/4 | 1/8 |
| 2 | 1/8 | 0 | 0 |

**7.** $P\{X=n, Y=m\}=\mathrm{C}_n^m p^m(1-p)^{n-m}\cdot\dfrac{\lambda^n}{n!}\mathrm{e}^{-\lambda}$ $(m=0, 1, 2, \cdots, n, n=0, 1, 2, \cdots)$.

**8.** (1) $p_X(x)=\begin{cases}\mathrm{e}^{-x}, & x>0,\\ 0, & x\leqslant 0;\end{cases}$ $p_Y(y)=\begin{cases}y\mathrm{e}^{-y}, & y>0,\\ 0, & y\leqslant 0;\end{cases}$ (2) 0.088 5.

**9.** $p_X(x)=\begin{cases}2x^2+\dfrac{2}{3}x, & 0\leqslant x\leqslant 1,\\ 0, & \text{其他};\end{cases}$ $p_Y(y)=\begin{cases}\dfrac{1}{3}\left(1+\dfrac{y}{2}\right), & 0\leqslant y\leqslant 2,\\ 0, & \text{其他}.\end{cases}$

**10.** (1) $\dfrac{3}{2}$; (2) $F(x, y)=\begin{cases}0, & x\leqslant 0 \text{ 或 } y\leqslant 0\\ \dfrac{1}{4}x^2y^3, & 0<x<2, 0<y<1,\\ \dfrac{1}{4}x^2, & 0<x<2, y\geqslant 1,\\ y^3, & x\geqslant 2, 0<y<1,\\ 1, & x\geqslant 2, y\geqslant 1.\end{cases}$

**11.** (1) $p(x, y)=\dfrac{2}{\pi^2(4+x^2)(1+y^2)}$; (2) $p_X(x)=\dfrac{2}{\pi(4+x^2)}$, $p_Y(y)=\dfrac{1}{\pi(1+y^2)}$; (3) 1/16.

**12.** (1) $p_X(x)=\begin{cases}2x, & 0\leqslant x\leqslant 1,\\ 0, & \text{其他};\end{cases}$ $p_Y(y)=\begin{cases}2(1-y), & 0\leqslant y\leqslant 1,\\ 0, & \text{其他};\end{cases}$

(2) $\dfrac{1}{4}$.

**13.** 见表 13、表 14.

**表 13**

| $X$ | 0 | 1 |
|---|---|---|
| $P(X=x_i \mid Y=0)$ | 1/3 | 2/3 |
| $P(X=x_i \mid Y=1)$ | 1/6 | 5/6 |

**表 14**

| $Y$ | 0 | 1 |
|---|---|---|
| $P(Y=y_i \mid X=0)$ | 2/3 | 1/3 |
| $P(Y=y_i \mid X=1)$ | 4/9 | 5/9 |

**14.** $\alpha=\dfrac{2}{9}, \beta=\dfrac{1}{9}$.

**15.** (1) 见表 15；(2) 不独立；(3) 1/6.

**表 15**

| $X \backslash Y$ | 1 | 2 | 3 | $p_{i\cdot}$ |
|---|---|---|---|---|
| 1 | 0 | 1/6 | 1/12 | 1/4 |
| 2 | 1/6 | 1/6 | 1/6 | 1/2 |
| 3 | 1/12 | 1/6 | 0 | 1/4 |
| $p_{\cdot j}$ | 1/4 | 1/2 | 1/4 | 1 |

**16.** 独立.

**17.** 不独立.

**18.** $p(x, y)=\begin{cases}\dfrac{1}{2}e^{-\frac{y}{2}}, & 0 \leqslant x \leqslant 1, y \geqslant 0, \\ 0, & \text{其他}.\end{cases}$

**19.** (1) $N\left(0, 0, 1, \dfrac{1}{2}, \dfrac{\sqrt{2}}{2}\right)$；(2) $N\left(0, 5, 1, 1, \dfrac{1}{2}\right)$.

**(B)**

**1.** (1) 见表 16；(2) 0.583 3.

**表 16**

| $X$ \ $Y$ | 1 | 2 | 3 | 4 | 5 | 6 | $p_{i\cdot}$ |
|---|---|---|---|---|---|---|---|
| 1 | $\frac{1}{36}$ | $\frac{1}{36}$ | $\frac{1}{36}$ | $\frac{1}{36}$ | $\frac{1}{36}$ | $\frac{1}{36}$ | $\frac{1}{6}$ |
| 2 | 0 | $\frac{2}{36}$ | $\frac{1}{36}$ | $\frac{1}{36}$ | $\frac{1}{36}$ | $\frac{1}{36}$ | $\frac{1}{6}$ |
| 3 | 0 | 0 | $\frac{3}{36}$ | $\frac{1}{36}$ | $\frac{1}{36}$ | $\frac{1}{36}$ | $\frac{1}{6}$ |
| 4 | 0 | 0 | 0 | $\frac{4}{36}$ | $\frac{1}{36}$ | $\frac{1}{36}$ | $\frac{1}{6}$ |
| 5 | 0 | 0 | 0 | 0 | $\frac{5}{36}$ | $\frac{1}{36}$ | $\frac{1}{6}$ |
| 6 | 0 | 0 | 0 | 0 | 0 | $\frac{6}{36}$ | $\frac{1}{6}$ |
| $p_{\cdot j}$ | $\frac{1}{36}$ | $\frac{3}{36}$ | $\frac{5}{36}$ | $\frac{7}{36}$ | $\frac{9}{36}$ | $\frac{11}{36}$ | 1 |

**2.** 见表 17.

**表 17**

| $X$ \ $Y$ | 0 | 1 | $p_{\cdot j}$ |
|---|---|---|---|
| 0 | 3/10 | 3/10 | 3/5 |
| 1 | 3/10 | 1/10 | 2/5 |
| $p_{i\cdot}$ | 3/5 | 2/5 | 1 |

**3.** 见表 18.

**表 18**

| $X$ \ $Y$ | 1 | 3 | $p_{\cdot j}$ |
|---|---|---|---|
| 0 | 0 | 1/8 | 1/8 |
| 1 | 3/8 | 0 | 3/8 |
| 2 | 3/8 | 0 | 3/8 |
| 3 | 0 | 1/8 | 1/8 |
| $p_{i\cdot}$ | 3/4 | 1/4 | 1 |

**4.** (1) $a=\frac{9}{2}$, $b=9$. (2) 见表 19.

**表 19**

| $X$ | 1 | 2 |
|---|---|---|
| $P$ | 1/3 | 2/3 |

**5.** $\frac{1}{T^2}[T^2-(T-t)^2]$.

**6.** (1) $C=\frac{1}{\pi^2}$; (2) 1/16; (3) $p_X(x)=\frac{1}{\pi(1+x^2)}$, $p_Y(y)=\frac{1}{\pi(1+y^2)}$; (4) 独立.

**7.** 略.

**8.** (1) $\frac{3}{\pi}$; (2) $\mu_1=-5$, $\mu_2=3$, $\sigma_1^2=\frac{25}{18}$, $\sigma_2^2=\frac{1}{18}$, $\rho=-\frac{4}{5}$; (3) $X\sim N\left(-5,\frac{25}{18}\right)$, $Y\sim N\left(3,\frac{1}{18}\right)$.

**9.** $P(T_2>T_1)=\int_0^{\infty}\int_0^{t_2}t_2\mathrm{e}^{-(t_1+t_2)}\,\mathrm{d}t_1\mathrm{d}t_2=\frac{3}{4}$.

## 习 题 四

### (A)

**1.** (1) $-0.2$; (2) 2.8; (3) 13.4.

**2.** 44.64.

**3.** $\frac{3}{2}a$.

**4.** 0.

**5.** $\alpha=2$, $k=3$.

**6.** $400\mathrm{e}^{-\frac{1}{4}}-300$.

**7.** (1) $2\pi-1$; (2) $\frac{4\pi^2}{3}$; (3) 0.

**8.** $\frac{7}{2}$, $\frac{15}{4}$.

**9.** (1) 0.4; (2) $-0.5$.

**10.** 4.

**11.** $\frac{2R}{3}$.

**12.** $\frac{19}{25}$.

**13.** $\frac{11}{15}$, $\frac{28}{75}$.

**14.** $a=\sqrt{6}$, $b=\frac{\sqrt{6}}{6}$.

**15.** (1) $\frac{2}{\pi}$; (2) $\frac{\pi^2}{12}$.

**16.** $\frac{sm}{m+n}$, $\frac{smn}{(m+n)^2}$.

**17.** 35, $\frac{175}{6}$.

**18.** $\frac{11}{36}$.

**19.** (1) 5, 9; (2) $p_Z(z)=\frac{1}{3\sqrt{2\pi}}e^{-\frac{(z-5)^2}{18}}$.

**20.** 略.

**21.** 85, 37.

**22.** $-\frac{2}{3}$.

**23.** (1) 0; (2) 0.

**24.** $-\frac{1}{9}$.

**25.** 略.

**26.** 0.

**27.** (1) $\frac{1}{3}$, 3; (2) 0.

## (B)

**1.** $\frac{ca}{a+b}$.

**2.** $\frac{81}{64}$.

**3.** 5.

**4.** 0.75.

**5.** (1) 2, 0; (2) $-\frac{1}{15}$.

**6.** $N+1$.

**7.** $\mu, \dfrac{\sigma^2}{n}$.

**8.** $\dfrac{6-4\sqrt{2}}{9}$.

**9.** $\sqrt{\dfrac{2}{\pi}}, 1-\dfrac{2}{\pi}$.

**10.** $\dfrac{\alpha^2-\beta^2}{\alpha^2+\beta^2}$.

**11.** (1) $\dfrac{2}{3}$, 0； (2) 0.

**12.** (1) 0，2； (2) 0.

**13.** $\dfrac{n-m}{n}$.

## 习 题 五

**1.** (1) $P\{20<X<40\}\geqslant 0.709$； (2) $P\{80<X<120\}\geqslant 0.875$.

**2.** (1) 0.936； (2) 0.995.

**3.** $P\{|\bar{X}-\mu|<\varepsilon\}\geqslant 1-\dfrac{8}{n\varepsilon^2}, P\{|\bar{X}-\mu|<4\}\geqslant 1-\dfrac{1}{2n}$.

**4.** $P\{10<X<18\}\geqslant 0.271$.

**5.** $P\{0<X<2(n+1)\}\geqslant \dfrac{n}{n+1}$.

**6.** 0.000 2.

**7.** (1) 0.180 2； (2) 441.

**8.** 0.999 95.

**9.** 0.999 4.

**10.** 0.982 57.

**11.** 2 265 个单位.

**12.** 643.

**13.** 25.

**14.** 0.181 4.

**15.** 27 200 元.

## 习 题 六

**1.** (1) 是； (2) 是； (3) 不是； (4) 不是； (5) 是； (6) 是.

**2.** (1) $\bar{x}=67.4, s^2=35.2$； (2) $\bar{x}=112.8, s^2=1.29$.

**3.** $P(X=x_1, X=x_2, \cdots X=x_5)=\prod_{i=1}^{5} p^{x_i}(1-p)^{1-x_i}$.

**4.** $p(x_1, x_2, \cdots, x_n)=\begin{cases}\dfrac{1}{(b-a)^n}, & a \leqslant x_1, x_2, \cdots x_n \leqslant b, \\ 0, & \text{其他}.\end{cases}$

**5.** $p(x_1, x_2, \cdots, x_n)=\dfrac{1}{(\sqrt{2\pi}\sigma)^n} \mathrm{e}^{\left[-\sum\limits_{i=1}^{n} \frac{(x_i-\mu)^2}{2\sigma^2}\right]}$.

**6.** 略.

**7.** $F_{10}(x)=\begin{cases}0, & x<0.71, \\ 0.1, & 0.71 \leqslant x<1.81, \\ 0.2, & 1.81 \leqslant x<2.5, \\ 0.3, & 2.5 \leqslant x<3.79, \\ 0.4, & 3.79 \leqslant x<4.13, \\ 0.5, & 4.13 \leqslant x<4.72, \\ 0.6, & 4.72 \leqslant x<5.98, \\ 0.7, & 5.98 \leqslant x<7.16, \\ 0.8, & 7.16 \leqslant x<9.72, \\ 0.9, & 9.72 \leqslant x<19.13, \\ 1, & 19.13 \leqslant x.\end{cases}$

**8.** 35.

**9.** 0.9.

**10.** 3.571; 26.22; 1.78; 2.68; 2.75; 0.34.

## 习 题 七

**1.** $\hat{\mu}=997.1$, $\hat{\sigma}^2=17\,304.77$.

**2.** $\hat{\theta}=\dfrac{3-\bar{X}}{4}$.

**3.** $\hat{a}=2\bar{X}$.

**4.** $\hat{a}=2\bar{X}$.

**5.** $\hat{p}=\dfrac{1}{\bar{X}}$.

**6.** $\hat{\theta}=\dfrac{1}{2n}\sum\limits_{i=1}^{n} x_i^2$.

**7.** $\hat{\beta}=\dfrac{m}{\bar{X}}$.

**8.** 矩估计量为 $\hat{\theta}=\dfrac{2\bar{X}-1}{1-\bar{X}}$，极大似然估计量为 $\hat{\theta}=-1-\dfrac{n}{\sum\limits_{i=1}^{n}\ln x_i}$.

**9.** 略.

**10.** （1）略；（2）$\hat{\theta}_2$ 比 $\hat{\theta}_1$ 有效.

**11.** $\bar{X}$ 比 $Y$ 有效.

**12.** （14.53，15.43）.

**13.** （14.784，15.176）.

**14.** （480.4，519.6）.

**15.** （641.07，642.93）.

**16.** （145.6，162.4）.

**17.** （1 783.33，2 116.67）.

**18.** （116.308，124.092）.

**19.** （7.90，18.82）.

**20.** （3 047.12，3 305.18），（62 760.33，194 451.80）

## 习　题　八

**1.** 可以.

**2.** 可以.

**3.** 正常.

**4.** 是.

**5.** 可以.

**6.** 可以.

**7.** 可以.

**8.** 有.

**9.** 有.

**10.** 无.

**11.** 相等.

**12.** 超过.

**13.** 无.

## 习　题　九

**1.** 有.

**2.** 有.

**3.** 存在.

**4.** 都有.

**5.** 都有.

**6.** 无,有.

**7.** $\hat{y}=-1.4+6.4x$.

**8.** $\hat{y}=-24.76+25.86x$,线性关系不显著.

**9.** $\hat{y}=40.18+0.54x$,线性关系显著.

**10.** $\hat{y}=9.23+0.4016x$,线性关系显著.

**11.** $\hat{y}=1.12+\dfrac{8.98}{x}$,线性关系显著.

**12.** $\hat{y}=1.482e^{\frac{-0.134}{x}}$.

# 附录 2 集合论基础知识

## 一、集合的定义

集合是数学的基本语言，也是生活中的语言. 生活中离不开定义，定义离不开集合. 比如乘车时规定孩子可以免票，那我们必须定义孩子的集合. 另外法律规定低收入者可以享受低保，那法律就需要定义低收入的标准. 这都涉及集合的定义. 我们称某种规则所定义的一类事物的全体为一个集合，称集合中的成员为集合的元素. 一个元素是否成为一个集合中的成员要看它是否满足规则. 比如，太阳系的行星组成一个集合. 再比如，实数的全体组成一个集合. 还有，一次试验的所有可能结果组成一个集合.

为方便起见，我们用大写字母表示集合，小写字母表示元素.

设 $A$ 为一个集合，$a$ 为其中的一个元素，记为 $a \in A$，表示 $a$ 属于 $A$. 若 $a$ 不是集合 $A$ 的一个元素，则记为 $a \notin A$，表示 $a$ 不属于 $A$.

判断一个给定的元素是否属于集合 $A$. 一种方法就是将集合所有的元素都罗列出来，例如，若 $A$ 是太阳系行星的全体，则

$$A = \{木星，火星，土星，金星，海王星，天王星，地球，水星\}.$$

那么集合 $A$ 有 8 个元素；土星属于 $A$，而冥王星不属于 $A$.

若 $A$ 是正整数 1, 2, 3, 4, 5 的集合，则

$$A = \{1, 2, 3, 4, 5\}.$$

这时集合 $A$ 有 5 个元素. $3 \in A$，$-1 \notin A$.

当 $A$ 是全体实数的集合时，我们无法将其中元素一个个罗列出来. 此时，需要一个简捷表达集合 $A$ 的方法. 实际上我们只要指明规则就可以达到目的. 例如：

$$\mathbf{I}^{+} = \{i \mid i 是一个正整数\},$$
$$\mathbf{R} = \{x \mid x 是一个实数\},$$
$$\mathbf{C} = \{c \mid c 是太阳系中的一颗行星\}.$$

注意到,一个集合由一些互异的元素组成.也就是说,同一个元素不会在一个集合中出现两次,例如:

$$A = \{1, 1, 2, 3, 4\}$$

不是一个集合,但

$$A = \{1, 2, 3, 4\}$$

是一个集合.

## 二、集合之间的关系

设有两个集合 $A$ 和 $B$,如果集合 $A$ 的每一个元素都是集合 $B$ 的元素,称集合 $A$ 是 $B$ 的**子集**.亦称 **$A$ 包含于 $B$ 或 $B$ 包含 $A$**,记为 $A \subset B$ 或 $B \supset A$.

例如,整数集是有理数集的子集,自然数集是整数集的子集.

包含关系具有传递性:若 $A \supset B$ 且 $B \supset C$,则 $A \supset C$.

设有两个集合 $A$ 和 $B$,如果 $A \subset B$ 且 $B \subset A$,则称集合 $A$ 与 $B$ **相等**,记为 $A = B$.

再说孩子乘车免费的例子,实际上我们认为孩子应该是以年龄界定的,比如 12 岁以下,但是在我国却用身高来界定,通常是 130 厘米以下,这是因为查身高比查年龄容易得多,成本也低,而在规定实施的时候,人们认为年龄 12 岁以下和身高 130 公分以下这两个集合相差不大,或者说几乎是重合的,也就是两个集合相等.

不含任何元素的集合称为**空集**,用一个特殊的记号$\varnothing$表示.空集是任何集合的子集,即对于任意集合 $A$,有 $\varnothing \subset A$,所以它是最小的集合.

集合中元素的个数为有限时,称为**有限集合**.集合中元素的个数为无限时,称为**无限集合**.

例如,英文字母的集合有 26 个元素,是有限集.地球上的人虽然很多,但显然也是有限的.自然数集和有理数集都是无限集.

## 三、集合的运算

集合之间最基本的运算有并、交、补和差 4 种运算.

属于集合 $A$ 或集合 $B$ 的元素的全体就是集合 $A$ 与集合 $B$ 的**并**.记为 $A \cup B$,即

$$A \cup B = \{x \mid x \in A \text{或} x \in B\}.$$

例如,把 60 岁以上的人称为老人,12 岁以下的人称为孩子,那么老弱通常

指老人或者孩子，也就是 60 岁以上或者 12 岁以下的人群，这是两个集合的并.

既属于集合 $A$ 又属于集合 $B$ 的元素的全体就是集合 $A$ 与集合 $B$ 的**交**. 即同时属于两个集合的元素全体. 记为 $A \cap B$，也简记为 $AB$，即

$$A \cap B = \{x \mid x \in A \text{ 且 } x \in B\}.$$

如果集合 $A$ 与集合 $B$ 没有公共元素，则称它们**不相交**或**不相容**或**互斥**. 即 $A \cap B = \varnothing$.

例如，有理数集和无理数集是不相交的，老人的集合和孩子的集合是不相交的等等.

所有不属于集合 $A$ 的元素的全体称为集合 $A$ 的**余集**或**补集**. 记为 $\bar{A}$，则

$$\bar{A} = \{x \mid x \notin A\}.$$

应当注意，我们需要明确(虽然是隐含的)**余集**是相对于什么集合而言. 比如有理数集相对于实数集的余集是无理数集，中国男性公民的集合相对于中国公民集合的余集是中国女性公民，但相对于全世界公民集合的余集是外国公民或者中国女性公民.

容易知道，集合 $A$ 的余集再取余集就是集合 $A$ 本身，即 $\bar{\bar{A}} = A$.

集合还有差运算，设有两个集合 $A$ 和 $B$，属于 $A$ 但不属于 $B$ 的元素的全体所构成的集合，称为 $A$ 与 $B$ 的**差**，记为 $A-B$. 显然

$$A - B = A\bar{B} = A - AB.$$

集合的运算具有下列运算律.

(1) 交换律：$A \cup B = B \cup A$；

$A \cap B = B \cap A$.

(2) 结合律：$(A \cup B) \cup C = A \cup (B \cup C)$；

$(A \cap B) \cap C = A \cap (B \cap C)$.

(3) 分配律：$(A \cup B) \cap C = (A \cap C) \cup (B \cap C)$；

$(A \cap B) \cup C = (A \cup C) \cap (B \cup C)$.

(4) 德 · 摩根(De Morgan)律：$\overline{A \cup B} = \bar{A} \cap \bar{B}$；

$\overline{A \cap B} = \bar{A} \cup \bar{B}$.

集合并、交运算可以推广到无穷多的情形，无穷多个集合的并就是属于其中任意某些集合的元素全体，记为 $\bigcup\limits_{i=1}^{\infty} A_i$；交就是属于其中所有集合的元素全体，记为 $\bigcap\limits_{i=1}^{\infty} A_i$. 而德 · 摩根律仍然有效：

$$\overline{\bigcup_{i=1}^{\infty} A_i} = \bigcap_{i=1}^{\infty} \overline{A_i};$$

$$\overline{\bigcap_{i=1}^{\infty} A_i} = \bigcup_{i=1}^{\infty} \overline{A_i}.$$

## 四、文氏图

文氏图是一种可以帮助我们理解集合之间关系及运算的有效方法. 用两个圆圈分别表示两个集合 $A$ 与 $B$. 当两个圆圈有公共区域时,说明 $A \cap B \neq \varnothing$(如图 1(a) 所示);否则 $A \cap B = \varnothing$(如图 1(b) 所示). 当 $A$ 在 $B$ 内时,说明 $A \subset B$(如图 1(c) 所示). 称这样的图为文氏图.

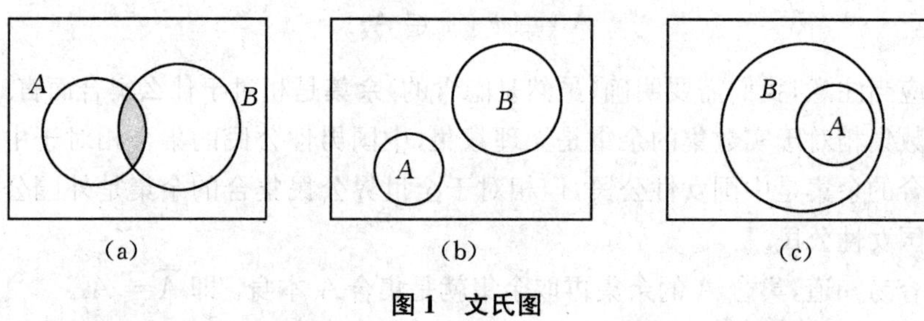


**图 1　文氏图**

集合的运算也可以通过文氏图来说明,见图 2、图 3、图 4、图 5.

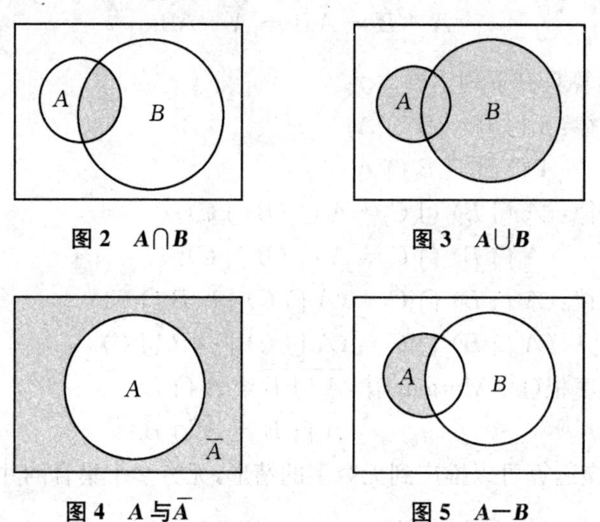


**图 2　$A \cap B$**　　**图 3　$A \cup B$**

**图 4　$A$ 与 $\overline{A}$**　　**图 5　$A-B$**

# 附录3 排列与组合基础知识

## 一、两个重要原理

**加法原理** 若完成某一件事共有 $n$ 类方法，每类方法中又有若干种方法，并且只要选择某类中的一个方法就可完成此事. 设第 $i$ 类方法有 $m_i$ 种方法可供选择($i=1, 2, \cdots, n$)，则完成此事的总方法数为

$$m_1+m_2+\cdots+m_n=\sum_{i=1}^{n} m_i.$$

**乘法原理** 若完成某一件事须 $n$ 步，且每一步有若干种方法可供选择. 设第 $i$ 步有 $m_i$ 种方法($i=1, 2, \cdots, n$)，则完成此事的总方法数为

$$m_1\times m_2\times\cdots\times m_n=\prod_{i=1}^{n} m_i.$$

## 二、排列

不重复排列及其排列数：从 $n$ 个不同元素中无放回地任取 $r(r\leqslant n)$ 个元素排成一列，称为从 $n$ 个不同的元素中取出 $r$ 个不同元素的一个**排列**. 所有排列的总数记为 $\mathrm{P}_n^r$，则

$$\mathrm{P}_n^r=n(n+1)\cdots(n-r+1).$$

当 $r=n$ 时，称为 $n$ 个不同元素的**全排列**，全排列总数为 $\mathrm{P}_n^n=n!$.

特别地，规定 $0!=1$.

重复排列及其排列数：从 $n$ 个不同元素中有放回地任取 $r$ 个元素排成一列，称为从 $n$ 个不同的元素中取出 $r$ 个元素的一个 **$r$ 重排列**. 所有排列的总数为 $n^r$.

特别地，当 $r=n$ 时，称为 $n$ 个不同元素的 **$n$ 重全排列**.

例如，设 $S=\{2, a, 1, b, 3, c\}$，则 $2acb$ 是 $S$ 的一个排列，$2acb13$ 是 $S$ 的一个全排列；而 $acab$，$abcc$ 都是 $S$ 的一个 4 重排列，$abccca$ 是 $S$ 的一个 6 重全排列.

## 三、组合

组合及其组合数:从 $n$ 个不同元素中无放回地任取 $r(r \leqslant n)$ 个元素，不考虑顺序组成一组,称为从 $n$ 个不同的元素中取出 $r$ 个元素的一个**组合**. 所有组合的总数记为 $C_n^r$,则

$$C_n^r = \frac{P_n^r}{r!} = \frac{n!}{r!(n-r)!}.$$

规定:

$$C_n^0 = 1.$$

下面列出一些常用的组合公式.

$$C_n^k = C_n^{n-k},$$

$$C_n^k = \frac{n}{k} C_{n-1}^{k-1},$$

$$C_n^k = C_{n-1}^{k-1} + C_n^{k-1},$$

$$C_n^r C_r^k = C_n^k C_{n-k}^{r-k},$$

$$C_n^0 + C_n^1 + C_n^2 + \cdots + C_n^n = 2^n,$$

$$C_a^0 C_b^n + C_a^1 C_b^{n-1} + \cdots + C_a^n C_b^0 = C_{a+b}^n.$$

特别地,有

$$C_n^0 C_n^n + C_n^1 C_n^{n-1} + \cdots + C_n^n C_n^0 = C_{2n}^n,$$

$$(C_n^0)^2 + (C_n^1)^2 + \cdots + (C_n^n)^2 = C_{2n}^n.$$

# 附录 4 附表

## 附表 4-1 普阿松分布表

$$P\{X=m\}=\frac{\lambda^m}{m!}e^{-\lambda}$$

| m \ λ | 0.1 | 0.2 | 0.3 | 0.4 | 0.5 | 0.6 | 0.7 | 0.8 |
|---|---|---|---|---|---|---|---|---|
| 0 | 0.904 837 | 0.818 731 | 0.740 818 | 0.676 320 | 0.606 531 | 0.548 812 | 0.496 585 | 0.449 329 |
| 1 | 0.090 484 | 0.163 746 | 0.222 245 | 0.268 128 | 0.303 265 | 0.329 287 | 0.347 610 | 0.359 463 |
| 2 | 0.004 524 | 0.016 375 | 0.033 337 | 0.053 626 | 0.075 816 | 0.098 786 | 0.121 663 | 0.143 785 |
| 3 | 0.000 151 | 0.001 092 | 0.003 334 | 0.007 150 | 0.012 636 | 0.019 757 | 0.028 388 | 0.038 343 |
| 4 | 0.000 004 | 0.000 055 | 0.000 250 | 0.000 715 | 0.001 580 | 0.002 964 | 0.004 968 | 0.007 669 |
| 5 | | 0.000 002 | 0.000 015 | 0.000 057 | 0.000 158 | 0.000 356 | 0.000 696 | 0.001 227 |
| 6 | | | 0.000 001 | 0.000 004 | 0.000 013 | 0.000 036 | 0.000 081 | 0.000 164 |
| 7 | | | | | 0.000 001 | 0.000 003 | 0.000 008 | 0.000 019 |
| 8 | | | | | | | 0.000 001 | 0.000 002 |
| 9 | | | | | | | | |
| 10 | | | | | | | | |
| 11 | | | | | | | | |
| 12 | | | | | | | | |
| 13 | | | | | | | | |
| 14 | | | | | | | | |
| 15 | | | | | | | | |
| 16 | | | | | | | | |
| 17 | | | | | | | | |

| m \ λ | 0.9 | 1.0 | 1.5 | 2.0 | 2.5 | 3.0 | 3.5 | 4.0 |
|---|---|---|---|---|---|---|---|---|
| 0 | 0.406 570 | 0.367 879 | 0.223 130 | 0.135 335 | 0.082 085 | 0.049 787 | 0.030 197 | 0.018 316 |
| 1 | 0.359 13 | 0.367 879 | 0.334 695 | 0.270 671 | 0.205 212 | 0.149 361 | 0.105 691 | 0.073 263 |
| 2 | 0.164 661 | 0.183 940 | 0.251 021 | 0.270 671 | 0.256 516 | 0.224 042 | 0.184 959 | 0.146 525 |
| 3 | 0.049 398 | 0.061 313 | 0.125 510 | 0.180 447 | 0.213 763 | 0.224 042 | 0.215 785 | 0.195 367 |
| 4 | 0.011 115 | 0.015 328 | 0.047 067 | 0.090 224 | 0.133 602 | 0.168 031 | 0.188 812 | 0.195 367 |
| 5 | 0.002 001 | 0.003 066 | 0.014 120 | 0.036 089 | 0.066 801 | 0.100 819 | 0.132 169 | 0.156 293 |
| 6 | 0.000 300 | 0.000 511 | 0.003 530 | 0.012 030 | 0.027 834 | 0.050 409 | 0.077 098 | 0.104 196 |
| 7 | 0.000 039 | 0.000 073 | 0.000 756 | 0.003 437 | 0.009 941 | 0.021 604 | 0.038 549 | 0.059 540 |

续表

| m \ λ | 0.9 | 1.0 | 1.5 | 2.0 | 2.5 | 3.0 | 3.5 | 4.0 |
|---|---|---|---|---|---|---|---|---|
| 8 | 0.000 004 | 0.000 009 | 0.000 142 | 0.000 859 | 0.003 106 | 0.008 102 | 0.016 865 | 0.029 770 |
| 9 | | 0.000 001 | 0.000 024 | 0.000 191 | 0.000 863 | 0.002 701 | 0.006 559 | 0.013 231 |
| 10 | | | 0.000 04 | 0.000 038 | 0.000 216 | 0.000 810 | 0.002 296 | 0.005 292 |
| 11 | | | | 0.000 007 | 0.000 049 | 0.000 221 | 0.000 730 | 0.001 925 |
| 12 | | | | 0.000 001 | 0.000 010 | 0.000 055 | 0.000 213 | 0.000 642 |
| 13 | | | | | 0.000 002 | 0.000 013 | 0.000 057 | 0.000 197 |
| 14 | | | | | | 0.000 002 | 0.000 014 | 0.000 056 |
| 15 | | | | | | 0.000 001 | 0.000 003 | 0.000 015 |
| 16 | | | | | | | 0.000 001 | 0.000 004 |
| 17 | | | | | | | | 0.000 001 |

| m \ λ | 4.5 | 5.0 | 5.5 | 6.0 | 6.5 | 7.0 | 7.5 | 8.0 |
|---|---|---|---|---|---|---|---|---|
| 0 | 0.011 109 | 0.006 738 | 0.004 087 | 0.002 479 | 0.001 503 | 0.000 091 2 | 0.000 553 | 0.000 335 |
| 1 | 0.049 990 | 0.033 690 | 0.022 477 | 0.014 873 | 0.009 773 | 0.006 383 | 0.004 148 | 0.002 684 |
| 2 | 0.112 479 | 0.084 224 | 0.061 812 | 0.044 618 | 0.031 760 | 0.022 341 | 0.015 556 | 0.010 735 |
| 3 | 0.168 718 | 0.140 374 | 0.113 323 | 0.089 235 | 0.068 814 | 0.052 129 | 0.038 888 | 0.028 626 |
| 4 | 0.189 808 | 0.175 467 | 0.155 819 | 0.133 853 | 0.111 822 | 0.091 226 | 0.072 917 | 0.057 252 |
| 5 | 0.170 827 | 0.175 467 | 0.171 001 | 0.160 623 | 0.145 369 | 0.127 717 | 0.109 374 | 0.091 604 |
| 6 | 0.128 120 | 0.146 223 | 0.157 117 | 0.160 623 | 0.157 483 | 0.149 003 | 0.136 719 | 0.122 138 |
| 7 | 0.082 363 | 0.104 445 | 0.123 449 | 0.137 677 | 0.146 234 | 0.149 003 | 0.146 484 | 0.139 587 |
| 8 | 0.046 329 | 0.065 278 | 0.084 872 | 0.103 258 | 0.118 815 | 0.130 377 | 0.137 328 | 0.139 587 |
| 9 | 0.023 165 | 0.036 266 | 0.051 866 | 0.068 838 | 0.085 811 | 0.101 405 | 0.114 441 | 0.124 077 |
| 10 | 0.010 424 | 0.018 133 | 0.028 526 | 0.041 303 | 0.055 777 | 0.070 983 | 0.085 830 | 0.099 262 |
| 11 | 0.004 264 | 0.008 242 | 0.014 263 | 0.022 529 | 0.032 959 | 0.045 171 | 0.058 521 | 0.072 190 |
| 12 | 0.001 599 | 0.003 434 | 0.006 537 | 0.011 264 | 0.017 853 | 0.026 350 | 0.036 575 | 0.048 127 |
| 13 | 0.000 554 | 0.001 321 | 0.002 766 | 0.005 199 | 0.008 927 | 0.014 188 | 0.021 01 | 0.029 616 |
| 14 | 0.000 178 | 0.000 427 | 0.001 086 | 0.002 228 | 0.004 144 | 0.007 094 | 0.011 305 | 0.016 924 |
| 15 | 0.000 053 | 0.000 157 | 0.000 399 | 0.000 891 | 0.001 796 | 0.003 311 | 0.005 652 | 0.009 026 |
| 16 | 0.000 015 | 0.000 049 | 0.000 137 | 0.000 334 | 0.000 730 | 0.001 448 | 0.002 649 | 0.004 513 |
| 17 | 0.000 004 | 0.000 014 | 0.000 044 | 0.000 118 | 0.000 279 | 0.000 596 | 0.001 169 | 0.002 124 |
| 18 | 0.000 001 | 0.000 004 | 0.000 014 | 0.000 039 | 0.000 100 | 0.000 232 | 0.000 487 | 0.000 944 |
| 19 | | 0.000 01 | 0.000 004 | 0.000 012 | 0.000 035 | 0.000 085 | 0.000 192 | 0.000 397 |
| 20 | | | 0.000 01 | 0.000 004 | 0.000 011 | 0.000 030 | 0.000 072 | 0.000 159 |
| 21 | | | | 0.000 001 | 0.000 004 | 0.000 010 | 0.000 026 | 0.000 061 |
| 22 | | | | | 0.000 001 | 0.000 003 | 0.000 009 | 0.000 022 |
| 23 | | | | | | 0.000 001 | 0.000 003 | 0.000 008 |
| 24 | | | | | | | 0.000 001 | 0.000 003 |
| 25 | | | | | | | | 0.000 001 |
| 26 | | | | | | | | |
| 27 | | | | | | | | |
| 28 | | | | | | | | |
| 29 | | | | | | | | |

续表

| m \ λ | 8.5 | 9.0 | 9.5 | 10.0 | m \ λ | 20 | m \ λ | 30 |
|---|---|---|---|---|---|---|---|---|
| 0 | 0.000 203 | 0.000 123 | 0.000 075 | 0.000 045 | 5 | 0.000 1 | 12 | 0.000 1 |
| 1 | 0.001 730 | 0.001 111 | 0.000 711 | 0.000 454 | 6 | 0.000 2 | 13 | 0.000 2 |
| 2 | 0.007 350 | 0.004 998 | 0.003 378 | 0.002 270 | 7 | 0.000 5 | 14 | 0.000 5 |
| 3 | 0.020 826 | 0.014 994 | 0.016 96 | 0.007 567 | 8 | 0.001 3 | 15 | 0.001 0 |
| 4 | 0.442 55 | 0.033 737 | 0.025 403 | 0.018 917 | 9 | 0.002 9 | 16 | 0.001 9 |
| 5 | 0.075 233 | 0.060 727 | 0.048 265 | 0.037 833 | 10 | 0.005 8 | 17 | 0.003 4 |
| 6 | 0.106 581 | 0.091 090 | 0.076 421 | 0.063 055 | 11 | 0.010 6 | 18 | 0.005 7 |
| 7 | 0.129 419 | 0.117 116 | 0.103 714 | 0.090 079 | 12 | 0.017 6 | 19 | 0.008 9 |
| 8 | 0.137 508 | 0.131 756 | 0.123 160 | 0.112 599 | 13 | 0.027 1 | 20 | 0.013 4 |
| 9 | 0.129 869 | 0.131 756 | 0.130 003 | 0.125 110 | 14 | 0.038 2 | 21 | 0.019 2 |
| 10 | 0.110 303 | 0.118 580 | 0.122 502 | 0.125 110 | 15 | 0.051 7 | 22 | 0.026 1 |
| 11 | 0.085 300 | 0.097 020 | 0.106 662 | 0.113 736 | 16 | 0.064 6 | 23 | 0.034 1 |
| 12 | 0.060 421 | 0.072 765 | 0.084 440 | 0.094 780 | 17 | 0.076 0 | 24 | 0.042 6 |
| 13 | 0.039 506 | 0.050 376 | 0.061 706 | 0.072 908 | 18 | 0.081 4 | 25 | 0.057 1 |
| 14 | 0.023 986 | 0.032 384 | 0.041 872 | 0.052 077 | 19 | 0.088 8 | 26 | 0.059 0 |
| 15 | 0.013 592 | 0.019 431 | 0.026 519 | 0.034 718 | 20 | 0.088 8 | 27 | 0.065 5 |
| 16 | 0.007 220 | 0.010 930 | 0.015 746 | 0.021 699 | 21 | 0.084 6 | 28 | 0.070 2 |
| 17 | 0.003 611 | 0.005 786 | 0.008 799 | 0.012 764 | 22 | 0.076 7 | 29 | 0.072 6 |
| 18 | 0.001 705 | 0.002 893 | 0.004 644 | 0.007 091 | 23 | 0.066 9 | 30 | 0.072 6 |
| 19 | 0.000 762 | 0.001 370 | 0.002 322 | 0.003 732 | 24 | 0.055 7 | 31 | 0.703 |
| 20 | 0.000 324 | 0.000 617 | 0.001 103 | 0.001 866 | 25 | 0.044 6 | 32 | 0.065 9 |
| 21 | 0.000 132 | 0.000 264 | 0.000 433 | 0.008 989 | 26 | 0.034 3 | 33 | 0.059 9 |
| 22 | 0.000 050 | 0.000 108 | 0.000 216 | 0.000 404 | 27 | 0.025 4 | 34 | 0.052 9 |
| 23 | 0.000 019 | 0.000 042 | 0.000 89 | 0.000 176 | 28 | 0.018 2 | 35 | 0.045 3 |
| 24 | 0.000 007 | 0.000 016 | 0.000 025 | 0.000 073 | 29 | 0.012 5 | 36 | 0.037 8 |
| 25 | 0.000 002 | 0.000 006 | 0.000 014 | 0.000 029 | 30 | 0.008 3 | 37 | 0.030 6 |
| 26 | 0.000 001 | 0.000 002 | 0.000 004 | 0.000 011 | 31 | 0.005 4 | 38 | 0.024 2 |
| 27 | | 0.000 001 | 0.000 002 | 0.000 004 | 32 | 0.003 4 | 39 | 0.018 6 |
| 28 | | | 0.000 001 | 0.000 001 | 33 | 0.002 0 | 40 | 0.013 9 |
| 29 | | | | 0.000 001 | 34 | 0.001 2 | 41 | 0.010 2 |
| | | | | | | | 42 | 0.007 3 |
| | | | | | | | 43 | 0.050 1 |
| | | | | | 35 | 0.000 7 | 44 | 0.003 5 |
| | | | | | 36 | 0.000 4 | 45 | 0.002 3 |
| | | | | | 37 | 0.000 2 | 46 | 0.001 5 |
| | | | | | 38 | 0.000 1 | 47 | 0.001 0 |
| | | | | | 39 | 0.000 1 | 48 | 0.000 6 |

## 附表 4-2　标准正态分布表

$$\Phi(x)=\int_{-\infty}^{x}\frac{1}{\sqrt{2\pi}}e^{-\frac{t^2}{2}}dt$$

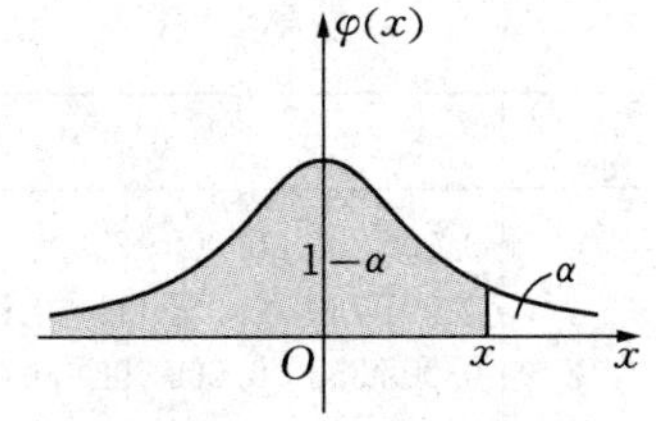


| $x$ | 0.00 | 0.01 | 0.02 | 0.03 | 0.04 | 0.05 | 0.06 | 0.07 | 0.08 | 0.09 |
|---|---|---|---|---|---|---|---|---|---|---|
| 0.0 | .500 0 | .504 0 | .508 0 | .512 0 | .516 0 | .519 9 | .523 9 | .527 9 | .531 9 | .535 9 |
| 0.1 | .539 8 | .543 8 | .547 8 | .551 7 | .555 7 | .559 6 | .563 6 | .567 5 | .571 4 | .573 5 |
| 0.2 | .573 9 | .583 2 | .587 1 | .591 0 | .594 8 | .598 7 | .602 6 | .606 4 | .610 3 | .614 1 |
| 0.3 | .617 9 | .621 7 | .625 5 | .629 3 | .633 1 | .636 8 | .640 6 | .644 3 | .648 0 | .651 7 |
| 0.4 | .655 4 | .659 1 | .662 8 | .666 4 | .670 0 | .673 6 | .677 2 | .680 8 | .684 4 | .687 9 |
| 0.5 | .691 5 | .695 0 | .698 5 | .701 9 | .705 4 | .708 8 | .712 3 | .715 7 | .719 0 | .722 4 |
| 0.6 | .725 7 | .729 1 | .732 4 | .735 7 | .738 9 | .742 2 | .745 4 | .748 6 | .751 7 | .754 9 |
| 0.7 | .758 0 | .761 1 | .764 2 | .767 3 | .770 4 | .773 4 | .776 4 | .779 4 | .782 3 | .785 2 |
| 0.8 | .788 1 | .791 0 | .793 9 | .796 7 | .799 5 | .802 3 | .805 1 | .807 8 | .810 6 | .813 3 |
| 0.9 | .815 9 | .818 6 | .821 2 | .823 8 | .826 4 | .828 9 | .831 5 | .834 0 | .836 5 | .838 9 |
| 1.0 | .841 3 | .843 8 | .846 1 | .848 5 | .850 8 | .853 1 | .855 4 | .857 7 | .859 9 | .862 1 |
| 1.1 | .864 3 | .866 5 | .868 6 | .870 8 | .872 9 | .874 9 | .877 0 | .879 0 | .881 0 | .883 0 |
| 1.2 | .884 9 | .886 9 | .888 8 | .890 7 | .892 5 | .894 4 | .896 2 | .898 0 | .899 7 | .901 5 |
| 1.3 | .903 2 | .904 9 | .906 6 | .908 2 | .909 9 | .911 5 | .913 1 | .914 7 | .916 2 | .917 7 |
| 1.4 | .919 2 | .920 7 | .922 2 | .923 6 | .925 1 | .926 5 | .927 9 | .929 2 | .930 6 | .931 9 |
| 1.5 | .933 2 | .934 5 | .935 7 | .937 0 | .938 2 | .939 4 | .940 6 | .941 8 | .942 9 | .944 1 |
| 1.6 | .945 2 | .946 3 | .947 4 | .948 4 | .949 5 | .950 5 | .951 5 | .952 5 | .953 5 | .954 5 |
| 1.7 | .955 4 | .956 4 | .957 3 | .958 2 | .959 1 | .959 9 | .960 8 | .961 6 | .962 5 | .963 3 |
| 1.8 | .964 1 | .964 9 | .965 6 | .966 4 | .967 1 | .967 8 | .968 6 | .969 3 | .969 9 | .970 6 |
| 1.9 | .971 3 | .971 9 | .972 6 | .973 2 | .973 8 | .974 4 | .975 0 | .975 6 | .976 1 | .976 7 |
| 2.0 | .977 2 | .977 8 | .978 3 | .978 8 | .979 3 | .979 8 | .980 3 | .980 8 | .981 2 | .981 7 |
| 2.1 | .982 1 | .982 6 | .983 0 | .983 4 | .983 8 | .984 2 | .984 6 | .985 0 | .985 4 | .985 7 |
| 2.2 | .986 1 | .986 4 | .986 8 | .987 1 | .987 5 | .987 8 | .988 1 | .988 4 | .988 7 | .989 0 |
| 2.3 | .989 3 | .989 6 | .989 8 | .990 1 | .990 4 | .990 6 | .990 9 | .991 1 | .991 3 | .991 6 |
| 2.4 | .991 8 | .992 0 | .992 2 | .992 5 | .992 7 | .992 9 | .993 1 | .993 2 | .993 4 | .993 6 |
| 2.5 | .993 8 | .994 0 | .994 1 | .994 3 | .994 5 | .994 6 | .994 8 | .994 9 | .995 1 | .995 2 |
| 2.6 | .995 3 | .995 5 | .995 6 | .995 7 | .995 9 | .996 0 | .996 1 | .996 2 | .996 3 | .996 4 |
| 2.7 | .996 5 | .996 6 | .996 7 | .996 8 | .996 9 | .997 0 | .997 1 | .997 2 | .997 3 | .997 4 |
| 2.8 | .997 4 | .997 5 | .997 6 | .997 7 | .997 7 | .997 8 | .997 9 | .997 9 | .998 0 | .998 1 |
| 2.9 | .998 1 | .998 2 | .998 2 | .998 3 | .998 4 | .998 4 | .998 5 | .998 5 | .998 6 | .998 6 |
| 3.0 | .998 7 | .998 7 | .998 7 | .998 8 | .998 8 | .998 9 | .998 9 | .998 9 | .999 0 | .999 0 |
| 3.1 | .999 0 | .999 1 | .999 1 | .999 1 | .999 2 | .999 2 | .999 2 | .999 2 | .999 3 | .999 3 |
| 3.2 | .999 3 | .999 3 | .999 4 | .999 4 | .999 4 | .999 4 | .999 4 | .999 5 | .999 5 | .999 5 |

## 附表 4-3 $\chi^2$ 分布表

$$P\{\chi^2(n) > \chi^2_\alpha(n)\} = \alpha$$

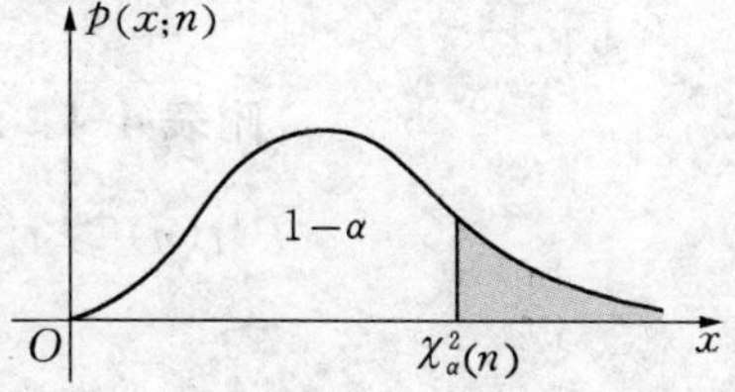


| n \ α | 0.990 | 0.975 | 0.950 | 0.900 | 0.1 | 0.05 | 0.025 | 0.01 |
|---|---|---|---|---|---|---|---|---|
| 1 | — | 0.001 | 0.004 | 0.016 | 2.706 | 3.841 | 5.024 | 6.635 |
| 2 | 0.020 | 0.051 | 0.103 | 0.211 | 4.605 | 5.991 | 7.378 | 9.210 |
| 3 | 0.115 | 0.216 | 0.352 | 0.584 | 6.251 | 7.815 | 9.348 | 11.35 |
| 4 | 0.297 | 0.484 | 0.711 | 1.064 | 7.779 | 9.488 | 11.14 | 13.28 |
| 5 | 0.554 | 0.831 | 1.145 | 1.160 | 9.236 | 11.07 | 12.83 | 15.09 |
| 6 | 0.872 | 1.237 | 1.635 | 2.204 | 10.65 | 12.59 | 14.45 | 16.81 |
| 7 | 1.239 | 1.690 | 2.167 | 2.833 | 12.02 | 14.67 | 16.01 | 18.48 |
| 8 | 1.646 | 2.180 | 2.733 | 3.490 | 13.36 | 15.51 | 17.54 | 20.09 |
| 9 | 2.088 | 2.700 | 3.325 | 4.168 | 14.68 | 16.92 | 19.02 | 21.67 |
| 10 | 2.558 | 3.247 | 3.940 | 4.865 | 15.99 | 18.31 | 20.48 | 23.21 |
| 11 | 3.053 | 3.816 | 4.575 | 5.578 | 17.28 | 19.68 | 21.92 | 24.73 |
| 12 | 3.571 | 4.404 | 5.226 | 6.304 | 18.55 | 21.03 | 23.34 | 26.22 |
| 13 | 4.107 | 5.009 | 5.892 | 7.042 | 19.81 | 22.36 | 24.74 | 27.69 |
| 14 | 4.660 | 5.629 | 6.571 | 7.790 | 21.06 | 23.69 | 26.12 | 29.14 |
| 15 | 5.229 | 6.262 | 7.261 | 8.547 | 22.31 | 25.00 | 27.49 | 30.58 |
| 16 | 5.812 | 6.908 | 7.962 | 9.312 | 23.54 | 26.30 | 28.85 | 32.00 |
| 17 | 6.408 | 7.564 | 8.672 | 10.09 | 24.77 | 27.59 | 30.19 | 33.41 |
| 18 | 7.015 | 8.231 | 9.390 | 10.87 | 25.59 | 28.87 | 31.53 | 34.81 |
| 19 | 7.633 | 8.906 | 10.12 | 11.65 | 27.20 | 30.14 | 32.85 | 36.19 |
| 20 | 8.260 | 9.591 | 10.85 | 12.44 | 28.41 | 31.41 | 34.17 | 37.57 |
| 21 | 8.897 | 10.28 | 11.59 | 13.24 | 29.62 | 32.67 | 36.48 | 38.93 |
| 22 | 9.542 | 10.98 | 12.34 | 14.04 | 30.81 | 33.92 | 36.78 | 40.29 |
| 23 | 10.20 | 11.69 | 13.09 | 14.85 | 32.01 | 35.17 | 38.08 | 41.64 |
| 24 | 10.86 | 12.40 | 13.85 | 15.66 | 33.20 | 36.42 | 39.36 | 42.98 |
| 25 | 11.52 | 13.12 | 14.61 | 16.47 | 34.38 | 37.65 | 40.65 | 44.31 |
| 26 | 12.20 | 13.84 | 15.38 | 17.29 | 35.56 | 38.89 | 41.92 | 45.64 |
| 27 | 12.88 | 14.57 | 16.15 | 18.11 | 36.74 | 40.11 | 43.19 | 46.96 |
| 28 | 13.57 | 15.31 | 16.93 | 18.94 | 37.92 | 41.34 | 44.46 | 48.28 |
| 29 | 14.26 | 16.05 | 17.71 | 19.77 | 39.09 | 42.56 | 45.72 | 49.59 |
| 30 | 14.95 | 16.79 | 18.49 | 20.60 | 40.26 | 43.77 | 46.98 | 50.89 |
| 35 | 18.51 | 20.57 | 22.47 | 24.80 | 46.06 | 49.80 | 53.20 | 57.34 |
| 40 | 22.16 | 24.43 | 26.51 | 29.05 | 51.81 | 55.76 | 59.34 | 63.69 |
| 45 | 25.90 | 28.37 | 30.61 | 33.35 | 57.51 | 61.66 | 65.41 | 69.96 |

## 附表 4-4　$t$ 分布表

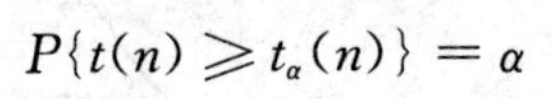

$$P\{t(n) \geqslant t_\alpha(n)\} = \alpha$$

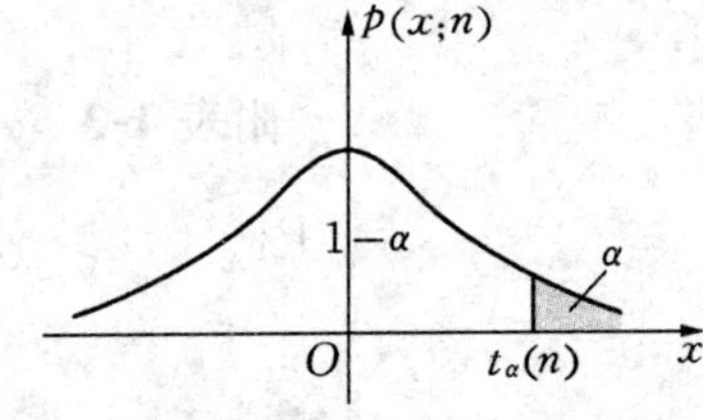


| $n$ \ $\alpha$ | 0.05 | 0.025 | 0.01 | 0.005 | 0.000 5 |
|---|---|---|---|---|---|
| 1 | 6.31 | 12.71 | 31.82 | 63.66 | 636.62 |
| 2 | 2.92 | 4.30 | 6.97 | 9.93 | 31.60 |
| 3 | 2.35 | 3.18 | 4.54 | 5.84 | 12.94 |
| 4 | 2.13 | 2.78 | 3.75 | 4.60 | 8.61 |
| 5 | 2.02 | 2.57 | 3.37 | 4.03 | 6.86 |
| 6 | 1.94 | 2.45 | 3.14 | 3.71 | 5.96 |
| 7 | 1.90 | 2.37 | 3.00 | 3.50 | 5.41 |
| 8 | 1.86 | 2.31 | 2.90 | 3.36 | 5.04 |
| 9 | 1.83 | 2.26 | 2.82 | 3.25 | 4.78 |
| 10 | 1.81 | 2.23 | 2.76 | 3.17 | 4.59 |
| 11 | 1.80 | 2.20 | 2.72 | 3.11 | 4.44 |
| 12 | 1.78 | 2.18 | 2.68 | 3.06 | 4.32 |
| 13 | 1.77 | 2.16 | 2.65 | 3.01 | 4.22 |
| 14 | 1.76 | 2.15 | 2.62 | 2.98 | 4.14 |
| 15 | 1.75 | 2.13 | 2.60 | 2.95 | 4.07 |
| 16 | 1.75 | 2.12 | 2.58 | 2.92 | 4.02 |
| 17 | 1.74 | 2.11 | 2.57 | 2.90 | 3.97 |
| 18 | 1.73 | 2.10 | 2.55 | 2.88 | 3.92 |
| 19 | 1.73 | 2.09 | 2.54 | 2.86 | 3.88 |
| 20 | 1.73 | 2.09 | 2.53 | 2.85 | 3.85 |
| 21 | 1.72 | 2.08 | 2.52 | 2.83 | 3.82 |
| 22 | 1.72 | 2.07 | 2.51 | 2.82 | 3.79 |
| 23 | 1.71 | 2.07 | 2.50 | 2.81 | 3.77 |
| 24 | 1.71 | 2.06 | 2.49 | 2.80 | 3.75 |
| 25 | 1.71 | 2.06 | 2.48 | 2.79 | 3.73 |
| 26 | 1.71 | 2.06 | 2.48 | 2.78 | 3.71 |
| 27 | 1.70 | 2.05 | 2.47 | 2.77 | 3.69 |
| 28 | 1.70 | 2.05 | 2.47 | 2.76 | 3.67 |
| 29 | 1.70 | 2.04 | 2.46 | 2.76 | 3.66 |
| 30 | 1.70 | 2.04 | 2.46 | 2.75 | 3.65 |
| 40 | 1.68 | 2.02 | 2.42 | 2.70 | 3.55 |
| 60 | 1.67 | 2.00 | 2.39 | 2.66 | 3.46 |
| 120 | 1.66 | 1.98 | 2.36 | 2.62 | 3.37 |
| ∞ | 1.65 | 1.96 | 2.33 | 2.58 | 3.29 |

# 附表 4-5 F分布表

$$P\{F(n_1, n_2) \geqslant F_\alpha(n_1, n_2)\} = \alpha$$

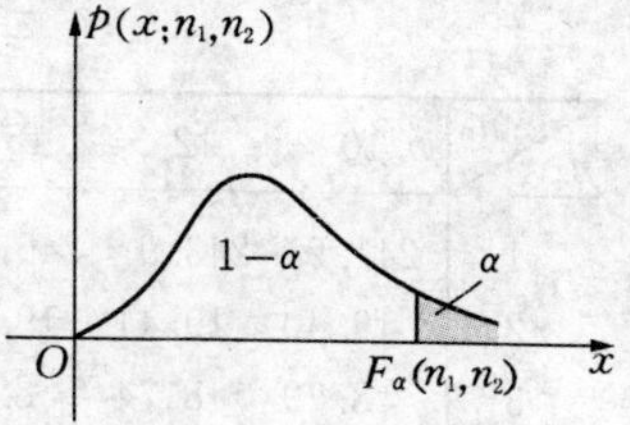


($\alpha = 0.05$)

| $n_2$ \ $n_1$ | 1 | 2 | 3 | 4 | 5 | 6 | 7 | 8 | 9 |
|---|---|---|---|---|---|---|---|---|---|
| 1 | 161.4 | 199.5 | 215.7 | 224.6 | 230.2 | 234.0 | 236.8 | 238.9 | 240.5 |
| 2 | 18.51 | 19.00 | 19.16 | 19.25 | 19.30 | 19.33 | 19.35 | 19.37 | 19.38 |
| 3 | 10.13 | 9.55 | 9.28 | 9.12 | 9.01 | 8.94 | 8.89 | 8.85 | 8.81 |
| 4 | 7.71 | 6.94 | 6.59 | 6.39 | 6.26 | 6.16 | 6.09 | 6.04 | 6.00 |
| 5 | 6.61 | 5.79 | 5.41 | 5.19 | 5.05 | 4.95 | 4.88 | 4.82 | 4.77 |
| 6 | 5.99 | 5.14 | 4.76 | 4.53 | 4.39 | 4.28 | 4.21 | 4.15 | 4.10 |
| 7 | 5.59 | 4.74 | 4.35 | 4.12 | 3.97 | 3.87 | 3.79 | 3.73 | 3.68 |
| 8 | 5.32 | 4.46 | 4.07 | 3.84 | 3.69 | 3.58 | 3.50 | 3.44 | 3.39 |
| 9 | 5.12 | 4.26 | 3.86 | 3.63 | 3.48 | 3.37 | 3.29 | 3.23 | 3.18 |
| 10 | 4.96 | 4.10 | 3.71 | 3.48 | 3.33 | 3.22 | 3.14 | 3.07 | 3.02 |
| 11 | 4.84 | 3.98 | 3.59 | 3.36 | 3.20 | 3.07 | 3.01 | 2.95 | 2.90 |
| 12 | 4.75 | 3.89 | 3.49 | 3.26 | 3.11 | 3.00 | 2.91 | 2.85 | 2.80 |
| 13 | 4.67 | 3.81 | 3.41 | 3.18 | 3.03 | 2.52 | 2.85 | 2.77 | 2.71 |
| 14 | 4.60 | 3.74 | 3.34 | 3.11 | 2.96 | 2.85 | 2.76 | 2.70 | 2.65 |
| 15 | 4.54 | 3.68 | 3.29 | 3.06 | 2.90 | 2.79 | 2.71 | 2.64 | 2.59 |
| 16 | 4.49 | 3.63 | 3.24 | 3.01 | 2.85 | 2.74 | 2.66 | 2.59 | 2.54 |
| 17 | 4.45 | 3.59 | 3.20 | 2.96 | 2.81 | 2.70 | 2.61 | 2.55 | 2.49 |
| 18 | 4.41 | 3.55 | 3.16 | 2.93 | 2.77 | 2.66 | 2.58 | 2.51 | 2.46 |
| 19 | 4.38 | 3.52 | 3.13 | 2.90 | 2.74 | 2.63 | 2.54 | 2.48 | 2.42 |
| 20 | 4.35 | 3.49 | 3.10 | 2.87 | 2.71 | 2.60 | 2.51 | 2.45 | 2.39 |
| 21 | 4.32 | 3.47 | 3.07 | 2.84 | 2.68 | 2.57 | 2.49 | 2.42 | 2.37 |
| 22 | 4.30 | 3.44 | 3.05 | 2.82 | 2.66 | 2.55 | 2.46 | 2.40 | 2.34 |
| 23 | 4.28 | 3.42 | 3.03 | 2.80 | 2.64 | 2.53 | 2.44 | 2.37 | 2.32 |
| 24 | 4.26 | 3.40 | 3.01 | 2.78 | 2.62 | 2.51 | 2.42 | 2.36 | 2.30 |
| 25 | 4.24 | 3.39 | 2.99 | 2.76 | 2.60 | 2.49 | 2.40 | 2.34 | 2.28 |
| 26 | 4.23 | 3.37 | 2.98 | 2.74 | 2.59 | 2.47 | 2.39 | 2.32 | 2.27 |
| 27 | 4.21 | 3.35 | 2.96 | 2.73 | 2.57 | 2.46 | 2.37 | 2.31 | 2.25 |
| 28 | 4.20 | 3.34 | 2.95 | 2.71 | 2.56 | 2.45 | 2.36 | 2.29 | 2.24 |
| 29 | 4.18 | 3.33 | 2.93 | 2.70 | 2.55 | 2.43 | 2.35 | 2.28 | 2.22 |
| 30 | 4.17 | 3.32 | 2.92 | 2.69 | 2.53 | 2.42 | 2.33 | 2.27 | 2.21 |
| 40 | 4.08 | 3.23 | 2.84 | 2.61 | 2.45 | 2.34 | 2.25 | 2.18 | 2.12 |
| 60 | 4.00 | 3.15 | 2.76 | 2.53 | 2.37 | 2.25 | 2.17 | 2.10 | 2.04 |
| 120 | 3.92 | 3.07 | 2.68 | 2.45 | 2.29 | 2.17 | 2.09 | 2.02 | 1.96 |
| ∞ | 3.84 | 3.00 | 2.60 | 2.37 | 2.21 | 2.10 | 2.01 | 1.94 | 1.88 |

($\alpha = 0.05$)　　续表

| $n_2$ \ $n_1$ | 10 | 12 | 15 | 20 | 24 | 30 | 40 | 60 | 120 | ∞ |
|---|---|---|---|---|---|---|---|---|---|---|
| 1 | 241.9 | 243.9 | 245.9 | 248.0 | 249.1 | 250.1 | 251.1 | 252.2 | 253.3 | 254.3 |
| 2 | 19.40 | 19.41 | 19.43 | 19.45 | 19.45 | 19.46 | 19.47 | 19.48 | 19.49 | 19.30 |
| 3 | 8.79 | 8.74 | 8.70 | 8.66 | 8.64 | 8.62 | 8.59 | 8.57 | 8.55 | 8.53 |
| 4 | 5.96 | 5.91 | 5.86 | 5.80 | 5.77 | 5.75 | 5.72 | 5.69 | 5.66 | 5.63 |
| 5 | 4.74 | 4.68 | 4.62 | 4.56 | 4.53 | 4.50 | 4.46 | 4.43 | 4.40 | 4.36 |
| 6 | 4.06 | 4.00 | 3.94 | 3.87 | 3.84 | 3.81 | 3.77 | 3.74 | 3.70 | 3.67 |
| 7 | 3.64 | 3.57 | 3.51 | 3.44 | 3.41 | 3.38 | 3.34 | 3.30 | 3.27 | 3.23 |
| 8 | 3.35 | 3.28 | 3.22 | 3.15 | 3.12 | 3.08 | 3.04 | 3.01 | 2.97 | 2.93 |
| 9 | 3.14 | 3.07 | 3.01 | 2.94 | 2.90 | 2.86 | 2.83 | 2.79 | 2.75 | 2.71 |
| 10 | 2.98 | 2.91 | 2.85 | 2.77 | 2.74 | 2.70 | 2.66 | 2.62 | 2.58 | 2.54 |
| 11 | 2.85 | 2.79 | 2.72 | 2.65 | 2.61 | 2.57 | 2.53 | 2.49 | 2.45 | 2.40 |
| 12 | 2.75 | 2.69 | 2.62 | 2.54 | 2.51 | 2.47 | 2.43 | 2.38 | 2.34 | 2.30 |
| 13 | 2.67 | 2.60 | 2.53 | 2.46 | 2.42 | 2.38 | 2.34 | 2.30 | 2.25 | 2.21 |
| 14 | 2.60 | 2.53 | 2.46 | 2.39 | 2.35 | 2.31 | 2.27 | 2.22 | 2.18 | 2.13 |
| 15 | 2.54 | 2.48 | 2.40 | 2.33 | 2.29 | 2.25 | 2.20 | 2.16 | 2.11 | 2.07 |
| 16 | 2.49 | 2.42 | 2.35 | 2.28 | 2.24 | 2.19 | 2.15 | 2.11 | 2.06 | 2.01 |
| 17 | 2.45 | 2.38 | 2.31 | 2.23 | 2.19 | 2.15 | 2.10 | 2.06 | 2.01 | 1.96 |
| 18 | 2.41 | 2.34 | 2.27 | 2.19 | 2.15 | 2.11 | 2.06 | 2.02 | 1.97 | 1.92 |
| 19 | 2.38 | 2.31 | 2.23 | 2.16 | 2.11 | 2.07 | 2.03 | 1.98 | 1.93 | 1.88 |
| 20 | 2.35 | 2.28 | 2.20 | 2.12 | 2.08 | 2.04 | 1.99 | 1.95 | 1.90 | 1.84 |
| 21 | 2.32 | 2.25 | 2.18 | 2.10 | 2.05 | 2.01 | 1.96 | 1.92 | 1.87 | 1.81 |
| 22 | 2.30 | 2.23 | 2.15 | 2.07 | 2.03 | 1.98 | 1.94 | 1.89 | 1.84 | 1.78 |
| 23 | 2.27 | 2.20 | 2.13 | 2.05 | 2.01 | 1.96 | 1.91 | 1.86 | 1.81 | 1.76 |
| 24 | 2.25 | 2.18 | 2.11 | 2.03 | 1.98 | 1.94 | 1.89 | 1.84 | 1.79 | 1.73 |
| 25 | 2.24 | 2.16 | 2.09 | 2.01 | 1.96 | 1.92 | 1.87 | 1.82 | 1.77 | 1.71 |
| 26 | 2.22 | 2.15 | 2.07 | 1.99 | 1.95 | 1.90 | 1.85 | 1.80 | 1.75 | 1.69 |
| 27 | 2.20 | 2.13 | 2.06 | 1.97 | 1.93 | 1.88 | 1.84 | 1.79 | 1.73 | 1.67 |
| 28 | 2.19 | 2.12 | 2.04 | 1.96 | 1.91 | 1.87 | 1.82 | 1.77 | 1.71 | 1.65 |
| 29 | 2.18 | 2.10 | 2.03 | 1.94 | 1.90 | 1.85 | 1.81 | 1.75 | 1.70 | 1.64 |
| 30 | 2.16 | 2.09 | 2.01 | 1.93 | 1.89 | 1.84 | 1.73 | 1.74 | 1.68 | 1.62 |
| 40 | 2.08 | 2.00 | 1.92 | 1.84 | 1.79 | 1.74 | 1.69 | 1.64 | 1.58 | 1.51 |
| 60 | 1.99 | 1.92 | 1.84 | 1.75 | 1.70 | 1.65 | 1.59 | 1.53 | 1.47 | 1.39 |
| 120 | 1.91 | 1.83 | 1.75 | 1.66 | 1.61 | 1.55 | 1.50 | 1.43 | 1.35 | 1.25 |
| ∞ | 1.83 | 1.75 | 1.67 | 1.57 | 1.52 | 1.46 | 1.39 | 1.32 | 1.22 | 1.00 |

($\alpha = 0.025$).

续表

| $n_2$ \ $n_1$ | 1 | 2 | 3 | 4 | 5 | 6 | 7 | 8 | 9 | 10 |
|---|---|---|---|---|---|---|---|---|---|---|
| 1 | 647.8 | 799.5 | 864.2 | 899.6 | 921.8 | 937.1 | 948.2 | 956.7 | 963.3 | 968.6 |
| 2 | 38.51 | 39.60 | 39.17 | 39.25 | 39.30 | 39.33 | 39.36 | 39.37 | 39.39 | 39.40 |
| 3 | 17.44 | 16.04 | 15.44 | 15.10 | 14.88 | 14.73 | 14.62 | 14.54 | 14.47 | 14.42 |
| 4 | 12.22 | 10.65 | 9.98 | 9.60 | 9.36 | 9.20 | 9.07 | 8.98 | 8.98 | 8.84 |
| 5 | 10.01 | 8.43 | 7.76 | 7.39 | 7.15 | 6.98 | 6.85 | 6.76 | 6.68 | 6.62 |
| 6 | 8.31 | 7.26 | 6.60 | 6.23 | 5.99 | 5.82 | 5.70 | 5.60 | 5.52 | 5.46 |
| 7 | 8.07 | 6.54 | 5.89 | 5.52 | 5.29 | 5.12 | 4.99 | 4.90 | 4.82 | 4.76 |
| 8 | 7.57 | 6.06 | 5.42 | 5.05 | 4.82 | 4.65 | 4.53 | 4.43 | 4.36 | 4.30 |
| 9 | 7.21 | 5.71 | 5.08 | 4.72 | 4.48 | 4.32 | 4.20 | 4.10 | 4.03 | 3.96 |
| 10 | 6.94 | 5.46 | 4.83 | 4.47 | 4.24 | 4.07 | 3.95 | 3.85 | 3.78 | 3.72 |
| 11 | 6.72 | 5.26 | 4.63 | 4.28 | 4.04 | 4.88 | 3.76 | 3.66 | 3.59 | 3.53 |
| 12 | 6.55 | 5.10 | 4.47 | 4.12 | 3.89 | 3.73 | 3.61 | 3.51 | 3.44 | 3.37 |
| 13 | 6.41 | 4.97 | 4.35 | 4.00 | 3.77 | 3.60 | 3.48 | 3.39 | 3.31 | 3.25 |
| 14 | 6.30 | 4.86 | 4.24 | 3.89 | 3.66 | 3.50 | 3.38 | 3.29 | 3.21 | 3.15 |
| 15 | 6.20 | 4.77 | 4.15 | 3.86 | 3.58 | 3.41 | 3.29 | 3.20 | 3.12 | 3.06 |
| 16 | 6.12 | 4.69 | 4.08 | 3.73 | 3.50 | 3.34 | 3.22 | 3.12 | 3.05 | 2.99 |
| 17 | 6.04 | 4.62 | 4.01 | 3.66 | 3.44 | 3.28 | 3.16 | 3.06 | 2.98 | 2.92 |
| 18 | 5.98 | 4.56 | 3.95 | 3.61 | 3.38 | 3.22 | 3.10 | 3.01 | 2.93 | 2.87 |
| 19 | 5.92 | 4.51 | 3.90 | 3.56 | 3.33 | 3.17 | 3.05 | 2.96 | 2.88 | 2.82 |
| 20 | 5.87 | 4.46 | 3.86 | 3.51 | 3.29 | 3.13 | 3.01 | 2.91 | 2.84 | 2.77 |
| 21 | 5.83 | 4.42 | 3.82 | 3.48 | 3.25 | 3.09 | 2.97 | 2.87 | 2.80 | 2.73 |
| 22 | 5.79 | 4.38 | 3.78 | 3.44 | 3.22 | 3.06 | 2.93 | 2.84 | 2.76 | 2.70 |
| 23 | 5.75 | 4.35 | 3.75 | 3.41 | 3.18 | 3.02 | 2.90 | 2.81 | 2.73 | 2.67 |
| 24 | 5.72 | 4.32 | 3.72 | 3.38 | 3.15 | 2.99 | 2.87 | 2.78 | 2.70 | 2.64 |
| 25 | 5.69 | 4.29 | 3.69 | 3.35 | 3.13 | 2.97 | 2.85 | 2.75 | 2.68 | 2.61 |
| 26 | 5.66 | 4.27 | 3.67 | 3.33 | 3.10 | 2.94 | 2.82 | 2.73 | 2.65 | 2.59 |
| 27 | 5.63 | 4.24 | 3.65 | 3.31 | 3.08 | 2.92 | 2.80 | 2.71 | 2.63 | 2.57 |
| 28 | 5.61 | 4.22 | 3.63 | 3.29 | 3.06 | 2.90 | 2.78 | 2.69 | 2.61 | 2.55 |
| 29 | 5.59 | 4.20 | 3.61 | 3.27 | 3.04 | 2.88 | 2.76 | 2.67 | 2.59 | 2.53 |
| 30 | 5.57 | 4.18 | 3.59 | 3.25 | 3.03 | 2.87 | 2.75 | 2.65 | 2.57 | 2.51 |
| 40 | 5.42 | 4.05 | 3.46 | 3.13 | 2.90 | 2.74 | 2.62 | 2.53 | 2.45 | 2.39 |
| 60 | 5.29 | 3.93 | 3.34 | 3.01 | 2.79 | 2.63 | 2.51 | 2.41 | 2.33 | 2.27 |
| 120 | 5.15 | 3.80 | 3.23 | 2.89 | 2.67 | 2.52 | 2.39 | 2.30 | 2.22 | 2.16 |
| $\infty$ | 5.02 | 3.69 | 3.12 | 2.79 | 2.57 | 2.41 | 2.29 | 2.19 | 2.11 | 2.05 |

($\alpha=0.025$) 续表

| $n_2$ \ $n_1$ | 12 | 15 | 20 | 24 | 30 | 40 | 60 | 120 | $\infty$ |
|---|---|---|---|---|---|---|---|---|---|
| 1 | 976.7 | 984.9 | 993.1 | 997.2 | 1 001 | 1 006 | 1 010 | 1 014 | 1 018 |
| 2 | 39.41 | 39.43 | 39.45 | 39.46 | 39.46 | 39.47 | 39.48 | 39.49 | 39.50 |
| 3 | 14.34 | 14.25 | 14.17 | 14.12 | 14.08 | 14.04 | 13.99 | 13.95 | 13.90 |
| 4 | 8.75 | 8.66 | 8.56 | 8.51 | 8.46 | 8.41 | 8.36 | 8.31 | 8.26 |
| 5 | 6.52 | 6.43 | 6.33 | 6.28 | 6.23 | 6.18 | 6.12 | 6.07 | 6.02 |
| 6 | 5.37 | 5.27 | 5.17 | 5.12 | 5.07 | 5.01 | 4.96 | 4.90 | 4.85 |
| 7 | 4.67 | 4.57 | 4.47 | 4.42 | 4.36 | 4.31 | 4.25 | 4.20 | 4.14 |
| 8 | 4.20 | 4.10 | 4.00 | 3.95 | 3.89 | 3.84 | 3.78 | 3.73 | 3.67 |
| 9 | 3.87 | 3.77 | 3.67 | 3.61 | 3.56 | 3.51 | 3.45 | 3.39 | 3.33 |
| 10 | 3.62 | 3.52 | 3.42 | 3.37 | 3.31 | 3.26 | 3.20 | 3.14 | 3.08 |
| 11 | 3.43 | 3.33 | 3.23 | 3.17 | 3.12 | 3.06 | 3.00 | 2.94 | 2.88 |
| 12 | 3.28 | 3.18 | 3.07 | 3.02 | 2.96 | 2.91 | 2.85 | 2.79 | 2.72 |
| 13 | 3.15 | 3.05 | 2.95 | 2.89 | 2.84 | 2.78 | 2.72 | 2.66 | 2.60 |
| 14 | 3.05 | 2.95 | 2.84 | 2.79 | 2.73 | 2.67 | 2.61 | 2.55 | 2.49 |
| 15 | 2.90 | 2.86 | 2.76 | 2.70 | 2.64 | 2.59 | 2.52 | 2.46 | 2.40 |
| 16 | 2.89 | 2.79 | 2.68 | 2.63 | 2.57 | 2.51 | 2.45 | 2.38 | 2.32 |
| 17 | 2.82 | 2.72 | 2.62 | 2.56 | 2.50 | 2.44 | 2.38 | 2.32 | 2.25 |
| 18 | 2.77 | 2.67 | 2.56 | 2.50 | 2.44 | 2.38 | 2.32 | 2.26 | 2.19 |
| 19 | 2.72 | 2.62 | 2.51 | 2.45 | 2.39 | 2.33 | 2.27 | 2.20 | 2.13 |
| 20 | 2.68 | 2.57 | 2.46 | 2.41 | 2.35 | 2.29 | 2.22 | 2.16 | 2.09 |
| 21 | 2.64 | 2.53 | 2.42 | 2.37 | 2.31 | 2.25 | 2.18 | 2.11 | 2.04 |
| 22 | 2.60 | 2.50 | 2.39 | 2.33 | 2.27 | 2.21 | 2.14 | 2.08 | 2.00 |
| 23 | 2.57 | 2.47 | 2.36 | 2.30 | 2.24 | 2.18 | 2.11 | 2.04 | 1.97 |
| 24 | 2.54 | 2.44 | 2.33 | 2.27 | 2.21 | 2.15 | 2.08 | 2.01 | 1.94 |
| 25 | 2.51 | 2.41 | 2.30 | 2.24 | 2.18 | 2.12 | 2.05 | 1.98 | 1.91 |
| 26 | 2.49 | 2.39 | 2.28 | 2.22 | 2.16 | 2.09 | 2.03 | 1.95 | 1.88 |
| 27 | 2.47 | 2.36 | 2.25 | 2.19 | 2.13 | 2.07 | 2.00 | 1.93 | 1.85 |
| 28 | 2.45 | 2.34 | 2.23 | 2.17 | 2.11 | 2.05 | 1.98 | 1.91 | 1.83 |
| 29 | 2.43 | 2.32 | 2.21 | 2.15 | 2.09 | 2.03 | 1.96 | 1.89 | 1.81 |
| 30 | 2.41 | 2.31 | 2.20 | 2.14 | 2.07 | 2.01 | 1.94 | 1.87 | 1.79 |
| 40 | 2.29 | 2.18 | 2.07 | 2.01 | 1.94 | 1.88 | 1.80 | 1.72 | 1.64 |
| 60 | 2.17 | 2.06 | 1.94 | 1.88 | 1.82 | 1.74 | 1.67 | 1.58 | 1.48 |
| 120 | 2.05 | 1.94 | 1.82 | 1.76 | 1.69 | 1.61 | 1.53 | 1.43 | 1.31 |
| $\infty$ | 1.94 | 1.83 | 1.71 | 1.64 | 1.57 | 1.48 | 1.39 | 1.27 | 1.00 |

(α = 0.01) 续表

| $n_2$ \ $n_1$ | 1 | 2 | 3 | 4 | 5 | 6 | 7 | 8 | 9 | 10 |
|---|---|---|---|---|---|---|---|---|---|---|
| 1 | 4 052 | 4 999.5 | 5 403 | 5 625 | 5 764 | 5 859 | 5 928 | 5 982 | 6 022 | 6 056 |
| 2 | 98.50 | 99.00 | 99.17 | 99.25 | 99.30 | 99.33 | 99.36 | 99.37 | 99.39 | 99.40 |
| 3 | 34.12 | 30.82 | 29.46 | 28.71 | 28.24 | 27.91 | 27.67 | 27.49 | 27.35 | 27.23 |
| 4 | 21.20 | 18.00 | 16.69 | 15.98 | 15.52 | 15.21 | 14.98 | 14.80 | 14.66 | 14.55 |
| 5 | 16.26 | 13.27 | 12.06 | 11.39 | 10.97 | 10.67 | 10.46 | 10.29 | 10.16 | 10.05 |
| 6 | 13.75 | 10.92 | 9.78 | 9.15 | 8.75 | 8.47 | 8.26 | 8.10 | 7.98 | 7.87 |
| 7 | 12.25 | 9.55 | 8.45 | 7.85 | 7.46 | 7.19 | 6.99 | 6.84 | 6.72 | 6.62 |
| 8 | 11.26 | 8.65 | 7.59 | 7.01 | 6.63 | 6.37 | 6.18 | 6.03 | 5.91 | 5.81 |
| 9 | 10.56 | 8.02 | 6.99 | 6.42 | 6.06 | 5.80 | 5.61 | 5.47 | 5.35 | 5.26 |
| 10 | 10.04 | 7.56 | 6.55 | 5.99 | 5.64 | 5.39 | 5.20 | 5.06 | 4.94 | 4.85 |
| 11 | 9.65 | 7.21 | 6.22 | 5.67 | 5.32 | 5.07 | 4.89 | 4.74 | 4.63 | 4.54 |
| 12 | 9.33 | 6.93 | 5.95 | 5.41 | 5.06 | 4.82 | 4.64 | 4.50 | 4.39 | 4.30 |
| 13 | 9.07 | 6.70 | 5.74 | 5.21 | 4.86 | 4.62 | 4.44 | 4.30 | 4.19 | 4.10 |
| 14 | 8.86 | 6.51 | 5.56 | 5.04 | 4.69 | 4.46 | 4.28 | 4.14 | 4.03 | 3.94 |
| 15 | 8.68 | 6.36 | 5.42 | 4.89 | 4.56 | 4.32 | 4.14 | 4.00 | 3.89 | 3.80 |
| 16 | 8.53 | 6.23 | 5.29 | 4.77 | 4.44 | 4.20 | 4.03 | 3.89 | 3.78 | 3.69 |
| 17 | 8.40 | 6.11 | 5.18 | 4.67 | 4.34 | 4.10 | 3.93 | 3.79 | 3.68 | 3.59 |
| 18 | 8.29 | 6.01 | 5.09 | 4.58 | 4.25 | 4.01 | 3.84 | 3.71 | 3.60 | 3.51 |
| 19 | 8.18 | 5.93 | 5.01 | 4.50 | 4.17 | 3.94 | 3.77 | 3.63 | 3.52 | 3.43 |
| 20 | 8.10 | 5.85 | 4.94 | 4.43 | 4.10 | 3.87 | 3.70 | 3.56 | 3.46 | 3.37 |
| 21 | 8.02 | 5.78 | 4.87 | 4.37 | 4.04 | 3.81 | 3.64 | 3.51 | 3.40 | 3.31 |
| 22 | 7.95 | 5.72 | 4.82 | 4.31 | 3.99 | 3.76 | 3.59 | 3.45 | 3.35 | 3.26 |
| 23 | 7.88 | 5.66 | 4.76 | 4.26 | 3.94 | 3.71 | 3.54 | 3.41 | 3.30 | 3.21 |
| 24 | 7.82 | 5.61 | 4.72 | 4.22 | 3.90 | 3.67 | 3.50 | 3.36 | 3.26 | 3.17 |
| 25 | 7.77 | 5.57 | 4.68 | 4.18 | 3.85 | 3.63 | 3.46 | 3.32 | 3.22 | 3.13 |
| 26 | 7.72 | 5.53 | 4.64 | 4.14 | 3.82 | 3.59 | 3.42 | 3.29 | 3.18 | 3.09 |
| 27 | 7.68 | 5.49 | 4.60 | 4.11 | 3.78 | 3.56 | 3.39 | 3.26 | 3.15 | 3.06 |
| 28 | 7.64 | 5.45 | 4.57 | 4.07 | 3.75 | 3.53 | 3.36 | 3.23 | 3.12 | 3.03 |
| 29 | 7.60 | 5.42 | 4.54 | 4.04 | 3.73 | 3.50 | 3.33 | 3.20 | 3.09 | 3.00 |
| 30 | 7.56 | 5.39 | 4.51 | 4.02 | 3.70 | 3.47 | 3.30 | 3.17 | 3.07 | 2.98 |
| 40 | 7.31 | 5.18 | 4.31 | 3.83 | 3.51 | 3.29 | 3.12 | 2.99 | 2.89 | 2.80 |
| 60 | 7.08 | 4.98 | 4.13 | 3.65 | 3.34 | 3.12 | 2.95 | 2.82 | 2.72 | 2.63 |
| 120 | 6.85 | 4.79 | 3.95 | 3.48 | 3.17 | 2.96 | 2.79 | 2.66 | 2.56 | 2.47 |
| ∞ | 6.63 | 4.61 | 3.78 | 3.32 | 3.02 | 2.86 | 2.64 | 2.51 | 2.41 | 2.32 |

($\alpha = 0.01$) 续表

| $n_2$ \ $n_1$ | 12 | 15 | 20 | 24 | 30 | 40 | 60 | 120 | $\infty$ |
|---|---|---|---|---|---|---|---|---|---|
| 1 | 6 106 | 6 157 | 6 209 | 6 235 | 6 261 | 6 287 | 6 313 | 6 339 | 6 366 |
| 2 | 99.42 | 99.43 | 99.45 | 99.46 | 99.47 | 99.47 | 99.48 | 99.49 | 99.50 |
| 3 | 27.05 | 26.87 | 26.69 | 26.60 | 26.50 | 26.41 | 26.32 | 26.22 | 26.13 |
| 4 | 14.37 | 14.20 | 14.02 | 13.93 | 13.84 | 13.75 | 13.65 | 13.56 | 13.46 |
| 5 | 9.89 | 9.72 | 9.55 | 9.47 | 9.38 | 9.25 | 9.20 | 9.11 | 9.02 |
| 6 | 7.72 | 7.56 | 7.40 | 7.31 | 7.23 | 7.14 | 7.06 | 6.97 | 6.88 |
| 7 | 6.47 | 6.31 | 6.16 | 6.07 | 5.99 | 5.91 | 5.82 | 5.74 | 5.65 |
| 8 | 5.67 | 5.52 | 5.36 | 5.28 | 5.20 | 5.12 | 5.03 | 4.95 | 4.86 |
| 9 | 5.11 | 4.96 | 4.81 | 4.73 | 4.65 | 4.57 | 4.48 | 4.40 | 4.31 |
| 10 | 4.71 | 4.56 | 4.41 | 4.33 | 4.25 | 4.17 | 4.08 | 4.00 | 3.91 |
| 11 | 4.40 | 4.25 | 4.10 | 4.02 | 3.94 | 3.86 | 2.78 | 3.69 | 3.60 |
| 12 | 4.16 | 4.01 | 3.86 | 3.78 | 3.70 | 3.62 | 3.54 | 3.45 | 3.36 |
| 13 | 3.96 | 3.82 | 3.66 | 3.59 | 3.51 | 3.43 | 3.34 | 3.25 | 3.17 |
| 14 | 3.80 | 3.66 | 3.51 | 3.43 | 3.35 | 3.27 | 3.18 | 3.09 | 3.00 |
| 15 | 3.67 | 3.52 | 3.37 | 3.29 | 3.21 | 3.13 | 3.05 | 2.96 | 2.87 |
| 16 | 3.55 | 3.41 | 3.26 | 3.18 | 3.10 | 3.02 | 2.93 | 2.84 | 2.75 |
| 17 | 3.46 | 3.31 | 3.16 | 3.08 | 3.00 | 2.92 | 2.83 | 2.75 | 2.65 |
| 18 | 3.37 | 3.23 | 3.08 | 3.00 | 2.92 | 2.84 | 2.75 | 2.66 | 2.57 |
| 19 | 3.30 | 3.15 | 3.00 | 2.92 | 2.84 | 2.76 | 2.67 | 2.58 | 2.49 |
| 20 | 3.23 | 3.09 | 2.94 | 2.86 | 2.78 | 2.69 | 2.61 | 2.52 | 2.42 |
| 21 | 3.17 | 3.03 | 2.88 | 2.80 | 2.72 | 2.64 | 2.55 | 2.46 | 2.36 |
| 22 | 3.12 | 2.98 | 2.83 | 2.75 | 2.67 | 2.58 | 2.50 | 2.40 | 2.31 |
| 23 | 3.07 | 2.93 | 2.98 | 2.70 | 2.62 | 2.54 | 2.45 | 2.35 | 2.26 |
| 24 | 3.03 | 2.89 | 2.74 | 2.66 | 2.58 | 2.49 | 2.40 | 2.31 | 2.21 |
| 25 | 2.99 | 2.85 | 2.70 | 2.62 | 2.54 | 2.45 | 2.36 | 2.27 | 2.17 |
| 26 | 2.96 | 2.81 | 2.66 | 2.58 | 2.50 | 2.42 | 2.33 | 2.23 | 2.13 |
| 27 | 2.93 | 2.78 | 2.63 | 2.55 | 2.47 | 2.38 | 2.29 | 2.20 | 2.10 |
| 28 | 2.90 | 2.75 | 2.60 | 2.52 | 2.44 | 2.35 | 2.26 | 2.17 | 2.06 |
| 29 | 2.87 | 2.73 | 2.57 | 2.49 | 2.41 | 2.33 | 2.23 | 2.14 | 2.03 |
| 30 | 2.84 | 2.70 | 2.55 | 2.47 | 2.39 | 2.30 | 2.21 | 2.11 | 2.01 |
| 40 | 2.66 | 2.52 | 2.37 | 2.29 | 2.20 | 2.11 | 2.02 | 1.92 | 1.80 |
| 60 | 2.50 | 2.35 | 2.20 | 2.12 | 2.03 | 1.94 | 1.84 | 1.73 | 1.60 |
| 120 | 2.34 | 2.19 | 2.03 | 1.95 | 1.86 | 1.76 | 1.66 | 1.53 | 1.38 |
| $\infty$ | 2.18 | 2.04 | 1.88 | 1.79 | 1.70 | 1.59 | 1.47 | 1.32 | 1.00 |

($\alpha = 0.005$) **续表**

| $n_2$ \ $n_1$ | 1 | 2 | 3 | 4 | 5 | 6 | 7 | 8 | 9 | 10 |
|---|---|---|---|---|---|---|---|---|---|---|
| 1 | 16 211 | 20 000 | 21 615 | 22 300 | 23 056 | 23 437 | 23 715 | 23 925 | 24 091 | 24 224 |
| 2 | 198.5 | 199.0 | 199.2 | 199.2 | 199.3 | 199.3 | 199.4 | 199.4 | 199.4 | 199.4 |
| 3 | 55.55 | 49.80 | 47.47 | 46.19 | 45.39 | 44.84 | 44.43 | 44.13 | 43.88 | 43.69 |
| 4 | 31.33 | 26.28 | 24.26 | 23.15 | 22.46 | 21.97 | 21.62 | 21.35 | 21.14 | 20.97 |
| 5 | 22.78 | 18.31 | 16.53 | 15.56 | 14.94 | 14.51 | 14.20 | 13.96 | 13.77 | 13.62 |
| 6 | 18.63 | 14.54 | 12.92 | 12.03 | 11.46 | 11.07 | 10.79 | 10.57 | 10.39 | 10.25 |
| 7 | 16.24 | 12.40 | 10.88 | 10.05 | 9.52 | 9.16 | 8.89 | 8.68 | 8.51 | 8.38 |
| 8 | 14.69 | 11.04 | 9.60 | 8.81 | 8.30 | 7.95 | 7.69 | 7.50 | 7.34 | 7.21 |
| 9 | 13.61 | 10.11 | 8.72 | 7.96 | 7.47 | 7.13 | 6.88 | 6.69 | 6.54 | 6.42 |
| 10 | 12.83 | 9.43 | 8.08 | 7.34 | 6.87 | 6.54 | 6.30 | 6.12 | 5.97 | 5.85 |
| 11 | 12.23 | 8.91 | 7.60 | 6.88 | 6.42 | 6.10 | 5.86 | 5.68 | 5.54 | 5.42 |
| 12 | 11.75 | 8.51 | 7.23 | 6.52 | 6.07 | 5.76 | 5.52 | 5.35 | 5.20 | 5.09 |
| 13 | 11.37 | 8.19 | 6.93 | 6.23 | 5.79 | 5.48 | 5.25 | 5.08 | 4.94 | 4.82 |
| 14 | 11.06 | 7.92 | 6.68 | 6.00 | 5.56 | 5.26 | 5.03 | 4.86 | 4.72 | 4.60 |
| 15 | 11.80 | 7.70 | 6.48 | 5.80 | 5.37 | 5.07 | 4.85 | 4.67 | 4.54 | 4.42 |
| 16 | 10.58 | 7.51 | 6.30 | 5.64 | 5.21 | 4.91 | 4.69 | 4.52 | 4.38 | 4.27 |
| 17 | 10.38 | 7.35 | 6.16 | 5.50 | 5.07 | 4.78 | 4.56 | 4.39 | 4.25 | 4.14 |
| 18 | 10.22 | 7.21 | 6.03 | 5.37 | 4.96 | 4.66 | 4.44 | 4.28 | 4.14 | 4.03 |
| 19 | 10.07 | 7.09 | 5.92 | 5.27 | 4.85 | 4.56 | 4.34 | 4.18 | 4.04 | 3.93 |
| 20 | 9.94 | 6.99 | 5.82 | 5.17 | 4.76 | 4.47 | 4.26 | 4.09 | 3.96 | 3.85 |
| 21 | 9.83 | 6.89 | 5.73 | 5.09 | 4.68 | 4.39 | 4.18 | 4.01 | 3.88 | 3.77 |
| 22 | 9.73 | 6.81 | 5.65 | 5.02 | 4.61 | 4.32 | 4.11 | 3.94 | 3.81 | 3.70 |
| 23 | 9.63 | 6.73 | 5.58 | 4.95 | 4.54 | 4.26 | 4.05 | 3.88 | 3.75 | 3.64 |
| 24 | 9.55 | 6.66 | 5.52 | 4.89 | 4.49 | 4.20 | 3.99 | 3.83 | 3.69 | 3.59 |
| 25 | 9.48 | 6.60 | 5.46 | 4.84 | 4.43 | 4.15 | 3.94 | 3.78 | 3.64 | 3.54 |
| 26 | 9.41 | 6.54 | 5.41 | 4.79 | 4.38 | 4.10 | 3.89 | 3.73 | 3.60 | 3.49 |
| 27 | 9.34 | 6.49 | 5.36 | 4.74 | 4.34 | 4.06 | 3.85 | 3.69 | 3.56 | 3.45 |
| 28 | 9.28 | 6.44 | 5.32 | 4.70 | 4.30 | 4.02 | 3.81 | 3.65 | 3.52 | 3.41 |
| 29 | 9.23 | 6.40 | 5.28 | 4.66 | 4.26 | 3.98 | 3.77 | 3.61 | 3.48 | 3.38 |
| 30 | 9.18 | 6.35 | 5.24 | 4.62 | 4.23 | 3.95 | 3.74 | 3.58 | 3.45 | 3.34 |
| 40 | 8.83 | 6.07 | 4.98 | 4.37 | 3.99 | 3.71 | 3.51 | 3.35 | 3.22 | 3.12 |
| 60 | 8.49 | 5.79 | 4.73 | 4.14 | 3.76 | 3.49 | 3.29 | 3.13 | 3.01 | 2.90 |
| 120 | 8.18 | 5.54 | 4.50 | 3.92 | 3.55 | 3.28 | 3.09 | 2.93 | 2.81 | 2.71 |
| $\infty$ | 7.88 | 5.30 | 4.28 | 3.72 | 3.35 | 3.09 | 2.90 | 2.74 | 2.62 | 2.52 |

($\alpha = 0.005$) **续表**

| $n_2$ \ $n_1$ | 12 | 15 | 20 | 24 | 30 | 40 | 60 | 120 | $\infty$ |
|---|---|---|---|---|---|---|---|---|---|
| 1 | 24 426 | 24 630 | 24 836 | 24 940 | 25 044 | 25 148 | 25 253 | 25 359 | 25 465 |
| 2 | 199.4 | 199.4 | 199.4 | 199.5 | 199.5 | 199.5 | 199.5 | 199.5 | 199.5 |
| 3 | 43.39 | 43.08 | 42.78 | 42.62 | 42.47 | 42.31 | 42.15 | 41.99 | 41.83 |
| 4 | 20.70 | 20.44 | 20.17 | 20.03 | 19.89 | 19.75 | 19.61 | 19.47 | 19.32 |
| 5 | 13.38 | 13.15 | 12.90 | 12.78 | 12.66 | 12.53 | 12.40 | 12.27 | 12.14 |
| 6 | 10.03 | 9.81 | 9.59 | 9.47 | 9.36 | 9.24 | 9.12 | 9.00 | 8.88 |
| 7 | 8.18 | 7.97 | 7.75 | 7.65 | 7.53 | 7.42 | 7.31 | 7.19 | 7.08 |
| 8 | 7.01 | 6.81 | 6.61 | 6.50 | 6.40 | 6.29 | 6.18 | 6.06 | 5.95 |
| 9 | 6.23 | 6.03 | 5.83 | 5.73 | 5.62 | 5.52 | 5.41 | 5.30 | 5.19 |
| 10 | 5.66 | 5.47 | 5.27 | 5.17 | 5.07 | 4.97 | 4.86 | 4.75 | 4.64 |
| 11 | 5.24 | 5.05 | 4.86 | 4.76 | 4.65 | 4.55 | 4.44 | 4.34 | 4.23 |
| 12 | 4.91 | 4.72 | 4.53 | 4.43 | 4.33 | 4.23 | 4.12 | 4.01 | 3.90 |
| 13 | 4.64 | 4.46 | 4.27 | 4.17 | 4.07 | 3.97 | 3.78 | 3.76 | 3.65 |
| 14 | 4.43 | 4.25 | 4.06 | 3.96 | 3.86 | 3.76 | 3.66 | 3.55 | 3.44 |
| 15 | 4.25 | 4.07 | 3.88 | 3.79 | 3.69 | 3.48 | 3.48 | 3.37 | 3.26 |
| 16 | 4.10 | 3.92 | 3.73 | 3.64 | 3.54 | 3.44 | 3.33 | 3.22 | 3.11 |
| 17 | 3.97 | 3.79 | 3.61 | 3.51 | 3.41 | 3.31 | 3.21 | 3.10 | 2.98 |
| 18 | 3.86 | 3.68 | 3.50 | 3.40 | 3.30 | 3.20 | 3.10 | 2.99 | 2.87 |
| 19 | 3.76 | 3.59 | 3.40 | 3.31 | 3.21 | 3.11 | 3.00 | 2.89 | 2.78 |
| 20 | 3.68 | 3.50 | 3.32 | 3.22 | 3.12 | 3.02 | 2.92 | 2.81 | 2.69 |
| 21 | 3.60 | 3.43 | 3.24 | 3.15 | 3.05 | 2.95 | 2.84 | 2.73 | 2.61 |
| 22 | 3.54 | 3.36 | 3.18 | 3.08 | 2.98 | 2.88 | 2.77 | 2.66 | 2.55 |
| 23 | 3.47 | 3.30 | 3.12 | 3.02 | 2.92 | 2.82 | 2.71 | 2.60 | 2.48 |
| 24 | 3.42 | 3.25 | 3.06 | 2.97 | 2.87 | 2.77 | 2.66 | 2.55 | 2.43 |
| 25 | 3.37 | 3.20 | 3.01 | 2.92 | 2.82 | 2.72 | 2.61 | 2.50 | 2.38 |
| 26 | 3.33 | 3.15 | 2.97 | 2.87 | 2.77 | 2.67 | 2.56 | 2.45 | 2.33 |
| 27 | 3.28 | 3.11 | 2.93 | 2.83 | 2.73 | 2.63 | 2.52 | 2.41 | 2.29 |
| 28 | 3.25 | 3.07 | 2.89 | 2.79 | 2.69 | 2.59 | 2.48 | 2.37 | 2.25 |
| 29 | 3.21 | 3.04 | 2.86 | 2.76 | 2.66 | 2.56 | 2.45 | 2.33 | 2.21 |
| 30 | 3.18 | 3.01 | 2.82 | 2.73 | 2.63 | 2.52 | 2.42 | 2.30 | 2.18 |
| 40 | 2.95 | 2.78 | 2.60 | 2.50 | 2.40 | 2.30 | 2.18 | 2.06 | 1.93 |
| 60 | 2.74 | 2.57 | 2.39 | 2.29 | 2.19 | 2.08 | 1.96 | 1.83 | 1.69 |
| 120 | 2.54 | 2.37 | 2.19 | 2.09 | 1.98 | 1.87 | 1.75 | 1.61 | 1.43 |
| $\infty$ | 2.36 | 2.19 | 2.00 | 1.90 | 1.79 | 1.67 | 1.53 | 1.36 | 1.00 |

附表 4-6　相关系数检验表

| $N-2$ | 5% | 1% | $N-2$ | 5% | 1% | $N-2$ | 5% | 1% |
|---|---|---|---|---|---|---|---|---|
| 1 | 0.997 | 1.000 | 16 | 0.468 | 0.590 | 35 | 0.325 | 0.418 |
| 2 | 0.950 | 0.990 | 17 | 0.456 | 0.575 | 40 | 0.304 | 0.393 |
| 3 | 0.878 | 0.959 | 18 | 0.444 | 0.561 | 45 | 0.288 | 0.372 |
| 4 | 0.811 | 0.917 | 19 | 0.433 | 0.549 | 50 | 0.273 | 0.354 |
| 5 | 0.754 | 0.874 | 20 | 0.423 | 0.537 | 60 | 0.250 | 0.325 |
| 6 | 0.707 | 0.834 | 21 | 0.413 | 0.526 | 70 | 0.232 | 0.302 |
| 7 | 0.666 | 0.798 | 22 | 0.404 | 0.515 | 80 | 0.217 | 0.283 |
| 8 | 0.632 | 0.765 | 23 | 0.396 | 0.505 | 90 | 0.205 | 0.267 |
| 9 | 0.602 | 0.735 | 24 | 0.388 | 0.496 | 100 | 0.195 | 0.254 |
| 10 | 0.576 | 0.708 | 25 | 0.381 | 0.487 | 125 | 0.174 | 0.228 |
| 11 | 0.553 | 0.684 | 26 | 0.374 | 0.478 | 150 | 0.159 | 0.208 |
| 12 | 0.532 | 0.661 | 27 | 0.367 | 0.470 | 200 | 0.138 | 0.181 |
| 13 | 0.514 | 0.641 | 28 | 0.361 | 0.463 | 300 | 0.113 | 0.148 |
| 14 | 0.497 | 0.623 | 29 | 0.355 | 0.456 | 400 | 0.098 | 0.128 |
| 15 | 0.482 | 0.606 | 30 | 0.349 | 0.449 | 1 000 | 0.062 | 0.081 |

# 参 考 书 目

【1】袁荫裳.概率论与数理统计.中国人民大学出版社,1989

【2】茆诗松,周纪芗.概率论与数理统计.中国统计出版社,2000

【3】许承德,王勇.概率论与数理统计.科学出版社,2001

【4】肖筱南.新编概率论与数理统计.北京大学出版社,2002

【5】刘建亚.概率论与数理统计.高等教育出版社,2003

【6】刘卫江.概率论与数理统计.清华大学出版社,北京交通大学出版社,2004

【7】上海财经大学应用数学系.概率论与数理统计.上海财经大学出版社,2004

【8】吴传生等.概率论与数理统计.高等教育出版社,2004

【9】王松桂,张忠占,程维虎,高旅端.概率论与数理统计(第二版).科学出版社,2004

【10】沈恒范.概率论讲义(第二版).人民教育出版社,1982

【11】王铭文.概率论与数理统计.辽宁人民出版社,1983

**图书在版编目(CIP)数据**

概率论与数理统计/车荣强主编. —2 版. —上海:复旦大学出版社,2012.5(2017.2 重印)
21 世纪高等学校经济数学教材
ISBN 978-7-309-08816-8

Ⅰ. 概… Ⅱ. 车… Ⅲ. ①概率论-高等学校-教材②数理统计-高等学校-教材 Ⅳ. 021

中国版本图书馆 CIP 数据核字(2012)第 066704 号

**概率论与数理统计**(第二版)
车荣强 主编
责任编辑/范仁梅

复旦大学出版社有限公司出版发行
上海市国权路 579 号 邮编:200433
网址:fupnet@ fudanpress. com http://www. fudanpress. com
门市零售:86-21-65642857 团体订购:86-21-65118853
外埠邮购:86-21-65109143
浙江省临安市曙光印务有限公司

开本 787×960 1/16 印张 16.75 字数 286 千
2017 年 2 月第 2 版第 4 次印刷
印数 10 301—11 900

ISBN 978-7-309-08816-8/O·490
定价: 30.00 元

---